普通高等教育"十一五"国家级规划教材

(高职高专教材)

生物工程设备

高 平 刘书志 主编

罗建成 主审

化学工业出版社
教材出版中心
·北京·

图书在版编目（CIP）数据

生物工程设备/高平，刘书志主编．—北京：化学工业出版社，2005.12（2022.2重印）
普通高等教育"十一五"国家级规划教材
（高职高专教材）
ISBN 978-7-5025-7990-6

Ⅰ．生… Ⅱ．①高…②刘… Ⅲ．生物工程-设备-高等学校：技术学院-教材 Ⅳ．TQ81

中国版本图书馆 CIP 数据核字（2005）第 148722 号

责任编辑：张双进　　　　　　　　　责任校对：王素芹
封面设计：于　兵

出版发行：化学工业出版社（北京市东城区青年湖南街 13 号　邮政编码 100011）
印　　装：涿州市般润文化传播有限公司
787mm×1092mm　1/16　印张 15¼　字数 404 千字　2022 年 2 月北京第 1 版第 9 次印刷

购书咨询：010-64518888　　　　　　售后服务：010-64518899
网　　址：http://www.cip.com.cn
凡购买本书，如有缺损质量问题，本社销售中心负责调换。

定　价：40.00 元　　　　　　　　　　　　　　　版权所有　违者必究

前　言

　　生物技术是当今发展最迅速、最重要的科学技术之一，在工农业生产和环境保护等领域有着举足轻重的作用，受到世界各国的重视。许多高等院校纷纷设立了生物技术专业，为了使该专业的师生有一本较系统的有关生物工程原理和设备的教材参考与教学，根据2004年12月在郑州召开的"高职高专生物技术专业教材建设工作会议"，2005年4月在北京召开的"高职高专生物技术专业编写提纲审定会议"所确定的编写提纲组织编写的此教材。

　　本书在编写过程中，坚持"必需、够用"的原则，基础知识和基本理论保持一定深度和广度的同时，着力突出高职高专教育的应用特色；内容编排上，淡化体系性，强调技能性和实用性；内容选题上，适当增加前沿性内容，努力反映新理论、新技术和新成果；内容叙述简洁明了，引用资料准确无误，全书图文并茂，通俗易懂。

　　本书包括物料的处理与输送设备，培养基和种子制备设备，生物反应器总论，通风发酵设备，嫌气发酵设备，动植物细胞培养装置和酶反应器，生物反应器的检测和控制，过滤、离心与膜分离设备，萃取和离子交换设备，蒸发和结晶设备，干燥设备，空气净化除菌与调节设备，设备与管道的清洗和灭菌，水处理与制冷系统及设备，生物工业生产中设备操作安全常识，生物工业生产中常用管道和阀门共十六章内容。其中第四、五、十二章由高平编写；第三、六、七、十一、十五、十六章由刘书志编写；第一章第四节和第八～十章由常桂芳编写；第一章第一～三节和第二、十三、十四章由苗郁编写。全书高平、刘书志任主编，由高平统稿。罗建成担任主审。

　　本书的编写得到了化学工业出版社编审人员和吕梁高等专科学校领导的热情帮助，在此致以衷心的感谢！

　　由于我们的水平和经验有限，书中不妥之处在所难免，敬请读者批评指正。

编　者

2005年10月

目　　录

第一章　物料的处理与输送设备 … 1
第一节　固体物料的处理与粉碎设备 … 1
一、固体物料的筛选除杂设备 … 1
二、固体物料的粉碎设备 … 4
第二节　固体物料的输送设备 … 7
一、机械输送系统及设备 … 7
二、气流输送系统及设备 … 10
第三节　液体物料的输送设备 … 13
一、泵的分类和特点 … 13
二、常用泵及泵的选型 … 14
第四节　细胞破碎设备 … 17
一、细胞壁的组成与结构 … 17
二、常用破碎方法与设备 … 17
思考题 … 19

第二章　培养基和种子制备设备 … 21
第一节　液体培养基的制备设备 … 21
一、糖蜜稀释器 … 21
二、淀粉质原料的蒸煮糖化设备 … 22
三、啤酒生产中麦汁的制备设备 … 24
第二节　培养基的灭菌设备 … 29
一、培养基的热灭菌动力学 … 29
二、常用灭菌设备 … 31
第三节　种子制备设备 … 32
一、洁净室 … 33
二、净化工作台 … 34
三、摇瓶机 … 34
思考题 … 35

第三章　生物反应器总论 … 36
第一节　生物反应器概述 … 36
一、生物反应器在生产中的地位和作用 … 36
二、生物反应器的类型 … 37
三、生物反应器的发展趋势 … 38
四、一般生物反应器的结构原理 … 39
第二节　生物反应动力学基础 … 40
一、分批培养中细胞的生长 … 40

二、分批培养中基质的消耗 42
　　三、产物的生成 44
　第三节　生物反应器的通风和溶氧传质 45
　　一、气-液相间的溶氧传质理论 46
　　二、影响溶氧系数的因素 48
　第四节　一般生物反应器的操作和注意事项 50
　思考题 52

第四章　通风发酵设备
　第一节　机械搅拌通风发酵罐 53
　　一、机械搅拌通风发酵罐的结构 53
　　二、机械搅拌通风发酵罐的计算 57
　第二节　通风固相发酵设备 59
　　一、自然通风固体曲发酵设备 59
　　二、机械通风固体曲发酵设备 60
　第三节　其他类型的通风发酵罐 60
　　一、气升环流式发酵罐 60
　　二、自吸式发酵罐 63
　思考题 65

第五章　嫌气发酵设备
　第一节　酒精发酵罐 66
　　一、酒精发酵罐的结构及操作 66
　　二、酒精连续发酵设备 68
　第二节　啤酒发酵罐 70
　　一、圆筒体锥底发酵罐 70
　　二、联合罐 73
　　三、朝日罐 73
　　四、啤酒连续发酵设备 74
　思考题 76

第六章　动、植物细胞培养装置和酶反应器
　第一节　动物细胞培养反应器 77
　　一、通气搅拌式细胞培养反应器 78
　　二、气升式动物细胞培养反应器 80
　　三、中空纤维细胞培养反应器 81
　　四、微载体细胞培养系统 82
　第二节　植物细胞培养反应器 84
　　一、机械搅拌悬浮培养生物反应器 85
　　二、气体搅拌悬浮培养生物反应器 86
　　三、流化床固定培养生物反应器 87
　　四、膜反应器 87
　第三节　酶反应器 89

一、酶反应器的类型 ………………………………………………………… 89
　　二、游离酶反应器 …………………………………………………………… 89
　　三、固定化酶反应器 ………………………………………………………… 90
　思考题 …………………………………………………………………………… 92
第七章　生物反应器的检测和控制 ………………………………………………… 93
　第一节　概述 …………………………………………………………………… 93
　第二节　生物反应过程常用检测方法及仪器 ………………………………… 94
　　一、检测方法及仪器组成 …………………………………………………… 94
　　二、主要参数的检测原理及仪器 …………………………………………… 96
　第三节　生物反应器的控制 …………………………………………………… 103
　　一、生物反应过程主要参数的控制 ………………………………………… 103
　　二、控制系统概述 …………………………………………………………… 108
　思考题 …………………………………………………………………………… 110
第八章　过滤、离心与膜分离设备 ………………………………………………… 111
　第一节　概述 …………………………………………………………………… 111
　　一、分离过程的分类 ………………………………………………………… 111
　　二、过滤、离心与膜分离及性能比较 ……………………………………… 111
　第二节　过滤速度的强化 ……………………………………………………… 112
　　一、发酵液的预处理 ………………………………………………………… 112
　　二、过滤介质选择 …………………………………………………………… 113
　　三、过滤操作条件的优化 …………………………………………………… 115
　第三节　过滤设备 ……………………………………………………………… 116
　　一、加压过滤设备 …………………………………………………………… 116
　　二、真空过滤设备 …………………………………………………………… 118
　　三、离心过滤设备 …………………………………………………………… 119
　第四节　离心分离设备 ………………………………………………………… 121
　　一、碟片式离心机 …………………………………………………………… 122
　　二、管式离心机 ……………………………………………………………… 123
　　三、离心操作注意事项 ……………………………………………………… 124
　第五节　膜分离设备 …………………………………………………………… 126
　　一、膜分离方法及膜 ………………………………………………………… 126
　　二、膜分离过程 ……………………………………………………………… 126
　　三、膜分离设备 ……………………………………………………………… 127
　思考题 …………………………………………………………………………… 129
第九章　萃取和离子交换分离设备 ………………………………………………… 130
　第一节　萃取分离原理及设备 ………………………………………………… 130
　　一、溶剂萃取流程 …………………………………………………………… 130
　　二、萃取操作过程及设备 …………………………………………………… 131
　第二节　浸取 …………………………………………………………………… 134
　　一、多级间歇逆流浸取器 …………………………………………………… 135

二、移动床式连续浸取器 ··· 135
　第三节　超临界萃取 ··· 136
　　一、超临界流体的性质 ··· 136
　　二、超临界萃取的过程特征 ··· 137
　　三、超临界萃取的典型过程及应用实例 ··· 138
　第四节　离子交换分离原理及设备 ··· 140
　　一、离子交换树脂及其分离原理 ·· 140
　　二、离子交换设备 ·· 141
　思考题 ··· 143

第十章　蒸发和结晶设备 ·· 144
　第一节　蒸发设备 ·· 144
　　一、管式薄膜蒸发器 ··· 145
　　二、刮板式薄膜蒸发器 ·· 146
　　三、离心式薄膜蒸发器 ·· 147
　　四、循环式蒸发器 ·· 147
　　五、蒸发浓缩设备的操作要点及注意事项 ··· 148
　第二节　结晶设备 ·· 149
　　一、结晶原理与起晶方法 ··· 150
　　二、结晶设备 ·· 152
　思考题 ··· 155

第十一章　干燥设备 ··· 156
　第一节　固体物料干燥机理及生物工业产品干燥的特点 ··························· 156
　　一、固体物料干燥机理 ·· 156
　　二、生物工业产品干燥的特点 ·· 158
　　三、干燥设备的选型原则 ··· 158
　第二节　非绝热干燥设备 ··· 159
　　一、真空箱式干燥器 ··· 159
　　二、带式真空干燥器 ··· 160
　　三、耙式真空干燥器 ··· 160
　第三节　绝热干燥设备 ·· 161
　　一、气流干燥原理及设备 ··· 161
　　二、喷雾干燥原理及设备 ··· 163
　　三、流化床干燥原理及设备 ·· 164
　　四、绝热干燥设备的操作和注意事项 ··· 165
　第四节　冷冻干燥及其他干燥设备 ··· 166
　　一、冷冻干燥原理及设备 ··· 166
　　二、微波干燥原理及设备 ··· 168
　　三、红外干燥原理及设备 ··· 169
　　四、冷冻、微波和红外干燥操作注意事项 ··· 170
　第五节　干燥辅助设备 ·· 170

一、空气加热器 170
　　二、定量加料器 171
　　三、粉末捕集装置 172
　思考题 172
第十二章　空气净化除菌与调节设备 173
　第一节　空气净化除菌的方法与原理 173
　　一、生物工业生产对空气质量的要求 173
　　二、空气净化除菌方法 173
　　三、介质过滤除菌机理 174
　第二节　空气介质过滤除菌设备 175
　　一、空气介质过滤除菌流程 175
　　二、空气介质过滤除菌设备 176
　第三节　空气调节设备 182
　　一、空气增减湿的原理 182
　　二、空气增减湿的方法 183
　　三、空气调节设备 184
　思考题 185
第十三章　设备与管道的清洗和灭菌 186
　第一节　常用清洗剂、清洗方法及设备 186
　　一、生物工业常用清洗剂 186
　　二、设备、管路、阀门等的清洗 187
　　三、CIP清洗系统及设备 188
　　四、清洁程度的确认 189
　第二节　设备及管路的灭菌 190
　　一、发酵罐及容器的灭菌 190
　　二、空气过滤器的灭菌 191
　　三、管路和阀门的灭菌 192
　　四、灭菌程度的检验 193
　思考题 193
第十四章　水处理与制冷系统及设备 194
　第一节　水处理系统及设备 194
　　一、水的过滤 194
　　二、水的软化 196
　　三、水的杀菌 198
　第二节　制冷系统及设备 199
　　一、压缩式制冷循环 199
　　二、制冷剂及载冷剂 200
　　三、制冷系统设备 201
　思考题 205

第十五章 生物工业生产中设备操作安全常识 ······ 206
第一节 电器设备操作安全注意事项 ······ 206
一、电气事故 ······ 206
二、电气事故的防范措施及安全注意事项 ······ 207
三、电器设备安全操作要点 ······ 209
第二节 溶剂及化学药品操作安全注意事项 ······ 210
一、基础知识 ······ 210
二、溶剂及化学药品操作要点及安全注意事项 ······ 211
第三节 微生物操作安全注意事项 ······ 213
一、生物对人体的危害因素 ······ 213
二、容易引起危险的微生物操作过程 ······ 214
三、微生物操作要点和注意事项 ······ 215
第四节 其他安全注意事项 ······ 217
一、登高作业 ······ 217
二、发生异常情况时的操作 ······ 217

思考题 ······ 218

第十六章 生物工业生产中常用管道和阀门 ······ 219
第一节 生物工业中的管道 ······ 219
一、生物工业中常用管道 ······ 219
二、生物工业中管道的涂色 ······ 221
第二节 生物工业中常用的管道连接和管路的标准化参数 ······ 222
一、管件 ······ 222
二、法兰 ······ 223
三、管道的连接 ······ 224
四、管路的标准化和标准化参数 ······ 225
第三节 生物工业中常用的阀门和维修 ······ 226
一、生物工业中常用的阀门 ······ 226
二、阀门的型号、规格表示法 ······ 229
三、阀门的维护 ······ 230

思考题 ······ 231

参考文献 ······ 232

第一章 物料的处理与输送设备

生物工厂在以初级粮食为原料的生产中,由于这些原料在收获、储藏和运输中,常常会混入各种杂物,而这些杂物如不除去,其原料出品率必然降低,因此生产原料往往要经过预处理。其处理设备有筛选设备、磁力除铁器和精选设备。此外,为了提高蒸煮、浸出、水解和发酵等工序的效果和效率,常需要对固体生产原料进行粉碎,粉碎就是把大块固体物料破碎成小物料的操作。常用粉碎设备有锤式粉碎机和辊式粉碎机。

生物工厂中,生产原料也常常需要在各生产工序、车间之间输送,这依赖各种不同的输送设备来实现。不同状态的物料,采用不同的运送方式和机械。固体物料多采用机械输送设备和气流输送设备,液体物料多采用泵来输送。其中机械输送设备包括带式输送机、斗式提升机和螺旋输送机。下面分别予以介绍。

第一节 固体物料的处理与粉碎设备

一、固体物料的筛选除杂设备

生物工厂的原料多来源于植物,如植物的块根、块茎、秸秆、种子、果实等。这些原料在收获、储藏和运输中,会混入其他杂粮、沙石、碎木、杂草、金属等各种杂物,这些杂物若不除去不但会降低原料的出品率,还会过度磨损设备,使设备发生故障,严重影响正常的生产,有些杂物甚至会堵塞管道和阀门使生产瘫痪。因此生产原料在生产前往往要进行预处理。

1. 筛选设备

粮食原料中,以谷物类最多,筛选是谷物等生物质原料清理除杂最常用的方法。生物加工过程中的筛选操作都由筛选机械来完成,常用的筛选机械是振动筛和圆筒筛。

(1)振动筛

生物质原料加工中应用最广的是带有风力除尘的振动筛,多用于清除谷物中小或轻的杂质。振动筛主要由进料装置、筛体、吸风除尘装置和支架等部分组成,如图1-1所示。

筛体是振动筛的主要部件,一般装有三层筛面,分别具有一定的倾斜度,使物料在筛面上加速流动而不致堵塞。筛体内筛面的

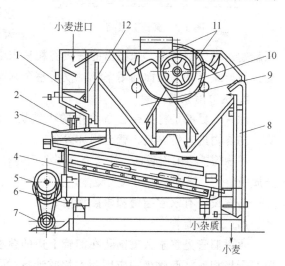

图1-1 振动筛的结构
1—进料斗;2—吊杆;3—筛体;4—筛格;5—自衡振动器;
6—弹簧限振器;7—电动机;8—后吸风道;9—沉降室;
10—风机;11—风门;12—前吸风道

排列：第一层是接料筛，筛孔最大，筛面较短，采用反面倾斜，筛上物为大杂质（如草秆、泥块等），由大杂质收集槽排出，谷物颗粒等穿过筛孔进入第二层筛面；第二层是分级筛，筛孔比谷粒稍大，正向倾斜，筛出稍大于谷粒的中级杂质，由中杂收集槽排出，谷粒穿过筛孔进入第三层筛面；第三层是精选筛，筛孔最小，筛面较长，正向倾斜，谷粒作为筛上物排出，经出口吸风道吸除轻杂质后流出机外。穿过筛孔的小杂质由小杂质收集槽排出。

振动筛是一种平面筛，常用的筛子有两种：一种是由金属丝（或其他丝线）编制，另一种是冲孔金属板。筛孔的形状有圆形、方形、矩形等。筛板开孔率一般为50%～60%，开孔率越大，筛选效率越高，筛子强度越小。

筛选机生产能力计算公式为

$$G = 3600 B_0 h v_{cp} \varphi \rho \tag{1-1}$$

式中　B_0——筛面有效宽度，m；
　　　h——筛面物料厚度，m；
　　　v_{cp}——物料沿筛面运动的平均速度，m/s；
　　　φ——物料的松散系数；
　　　ρ——物料的密度，kg/m³。

（2）圆筒筛

圆筒分级筛是生物工厂常用的另一种筛选设备，一般用于谷物精选后的分级。根据谷粒的分级要求，在圆筒筛上布置不同孔径的筛面，筛子用厚1mm的钢板制作，通常开矩形孔，孔长25mm，宽2.2～2.8mm，可将谷粒分成三级，腹径（颗粒厚度）2.5mm以上，2.2～2.5mm和2.2mm以下三种。

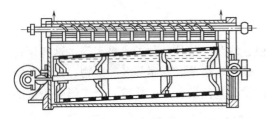

图1-2　圆筒分级筛

圆筒分级筛如图1-2所示，圆筒倾斜度3°～5°。筛筒直径与长度比为1：（4～6），圆周速度约为0.7～1.0m/s。整个筛筒分为几节筒筛，布置不同孔径的筛面，筒筛间用角钢制成的加强圈连接。圆筒用托轮支撑在机架上，圆筒以齿轮传动。需筛分的原料由分设在下部的两个螺旋输送机分别送出，未筛出的一级谷粒从末端卸出。圆筒分级筛的优点是：设备简单，传动方便。缺点是：筛面利用率低，仅为整个筛面的1/5。

2. 磁力除铁器

除铁的目的是将夹杂在谷物中的小铁块、铁钉等金属杂物除去，这些金属杂物若不清除，随谷物进入粉碎机，就会损坏设备。

谷物除铁多采用磁选，让含有金属杂质的谷物以适宜的流速通过磁钢的磁场，磁钢将金属杂质吸留住。磁钢多采用永久磁体，呈马蹄形或条形，磁性持久，不耗费电能，维修方便。

磁选设备有永磁溜管和永磁滚筒。

（1）永磁溜管

永磁溜管是将永久磁钢装在溜管上边的盖板上，一条溜管上一般设置2～3个盖板，为防止同极相斥，两磁极间应用薄木片或纸板衬隔。

工作时让薄而均匀的物料从溜管上端流下，磁性物体被磁钢吸住。此种装置结构简单，但除杂效果较差，还必须定时对磁极面进行人工清理。

（2）永磁滚筒

永磁滚筒主要由进料装置、滚筒、磁芯、机壳和传动装置五部分组成，见图1-3。磁芯是由永久磁钢、铁隔板及铝制鼓轮组成的170°的半圆芯，固定在中心轴上。滚筒由非导磁材料（磷青铜或不锈钢）制成，外筒表面喷涂无毒耐磨的聚氨酯涂料，以延长滚筒寿命。工作过程中，磁芯固定不动，电动机通过涡轮减速器带动滚筒旋转。设备下部一端设有出料斗，连接出料导管，另一侧安装铁盒，存放分离出的磁性金属杂质。当谷物和金属杂质均匀地落到永磁滚筒上以后，谷物随着滚筒转动而下落，从出料口排出，磁性金属杂质被吸留在外筒表面，被安装在外筒上的拔齿带着一起转动，当转至磁场工作区外，自动落入铁盒，达到杂质与谷物分离的目的。永磁滚筒除杂效率高，特别适合清除颗粒物料中的磁性杂质。

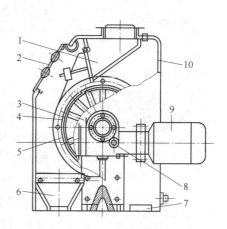

图1-3 永磁滚筒的结构

1—进料口；2—观察窗；3—滚筒；4—磁芯；5—隔板；6—小麦出口；7—铁杂质收集盒；8—变速机构；9—电动机；10—机壳

3. 精选设备

根据生产需要，有些原料经过除杂粗分以后就可用于生产，有些则必须进一步进行精选和分级。

精选机工作的主要原理是按照谷物颗粒长度进行分级。常用的精选机有滚筒精选机和碟片精选机两种，都是利用带有袋孔（窝眼）的工作面来分离杂粒，袋孔中嵌入长度不同的颗粒，以带升高度不同而分离。

（1）碟片式精选机

碟片式精选机的主要构件是一组同轴圆环状铸铁碟片，在碟片的平面上有许多带状凹孔，孔的大小和形状依除杂质条件而定。碟片在粮堆中运动时，短小的颗粒嵌入袋孔，被带到较高的位置落下，因此只要把收集短粒的斜槽放在适当的位置，即可将短粒分开，如图1-4所示。

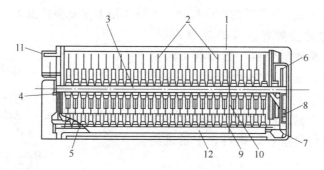

图1-4 碟片式精选机结构

1—进料口；2—碟片；3—轴；4—轴承；5—绞龙；6—大链轮；7—小链轮；
8—链条；9—隔板；10—孔；11—长粒物料出口；12—淌板

碟片式精选机工作面积大，转速高，产量大，而且可在同一台机器上安装不同袋孔的碟片，同时分离不同品种、规格的物料。但是碟片上的袋孔易磨损，功率消耗大。

（2）滚筒式精选机

滚筒式精选机的主要工作构件是一个内表面开有袋孔的旋转圆筒，如图1-5所示。当物

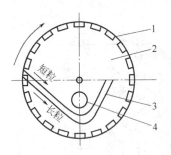

图 1-5 滚筒式精选机工作示意
1—筛转圆筒；2—袋孔；3—螺旋输送机；4—中央槽

料进入圆筒，长粒物料在进料的压力和滚筒本身倾斜度的作用下，沿滚筒从另一端流出，短粒物料则嵌入袋孔被带到较高的位置，落入中央收集槽，从而实现分离精选的目的。

二、固体物料的粉碎设备

在生物工厂中，常需要对固体生物质原料进行粉碎。粉碎是把大块固体物料破碎成小物料的操作。固体物料经过粉碎后，颗粒度变小，原料的表面积显著增大，可显著提高下一工序如蒸煮、浸出、水解和发酵等的效果和效率。

固体物料的粉碎按其受力情况可分为挤压、冲击、研磨、剪切和劈裂粉碎。物料在粉碎时，各种粉碎机械所产生的粉碎作用往往不是单纯的一种力，而是几种力的组合。对于特定的粉碎设备，可以是以一种作用力为主。

固体物料的粉碎，可按粉碎物料和成品的粒度大小区分如下。

① 粗碎，原料粒度范围 40～1500mm，成品粒度约 5～50mm。
② 中、细碎，原料粒度范围 5～50mm，成品粒度约 0.1～0.5mm。
③ 微粉碎，原料粒度范围 5～10mm，成品粒度<100μm。
④ 超微粉碎，原料粒度范围 0.5～5mm，成品粒度<10～25μm。

物料粉碎前后的粒度比称为粉碎度或粉碎比，表示粉碎操作中物料粒度的变化。总粉碎度是表示经过几道粉碎步骤后的总结果。

对于粉碎机，无论其作用力属于哪种方式，原料的性质如何，所需的粉碎度怎样，都应符合下述基本要求：粉碎后的物料颗粒大小均匀；操作自动化；易磨损部件易更换；产生极小的粉尘，以减小污染和保障工人的身体健康；单位产量消耗的能量小。

下面介绍几种粉碎设备。

1. 锤式粉碎机

锤式粉碎机是一种应用广泛的粉碎机械，粉碎作用力主要为冲击力。这种粉碎机对各种中等硬度的物料和脆性物料，粉碎效果较好，用其他粉碎机难以粉碎的物料，如带有一定韧性或软性纤维较长的物料，它也能粉碎。锤式粉碎机具有较高的粉碎比，单位产量能耗低，构造简单，生产能力高。但锤式粉碎机也存在一些缺点：工作部件易磨损，物料含水量过高时，易堵塞。

(1) 锤式粉碎机的构造及工作原理

锤式粉碎机，如图 1-6 所示。内有一固定的水平轴，在轴的转子上，对称于轴的位置装有锤刀。周围是圆筒形外壳，外壳分两部分，上部分为棘板——有沟形的表面，下部为有孔形的筛板，被粉碎的物料通过筛孔落下。

物料从料斗进入机内，受到高速旋转锤刀

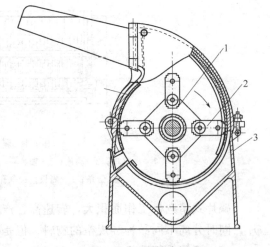

图 1-6 锤式粉碎机
1—转子；2—锤刀；3—机壳

的强大冲击被击破，小于筛孔直径的颗粒，通过筛面落入出料口。大于筛孔直径的颗粒，受锤刀冲击后，由于惯性作用，以高速四散飞落，有的撞击到棘板上被撞击成碎片，未撞击到棘板上的大颗粒，也会受到后排锤刀的冲击。如此反复，直至将大块物料撞碎，从筛孔落入出料口。

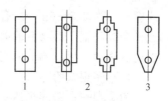

图 1-7 锤刀的形式
1—矩形；2—带角矩形；3—斧形

锤刀多由耐磨的高碳钢或锰钢制成，常见的形式有矩形、带角矩形和斧形，如图 1-7 所示。原料的粉碎是由于锤刀的冲击作用，因此锤刀磨损很快，矩形和带角矩形锤刀具有可多次使用的优点，当一角被磨钝后，可调换再用，直至四边角全部用遍为止。

(2) 锤式粉碎机的生产能力

对于圆孔筛，设一个圆筛孔排出的产品体积为

$$V_0 = \frac{\pi}{4} d_0^2 d\mu \tag{1-2}$$

式中　d_0——筛孔直径，m；
　　　d——产品粒度，m；
　　　μ——排料系数，一般取 0.7。

对于方形筛孔，设一个孔排出的产品体积为

$$V_0 = lcd\mu \tag{1-3}$$

式中　l——筛孔长度，m；
　　　c——筛孔宽度，m。

锤刀扫过筛孔时才有产品排出，如果转子上有 k 排锤刀，则转子转动一周，锤刀就扫过 k 次。若转子转速为 n（r/min），筛孔总数为 Z 个，则每小时排出的产品量为

$$V = 60V_0 knZ \tag{1-4}$$

2. 辊式粉碎机

辊式粉碎机广泛应用于颗粒状物料的中碎和细碎。啤酒厂粉碎麦芽和大米都用辊式粉碎机，常用的有两辊式、四辊式、五辊式和六辊式等。

(1) 两辊式粉碎机

两辊式粉碎机如图 1-8 所示，主要的工作构件为两个直径相同，相向转动的钢辊，由白口铁、铸铁或铸钢制成，辊筒表面形状有表面光滑的、表面有齿的和表面有凸棱或凹槽的。粉碎机工作时，把放在钢辊间的物料夹住拖入两辊之间，物料受到挤压而破碎。两辊的圆周

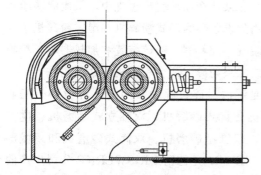

图 1-8 两辊式粉碎机

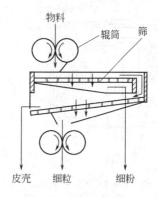

图 1-9 四辊式粉碎机

速度一般为 2.5~6m/s。有许多粉碎机，两个辊子做差速旋转运动，转速差一般为 2.5:1，这样会提高辊子对物料的剪切力，增加粉碎度。两个辊子中，一个固定，一个辊筒轴承座可以前后移动，用以调节两辊筒间距，控制粉碎度。

(2) 多辊式粉碎机

为了用一台粉碎机达到下一步生产要求的粉碎度，同时提高生产能力，往往使用四辊、五辊、六辊带筛分的辊式粉碎机。如图 1-9、图 1-10、图 1-11 所示。

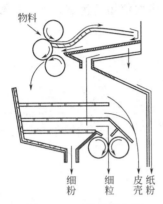

图 1-10 五辊式粉碎机

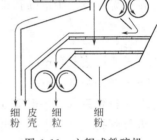

图 1-11 六辊式粉碎机

(3) 辊式粉碎机生产能力的计算

辊式粉碎机的理论生产能力可用下式计算

$$q_m = 60\pi Dnlb\rho\varphi \tag{1-5}$$

式中　q_m——物料的质量流量，kg/s；
　　　D——辊筒直径，m；
　　　n——辊筒转速，r/min；
　　　l——辊筒长度，m；
　　　b——两辊间隙，m；
　　　ρ——物料的密度，kg/m³；
　　　φ——填充系数，与物料的性质及操作均匀度有关，可在生产实践中查得。

3. 湿式粉碎机

在工厂用干法粉碎一些生物质原料时，往往会逸出较多的粉尘，影响环境，危害工人的身体健康。为了避免这一缺点，在某些产品的生产过程中，采用湿法粉碎操作。所使用的设备称为湿式粉碎机。湿式粉碎机主要包括：输料装置、加料器、粉碎装置和加热器等，粉碎可采用一级或二级粉碎（两台粉碎机串联使用）。

砂磨机是湿法粉碎过程中常用的一种设备。工业上用的砂磨机有盘式砂磨机、双轴立式砂磨机、搅拌棒型砂磨机、双锥型砂磨机、双筒式砂磨机和超微湿式粉碎机等。图 1-12 是德国 DRISWERKE 公司生产的 PM-DCP 型砂磨机，主要由转子、定子、分离装置、

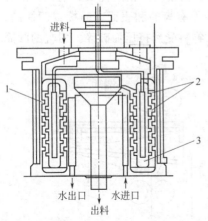

图 1-12 PM-DCP 型砂磨机
1—磨罐；2—圆钉；3—转筒

传动装置、液压系统及控制系统组成。

4. 超微粉碎

超微粉碎技术是 20 世纪 40 年代兴起的一门新技术，经过半个多世纪的发展，超微粉碎技术得到了长足的发展。与传统的粉碎技术相比，超微粉碎技术的特点是粉碎后的产品粒度微小，通常认为<1μm，表面积剧增，这时产品的分散性、吸附性、溶解性、生物活性、化学活性等性质显著改变。目前，超微粉碎技术在化工、矿产、电力等行业已经得到了一定的应用，生物质原料的生产加工由于在技术上有许多特殊要求，使用还很有限。但是超微粉碎技术由于特殊的优势，必将在生物加工中起到越来越重要的作用。

第二节 固体物料的输送设备

在生物工厂中，生物质固体原料常常需要在各生产工序、车间之间输送传递，这依赖各种不同的固体输送设备来实现。在现代化的工业生产中，连续运输机械是工业生产自动化的一个重要环节。输送机械对于提高劳动生产率、减轻劳动强度、节约原材料和缩短生产周期都有重要意义。

生物工业生产中，固体物料的输送方式主要有两种：一种是机械输送，利用机械运动输送物料；另一种是气力输送，借助风力输送物料。

一、机械输送系统及设备

机械输送设备种类繁多，目前用于输送固体原料的主要有：带式输送机、斗式提升机和螺旋输送机。

1. 带式输送机

带式输送机是连续输送机中效率最高，使用最普遍的一种机型。它广泛地应用于食品、酿酒等行业。可用来输送散粒物品（谷物、麸曲、麦芽等）和块状物品（薯类、酒饼、煤等）。按结构不同，带式输送机可分为固定式、移动式两类。工厂中采用固定式带式输送机的较多。

（1）带式输送机的结构

带式输送机的主要构件包括输送带、鼓轮、张紧装置、支架和托辊等，有的还附有加料斗和中途卸载设备。带式输送机结构如图 1-13 所示。

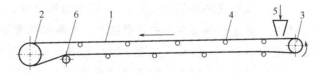

图 1-13 带式输送机结构

1—输送带；2—主动轮；3—从动轮；4—托辊；5—加料斗；6—张紧装置

在带式输送机中，输送带既是承载构件，又是牵引构件，主要有橡胶带、塑料带、钢带等几种，其中多层橡胶带最为普遍。将输送带连成环形，套在两个鼓轮上，卸料端的鼓轮由电动机传动，称主动轮，另一端的鼓轮为从动轮。鼓轮可以铸造，也可以是焊制成鼓形的空心轮，表面微微凸起，使输送带运行时能对准中心。为了增加主动轮和带的摩擦，在鼓轮表面包以橡胶、皮革或木条。鼓轮的宽度应比带宽 100～200mm。鼓轮直径根据橡胶带的层数确定。由于环形带长又重，若只由两端鼓轮支撑而中间悬空，则带必然下垂，所以需在带的下面装若干个托辊。托辊多用钢管制成，长度比带宽100～200mm，两端管口有盖板，盖板中镶以轴承。环形带回空部分，由于已经卸载，托辊个数可以减少。此外还有张紧装置使输送带有一定的张力，以利正常运行。

（2）输送量的计算

带式输送机的输送能力 q_m 由下式决定

$$q_m = \frac{3600qv}{1000} = 3.6qv \tag{1-6}$$

式中　　q_m——输送量，t/h；

q——带上单位长度的负荷，kg/m；

v——带的运行速度，m/s。

2. 斗式提升机

斗式提升机是将物料连续地由低处提升到高处的运输机械，其所输送的物料为粉末状、颗粒状和块状，如大麦、大米、谷物、薯粉、瓜干等。

（1）斗式提升机的结构

斗式提升机结构如图1-14所示。它主要由传动滚轮、张紧滚轮、环形牵引带或链、料斗、机壳和装、卸料装置等几部分组成。

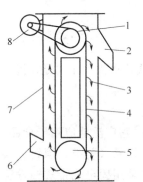

图1-14　斗式提升机结构
1—主动轮；2—卸料口；
3—料斗；4—输送带；
5—从动轮；6—进料口；
7—外壳；8—电动机

物料放在斗式提升机的斗内，提升机运转时，机带被带动，料斗渐渐提升到上部，转过上端的滚轮时物料便落入出料槽内。

传动滚轮的转速及直径的选择很重要。若选择不当，物料很可能由于离心力的作用超过卸料槽而被抛到很远的地方，或者未到卸料槽口即被抛落于提升机上段的机壳内。

一般运碎料时，滚轮线速度大于1.2m/s；运小块物料时，小于0.9m/s；运大块而坚硬的物料时，大约0.3m/s。

斗式提升机的料斗有深斗和浅斗两种。深斗前方边缘倾斜65°，常用来输送干燥且容易流动的粒状和块状物料；浅斗倾斜45°，常用于输送潮湿和流动性不良的物料。深斗和浅斗的选择取决于物料的性质和装卸的方式。

斗式提升机的装料方法分掏取式和喂入式两种，如图1-15所示。掏取式装料是从提升机下部的加料口处，将物料装进底部机壳里，由运动着的料斗掏取，适用于磨损性小的松散物料，料斗的速度较高。喂入式装料就是把物料直接加入到运动着的料斗中，料斗宜低速运行，适用于大块和磨损性大的物料。

斗式提升机的优点是能将物料提升到很高的地方（可达30～50m），生产能力的范围也很大（50～160m³/h）；缺点是动力消耗较大。

（2）斗式提升机生产能力计算

斗式提升机的生产能力由下式计算

$$q_m = 3.6 \frac{V}{a} v \rho \varphi \tag{1-7}$$

式中　　V——料斗容积，m³；

a——料斗间距，m；

v——料斗运行速度，m/s；

ρ——物料堆积密度，kg/m³；

φ——料斗的充填系数，粉状及细粒干燥物料 $\varphi=0.75\sim0.95$，谷物 $\varphi=0.70\sim0.90$。

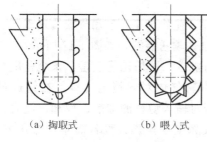

图 1-15　斗式提升机的装料方法

（a）掏取式　　（b）喂入式

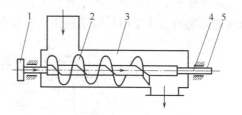

图 1-16　螺旋输送机示意图

1—皮带轮；2—螺旋；3—外壳；4—轴承；5—轴

3. 螺旋输送机

螺旋输送机是由一个旋转的螺旋和料槽以及传动装置构成的，如图 1-16 所示。当轴旋转时，螺旋将物料沿着料槽推动。螺旋由转轴与装在轴上的叶片所构成。根据叶片的形状可分为四种：实体式、带式、成类型和叶片式。在这些螺旋中，实体式是常见的，它构造简单，效率也高，对谷物和松散的物料较为适宜。黏滞性物料宜采用带式，可压缩及易滑动的物料宜用叶片式或成类型。

（1）螺旋输送机的结构

螺旋输送机的轴由圆钢或钢管制成，一般用厚壁钢管。螺旋大都用薄钢板冲压成型，然后互相焊接或铆接，再焊接在轴上。螺旋的转速一般为 50～80r/min。螺旋的螺距有两种：实体螺旋的螺距等于直径的 0.8 倍，带式螺旋的螺距等于直径。螺旋与料槽之间的间隙，一般较物料直径大 5～15mm。间隙小，阻力大；间隙大，运输效率低。

料槽多用 3～6mm 厚钢板制成，槽底为半圆形，槽顶有平盖。为了搬运、安装和修理的方便，多用数节连成，每节长约 3m。各节连接处和料槽边焊有角钢，这样既便于安装又增加刚性。料槽两端的槽端板，可用铸铁制成，同时也是轴承的支座。

螺旋输送机结构简单、紧凑、外形小，便于进行密封及中间卸料，特别适用于输送有毒和粉尘物料。它的缺点是动力消耗大，槽壁与螺旋的磨损大，对物料有研磨作用。常用于短距离水平输送或倾斜角不大（<20°）的输送。生物加工厂常用它来输送粉状及小块物料，如麸曲、薯粉、麦芽等，还可用于固体发酵中培养基的混合等。

（2）螺旋输送机生产能力计算

螺旋输送机的生产能力可由下式近似计算

$$q_m = 60 \times \frac{\pi}{4}D^2 sn\rho\varphi c = 47D^2 sn\rho\varphi c \tag{1-8}$$

式中　D——螺旋的直径，m；

s——螺距，m；

n——螺旋的转数，r/min；

ρ——物料的密度，t/m³；

φ——槽的装满系数，$\varphi=0.125\sim0.4$；

c——倾斜系数。

二、气流输送系统及设备

气流输送是利用具有一定压力和速度的气流在密闭管道中输送固体物料的一种方法,气流输送又称为风力输送。

近些年来,气流输送在生物加工行业得到广泛应用,生物加工厂利用气流输送瓜干、大米等固体物料。为了增加输送距离,又发展了压送式气力输送装置,如图1-17所示。

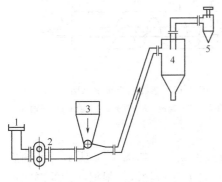

图1-17 压送式气力输送装置
1—空气粗滤机;2—鼓风机;3—料斗;
4—分离器;5—除尘器

气流输送与机械输送相比优点是:系统密闭,可以避免粉尘和有害气体对环境的污染;在输送过程中,可同时进行对输送物料的加热、冷却、混合、粉碎、干燥和分级除尘等操作;设备简单,操作方便,容易实现自动化、连续化;占地面积小。

气流输送的不足之处在于:所需的动力较大,风机噪声较大,输送物料的颗粒直径在30mm以下,对管路和物料的磨损较大,不适于输送黏性和易带静电且有爆炸性的物料。

气流输送系统的组成设备如下所述。

1. 进料装置

(1) 吸嘴

吸送式气力输送装置通常采用吸嘴作为供料器。吸嘴有多种不同类型,主要有单筒型、双筒型、固定型三种。

① 单筒型吸嘴如图1-18所示,输料管口就是单筒型吸嘴,它可以做成直口、喇叭口、斜口和扁口等多种类型。由于结构简单,应用较多。其缺点是当管口外侧被大量物料堆积封堵时,空气不能进入管道而使操作中断。

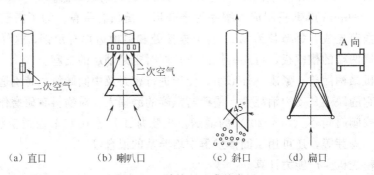

(a) 直口　　(b) 喇叭口　　(c) 斜口　　(d) 扁口

图1-18 单筒型吸嘴的类型

② 双筒型吸嘴如图1-19所示,它由一个与输料管相通的内筒和一个可上下移动的外筒组成。内筒用来吸取物料,其直径与输料管直径相同。外筒与内筒间的环隙是二次空气通道。外筒可上下调节,以获得最佳操作位置。

③ 固定型吸嘴如图1-20所示,物料通过料斗被吸至输料管中,由滑板调节进料量。空气进口应装有铁丝网,防止异物吸入。

(2) 旋转加料器

旋转加料器广泛应用在中、低压的压送式气力装置中,或在吸送式气力装置中做卸料用。它具有一定的气密性,适用于输送流动性好的粉状、小块状干燥物料。旋转加料器结构

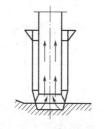
图 1-19 双筒型吸嘴

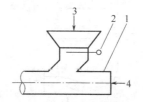
图 1-20 固定型吸嘴
1—输料管；2—滑板；3—料斗；4—空气进口

如图 1-21 所示，主要由圆柱形的壳体及壳体内的叶轮组成。叶轮由 6～8 片叶片组成，由电动机带动旋转。在低转速时，转速与排料量成正比，当达到最大排料量后，如继续提高转速，排料量反而降低。这是因为转速太快时，物料不能充分落入格腔里，已落入的又可能被甩出来。通常圆周速度在 0.3～0.6m/s 较合适。叶轮与外壳之间的间隙约为 0.2～0.5mm，间隙愈小，气密性愈好。也可在叶片端部装聚四氟乙烯或橡胶板，以提高其气密性。

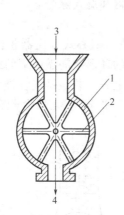
图 1-21 旋转加料器
1—外壳；2—叶片；3—入料；4—出料

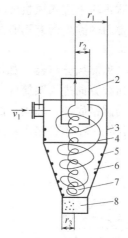
图 1-22 普通旋风分离器
1—入口管；2—排气管；3—圆筒体；4—空间螺旋线；
5—较大粒子；6—圆锥体；7—反螺旋线；8—卸料口

2. 物料分离装置

物料沿输料管被送达目的地后，分离装置（分离器）将物料从气流中分离而卸出。常用的分离器有旋风分离器和重力式分离器。

(1) 旋风分离器

旋风分离器是利用离心力来分离捕集粉粒体的装置，如图 1-22 所示。这种分离器结构简单，分离效率高，对于大麦、豆类等物料，分离效率可达 100%。气、固两相流经入口管，以切线方向进入圆筒体后，形成下降的空间螺旋线运动，较大粒子借离心惯性力被甩向器壁而分离下沉，经圆锥体由卸料口排出。而较细的粒子和大部分气体，则沿上升的反转螺旋线，经排气管排出。

(2) 重力分离器

这类分离器又叫沉降器，有各种结构形式，如图 1-23 所示是其中的一种。带有悬浮物料的气流进入分离器后，流速大大降低，物料由于自身的重力而沉降，气体则由上部排出。这种分离器对大麦、玉米等能 100% 的分离。

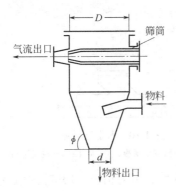 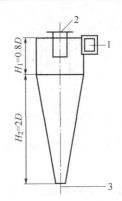

图 1-23 重力分离器　　　　　图 1-24 离心除尘器
1—切向进口；2—排气口；3—卸灰口

3. 空气除尘装置

由于经分离器出来的气流尚含有较多的微细物料和灰尘，为保护环境，回收气流中有经济价值的粉末并防止粉末进入风机使其磨损，需在分离器后和风机入口前装设除尘器。除尘器的形式很多，常用的除尘器有离心式除尘器、袋式除尘器和湿式除尘器。

(1) 离心除尘器

离心除尘器又称旋风分离器，如图 1-24 所示，其构造与离心式分离器相似。含尘空气沿除尘器外壳的切线方向进入圆筒的上部，并在圆筒部分的环形空间做向下的螺旋运动。被分离的灰尘沉降到圆锥底部，除尘后的空气则从下部螺旋上升，并经排气管排出。

离心除尘器种类较多，有旁路式离心除尘器如图 1-25 所示，扩散式离心除尘器图 1-26 所示等。

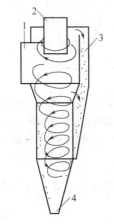 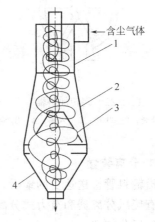

图 1-25 旁路式离心除尘器　　　　　图 1-26 扩散式离心除尘器
1—切向进口；2—排气管；　　　　　1—圆柱筒体；2—倒锥筒体；
3—旁路分离室；4—卸灰口　　　　　3—反射屏；4—集灰斗

(2) 袋式除尘器

袋式除尘器如图 1-27 所示，是利用滤袋过滤气体中的粉尘的净化设备。含尘气流由进气口进入，穿过滤袋，粉尘留在滤袋内，洁净空气通过滤袋由排气管排出，袋内粉尘借振动器振落到下部排出。

(3) 湿式除尘器

湿式除尘器就是利用水来过滤气流中的粉尘，有多种结构形式，如图 1-28 所示是结构较为简单的一种。含尘气体进入除尘器后，经伞形孔板洗涤鼓泡净化，粉尘则留在水中。这种除尘器要定期更换新水，只适用于含尘量较少的气体净化。

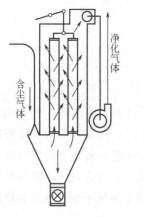

图 1-27　袋式除尘器

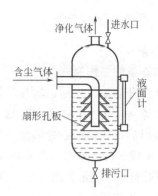

图 1-28　湿式除尘器

第三节　液体物料的输送设备

在生物加工工业中，由于工艺上的要求，常需要把液体从一个设备通过管道输送到另一个设备中去，这就需要液体输送机械。泵是工厂里常见的输送液体并提高其压力的通用设备。

一、泵的分类和特点

在生产中，被输送的液体物理化学性质各异，有的黏稠、有的稀薄、有的有挥发性、有的有腐蚀性。而且在输送过程中，根据工艺要求，各种液体的压头、流量又各不相同。因此生产上往往需要各种不同种类、不同性质的泵。

按照工作原理的不同泵可以分为三大类。

1. 叶片式泵

叶片式泵又称动力泵，这种泵是利用高速旋转的叶片连续地给液体施加能量，达到输送液体的目的。叶片式泵又可分为离心泵、轴流泵和混流泵，它们的叶轮入流方向皆为轴向，所不同的是叶轮出流方向。离心泵中的液流在离心力的作用下，沿与水泵轴线垂直的径向平面流出叶轮；轴流泵中的液流在推力的作用下沿轴向流出叶轮；混流泵的叶轮出流方向介于离心泵和轴流泵之间，即在离心力和推力共同作用下，液流向斜向流出叶轮。

叶片泵根据泵轴的工作位置可分为横轴泵、立轴泵和斜轴泵；按吸入方式可分为单吸泵和双吸泵；按一台泵的叶轮数目可分为单级泵和多级泵。

2. 容积式泵

容积式泵是通过密闭的充满液体的工作室容积周期性变化，不连续地给液体施加能量，达到输送液体的目的。容积式泵按工作容积变化的方式不同又可分为往复泵和回转泵。往复泵是通过柱塞在泵内做往复运动而改变工作室容积，回转泵是通过转子做回转运动而改变工作室容积。

3. 其他类型泵

是指除叶片式泵和容积式泵以外的泵，这些泵的作用原理各异，如：射流泵、水锤泵、气升泵、螺杆泵。这其中除了螺杆泵是利用螺旋推进原理来提高液体的位能外，其他各类泵都是利用工作液体传递能量来输送液体。

生物化工工厂中液体物料的输送多采用离心泵、往复泵和螺杆泵三种，使用较多的是离心泵和往复泵。

二、常用泵及泵的选型

1. 离心泵

(1) 离心泵的工作原理

离心泵在开动前，先用被输送液体灌泵，开动后，叶片间的液体随叶轮一起旋转，产生离心力。液体从叶轮中心被甩向叶轮外围，高速流入泵壳，从排出口流入排出管路，叶轮内的液体被抛出后，叶轮中心处形成一定的真空。泵的吸入管路一端与叶轮中心处相通，另一端则淹没在所输送的液体内。在液面大气压与泵内真空度的压差的作用下，液体经吸入管路进入泵内，填补被排出的液体的位置，只要叶轮不停转动，离心泵便不断地吸入和排出液体。

(2) 离心泵的压头

泵传给每千克液体的能量，叫做泵的压头。泵的压头，是泵提升液体的高度、静压头以及在输送过程中克服的管路阻力这三者之和。

(3) 泵的扬程与流量

泵的两个重要参数是扬程和流量，泵的压头又叫扬程。离心泵在单位时间内送入管路系统的液体量，即为泵的流量。一个泵所能提供的流量大小，取决于它的结构、尺寸（主要为叶轮直径和宽度）和转速。

(4) 离心泵的特性曲线

离心泵的性能参数泵的压头、泵的流量、泵的效率和泵的轴功率是相互联系而又相互制约的，它们之间的定量关系可以用实验方法测定，其结果一般都用曲线的形式表示出来，称为泵的特性曲线。

各种型号的泵各有其特殊性曲线，但存在一定的共同点如下。

① 流量增大压头下降。

② 功率随流量的增大而上升，所以离心泵应在流量为零时的状态下起动。

③ 离心泵在一定转速下有一最高效率点（称为设计点），效率开始随流量增大而上升，达到最大值，以后流量增大效率便降低。

如图 1-29 所示是某一型号离心泵的特性曲线示例，它由以下曲线组成：

a. H-q_V 曲线，表示压头和流量的关系；

b. N-q_V 曲线，表示轴功率和流量的关系；

c. η-q_V 曲线，表示效率和流量的关系。

(5) 离心泵的吸上高度和汽蚀现象

离心泵上吸液体的动力来自叶轮高速旋转产生的真空。由于一定温度的液体都有一定的饱和蒸气压 p_u，叶轮入口处不可能是绝对真空的，吸上高度也就不可能达到当地大气压相当的液柱高度。把液体从液面压到泵入口的压力最大也只有 $p_a - p_u$（p_a 为大气压力），吸上最大高度也只有 $(p_a - p_u)/\rho$（ρ 为该液体的密度）。

若叶轮入口处的绝对压力比此时液体的饱和蒸气压低，液体沸腾，生成大量气泡。发生破坏性很大的汽蚀

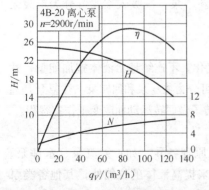

图 1-29　4B-20 型离心泵的特性曲线

现象。因此，泵运转时必须使其入口的绝对压力高于液体的饱和蒸气压。这样，把液体从容器液面压到泵入口的压力差比 p_a-p_u 还要低一些。除此之外，还要考虑到液体在吸入管内有压头损失和泵入口处的动压头。所以泵的允许吸上高度应从当地大气压力所相当的液体柱高中减去一系列数值才能保证泵的连续运转并避免汽蚀。

$$Z_{S允许}=\frac{p_a-p_u}{\rho}-\Delta h-\sum h_1 s-\frac{v^2}{2g} \tag{1-9}$$

式中 $Z_{S允许}$——离心泵的允许吸上高度，m；

p_a——大气的绝对压力，Pa；

p_u——操作温度下液体的饱和蒸气压，kgf/m²（1kgf/m²＝9.8665×10⁴Pa，下同）；

ρ——液体的密度，kg/m³；

Δh——为避免汽蚀现象而缩减的吸上高度数值，又称汽蚀余量，m；

$\sum h_1 s$——液体流入吸入管的压头损失，m；

$\frac{v^2}{2g}$——泵入口处的动压头，m；数值较小，常可忽略。

(6) 离心泵的选择

选择离心泵时，可根据所输送液体的性质及操作条件确定所用的类型，再根据所要求的流量与压头确定泵的型号。可查阅泵产品的目录或样本，其中列有离心泵的特征曲线或性能表，按流量和压头与所要求相适应的原则，从中可确定泵的型号。

如图 1-30 所示为各种 BA 型离心泵（即悬臂式离心泵）系列特性曲线，图中的扇形表示该泵的高效率区。根据系统所需的扬程与流量就可以很方便地在图上选到合适的离心泵的型号。

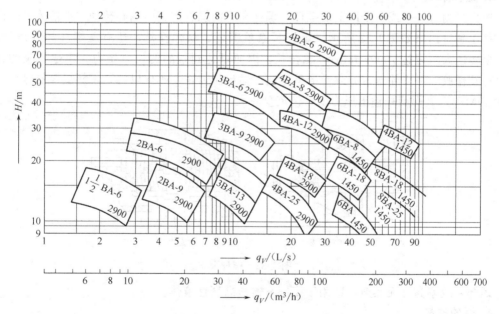

图 1-30 各种 BA 型离心泵系列特性曲线

2. 往复泵

往复泵属容积泵，如图 1-31 所示为往复泵装置的简图，泵缸内有活塞，以活塞杆与传动机构相连，活塞在缸内往复运动。当活塞自左向右移动时，工作室内的体积增大，形成低压。储液池内的液体受大气压的作用，被压进吸液管，顶开吸入阀而进入阀室和泵缸。这时

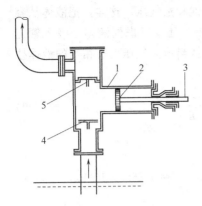

图 1-31 往复泵装置
1—泵体；2—活塞；3—活塞杆；
4—吸入阀；5—排出阀

排出阀被排出管中的液体压力压住，处于关闭状态。当活塞从右到左移动时，缸内液体受挤压，并将吸入阀关闭，同时工作室内压强增高，排出阀被推开，液体进入排出管而排出。往复泵就是靠活塞在泵缸中左右两端点间做往复运动吸入和压出液体的。

往复泵和离心泵一样，借助液面上的大气压来吸入液体。往复泵内的低压是靠工作室的扩张来造成的，所以在开泵之前，泵内没有充满液体，亦能吸进液体，即有自吸作用，这是与离心泵不同的一点。往复泵与离心泵另一个不同点是，往复泵流量固定，流量与压头之间并无关系，因此没有像离心泵那样的特性曲线。

往复泵的效率一般都在70%以上，最高可超过90%，它适用于压头高流量又较大的液体的输送，也适用于有一定黏稠度的物料的输送。但往复泵不适合于输送腐蚀性的液体和有一定体积的固体粒子的悬浮液。

往复泵的流量取决于活塞面积、冲程和冲程数。它的压头原则上可以达到任意高度，但由于泵体构造材料的强度有限，泵内的部件有泄漏，往复泵的压头仍然有一定的限度。

往复泵的缸体有卧式和立式两种，即活塞在缸内左右移动和上下移动两种，被输送物料中的泥沙较多时，卧式往复泵缸体和活塞的磨损较严重，立式泵磨损情况就好些。近年来，中国酒精行业采用立式往复泵较多。

3. 螺杆泵

螺杆泵内有一个或一个以上的螺杆，螺杆在有内螺旋的壳内偏心转动，把液体沿转向推进，挤压到排出口如图 1-32 所示，螺杆泵除单螺杆、双螺杆外，还有三螺杆和五螺杆的。螺杆泵转速大（可达 7000r/min），螺杆长，因而可达到很高的出口压力。单螺杆泵的壳室内衬有硬橡胶，可以输送带有颗粒的悬浮液。输出压力在 1MPa 以内，三螺旋泵的输出压力可达 10MPa，五螺旋杆输出压力低，但流量较大。

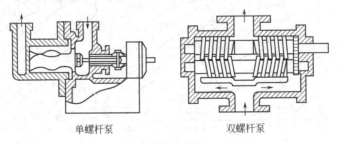

单螺杆泵　　　　　双螺杆泵

图 1-32 螺杆泵

螺杆泵效率高，无噪声，适用于高压下输送黏稠性液体。

4. 泵的选择

泵在中国属于定型产品。选泵时首先要了解所输送物料的性质，如输送条件下的相对密度、黏度、蒸气压、腐蚀性及毒性。介质中所含固体颗粒的直径和含量，气体含量的多少，以及操作温度、操作压力和流量（正常、最小和最大）。还要了解泵所在位置情况，环境温度、海拔高度、装置平立面要求、扬程（或压差）等，根据各种泵的特点选择合适的泵型，再选择具体的型号。选择具体型号时，其流量、扬程、吸上高度都应适当增加裕量10%～20%。

第四节 细胞破碎设备

许多微生物产物在细胞培养过程中不能分泌到胞外的培养液中,而保留在细胞内。如青霉素酰化酶、碱性磷酸酶等胞内酶。这类微生物产物需先进行细胞分离收集菌体或细胞后,进行细胞破碎,使目标产物选择性地释放到液相中,然后再进一步纯化。

一、细胞壁的组成与结构

细胞的结构根据细胞的种类而异。动物、植物和微生物细胞的结构相差很大,而质核细胞和真核细胞又有所不同。动物细胞没有细胞壁,只有由脂质和蛋白质组成的细胞膜,易于破碎。植物和微生物细胞的细胞膜外还有一层坚固的细胞壁,破碎困难,需用较强的破碎方法。

1. 细菌细胞壁的组成与结构

细菌细胞壁坚韧而略具弹性,包围在细胞的周围,使细胞具有一定的外形和强度。

如图 1-33 所示为细菌的细胞壁结构。其中图 1-33(a)为革兰氏阴性菌,图 1-33(b)为革兰氏阳性菌。革兰氏阳性菌的细胞壁主要由肽聚糖层组成,而革兰氏阴性菌的细胞壁在肽聚糖层的外侧还有分别由脂蛋白和脂多糖及磷脂构成的两层外壁层。革兰氏阳性菌的细胞壁较厚,约为 15~50nm,肽聚糖含量占 40%~90%。革兰氏阴性菌的肽聚糖层约 1.5~2.0nm,外壁层约 8~10nm。因此,革兰氏阳性菌的细胞壁比革兰氏阴性菌坚固,较难破碎。

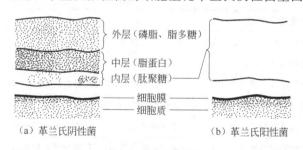

图 1-33 细菌的细胞壁结构

2. 酵母菌细胞壁的组成与结构

酵母的细胞壁由葡聚糖(30%~34%)、甘露聚糖(30%)、蛋白质(6%~8%)和脂类(8.5%~13.5%)构成。细胞壁的结构可分为三层,最里层为葡聚糖层,它构成了细胞壁的刚性骨架,使细胞壁具有一定的形状。外层是甘露聚糖层。葡聚糖层与甘露聚糖层之间靠蛋白质交联起来,形成网状结构。酵母菌细胞壁厚约 1.2μm,但不及革兰氏阳性菌细胞壁坚韧。幼龄酵母菌的细胞壁较薄,有弹性,以后逐渐变厚、变硬。

3. 霉菌细胞壁的组成与结构

霉菌细胞壁厚度为 100~250nm,主要由多糖组成(80%~90%),其次含有较少的蛋白质和脂类。大多数霉菌的细胞壁是由几丁质构成,其强度比细菌和酵母菌的细胞壁有所提高。

总之,细胞壁的组成以及它们之间相互关联程度决定着细胞壁的形状和强度,也是决定细胞破碎难易的主要因素。

二、常用破碎方法与设备

细胞破碎(即破坏细胞壁和细胞膜)使胞内产物获得最大限度的释放。由前述可知,通常细胞壁较坚韧，而细胞膜强度较差，易受渗透压冲击而破碎，因此破碎的阻力主要来源于细胞壁。各种微生物的细胞壁的结构和组成不完全相同，主要取决于遗传和环境因素，因此，细胞破碎的难易程度不同。另外，不同的生化物质，其稳定性亦存在很大差异，在破碎过程中应防止其变性或被细胞内存在的酶分解，所以选择适宜的破碎方法十分重要。

细胞破碎的方法很多，按是否使用外加作用力可分为机械法、化学和生物化学渗透法、物理渗透法等。机械法有珠磨法、高压匀浆法、超声破碎法、X-press法等。在机械破碎法中，由于消耗的机械能转化为热量会使温度上升，在大多数情况下要采用冷却措施，以防止生物产品受热破坏。化学和生物化学渗透法有化学试剂处理和酶溶两种方法，破碎速率比机械法低，效率差，并且化学或生化试剂的添加形成新的污染，给进一步的分离纯化带来麻烦。但是化学渗透法比机械破碎的选择性高，胞内产物的总释放率低，特别是可有效地抑制核酸的释放，料液黏度小有利于后续处理过程。物理渗透法有渗透压法、冻结融化法和干燥法等。常用细胞破碎方法见表1-1。

表1-1 常用细胞破碎方法分类

分类		原理	特点
机械法	珠磨法	细胞被玻璃珠或铁珠捣碎	破碎率较高,可较大规模操作,大分子目的产物易失活,浆液分离困难
	高压匀浆法	细胞被搅拌器劈碎	破碎率较高,可较大规模操作,但不适合丝状菌和革兰氏阴性菌
	超声破碎法	用超声波的空穴作用使细胞破碎	破碎过程升温剧烈,不适合大规模操作,对酵母菌效果较差
	研磨法	细胞被研磨物磨碎	
生化法	碱处理法	碱的皂化作用使细胞壁溶解	调节pH,提高目标产物的溶解度
	酶溶法	利用酶的分解作用	具有高度专一性,条件温和,浆液易分离,溶酶价格高,通用性差
	化学渗透法	改变细胞膜的渗透性	具一定选择性,浆液易分离,但释放率较低,通用性差
物理法	渗透压法	渗透压的剧烈改变	破碎率较低,常与其他方法结合使用
	冻结融化法	反复冻结融化	破碎率低,不适合对冷冻敏感的产物
	干燥法	改变细胞膜的渗透性	条件变化剧烈,易引起大分子物质失活

上述各种破碎方法各有优势和局限性。机械法因高效、价廉、简单等特点而被广泛用于工业中，但敏感性物质失活的问题、碎片去除以及杂蛋白太多等问题仍有待解决；物理和化学渗透法处理条件温和，有利于目标产物的高活力释放回收，但破碎效率较低，产物释放速度低，处理时间长，不适用于大规模细胞破碎的需要；超声波破碎法的有效能量利用率极低，操作过程产生大量的热，因此操作需在冰水或有外部冷却的容器中进行，对冷却的要求相当苛刻，所以不易放大，主要用于实验室规模的细胞破碎；酶溶法因溶酶通用性差，不同菌种需选择不同的酶，且不易确定最佳的溶解条件；产物抑制的存在导致胞内物质释放率低；溶酶价格高，限制大规模使用。因此，这里只介绍珠磨法和高压匀浆法，其他方法可参阅有关资料。

1. 珠磨法

珠磨法是一种有效的细胞破碎法，珠磨机是该法使用的设备，其结构如图1-34所示。珠磨机的破碎室内填充玻璃（密度为2.5g/cm^3）或氧化铁（密度为6.0g/cm^3）微球（粒径约为0.1~1.0mm）。进入珠磨机的细胞悬浮液在搅拌桨的作用下与微球充分混合，高速转动，微球与微球之间以及微球与细胞之间互相剪切、碰撞，使细胞破碎，释放出内含物。在珠液分离器的协助下，玻璃珠等微球留在破碎室内，浆液流出，从而实现连续操作。破碎中产生的热量一般采用夹套冷却的方法带走。

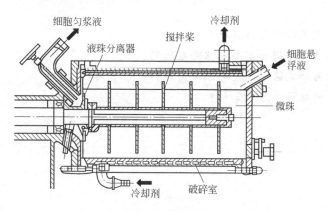

图 1-34　珠磨机结构简图（DynoMil）

珠磨法细胞破碎可采用间歇或连续操作，设备的种类也很多，如 WAB 公司的 Dyno-millKD45C 型最大搅拌速度为 1450r/min，破碎室体积为 45dm³。

珠磨法的细胞破碎效率随细胞种类而异，但均随搅拌速度和悬浮液停留时间的增大而增大。特别重要的是，对于特定的细胞，存在适宜的微粒粒径，使细胞的破碎率最高。另外，悬浮液中细菌细胞含量在 6%～12%、酵母菌细胞浓度在 14%～18%时破碎效果最理想。

2. 高压匀浆法

高压匀浆法适合于大规模生产，常用于食品和生物工业，所用的设备是高压匀浆器，它由高压泵和匀浆阀两部分组成，其结构简图如图 1-35 所示。工作原理是：利用高压使细胞悬浮液经阀座与阀杆之间的小环隙中喷出，速度可达几百米每秒。这种高速喷出的浆液又射到静止的碰撞环上，被迫改变方向从出口管流出。细胞在这一系列过程中经历了高流速下的剪切、碰撞以及由高压到常压的变化，使细胞产生较大的形变，导致细胞壁的破坏。细胞壁是细胞的机械屏障，稍有破坏就会造成细胞膜的破坏，胞内物质在渗透压的作用下释放出来，从而造成细胞的完全破坏。

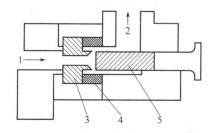

图 1-35　高压匀浆阀结构简图
1—细胞悬浮液；2—加工后的细胞匀浆液；3—阀座；4—碰撞环；5—阀杆

细胞悬浮液经过一次高压匀浆后，常常只有一部分细胞破碎，不能达到 100% 的破碎率。要想达到要求，需要在收集完破碎液后进行第二次、第三次或更多次破碎，也可以将细胞匀浆进行循环破碎，但要避免过度破碎带来产物的损失，以及细胞碎片进一步变小，影响对碎片的分离。

高压匀浆法与珠磨法相比，其特点是：操作参数少，易于确定，适合于大规模操作；需要配备专门的换热器进行级间冷却，而且细胞悬浮液需经 2～4 次循环处理；不适于易造成堵塞的团状或丝状真菌、较小的革兰氏阳性菌以及含有包含体的基因工程菌，因为包含体质地坚硬，易于损伤匀浆阀。

思 考 题

1. 固体物料的除杂需要哪些设备，它们是如何除去杂质的？

2. 锤式粉碎机、辊式粉碎机、湿式粉碎机及超微粉碎机械各有何优缺点，它们分别适合粉碎何种物料？

3. 机械输送和气流输送有何特点？

4. 在离心泵的选型过程中需要注意哪些问题？

5. 细菌、酵母菌和霉菌细胞壁的组成与结构有何不同？

6. 简述珠磨机的结构和原理如何？

第二章 培养基和种子制备设备

第一节 液体培养基的制备设备

生物细胞需要不断地同外界进行物质和能量交换，进行新陈代谢，才能得以生存。利用生物细胞进行生物加工时需要根据不同的细胞制备不同的营养基。

一、糖蜜稀释器

糖蜜是糖厂的一种副产物，含有大量的可发酵性糖，是制造酒精的良好原料。由于原糖蜜的浓度一般都在 80°Bx 以上，胶体物质和灰分多，产酸细菌多，酵母不能直接利用，所以在利用糖蜜生产酒精前，需进行稀释、酸化、灭菌和增加营养盐等处理过程。供此用途的设备叫糖蜜稀释器。

1. 间歇式稀释设备

间歇式糖蜜稀释器通常是一敞口容器，内装有搅拌装置或用通风代替搅拌，使糖蜜与水均匀混合。

2. 糖蜜连续稀释器

（1）水平式糖蜜连续稀释器

如图 2-1 所示，主体为一筒形水平管，沿管长在管内装有若干隔板和筛板，将其分成若干空段。隔板上的孔上下交错地配置，以改善糖液流动形式，使糖蜜与水很好地混合。每块隔板固定在两根水平杆上，以便清理。该稀释器没有搅拌器，节省动力。该稀释器同时可进行稀释、加营养盐等操作。

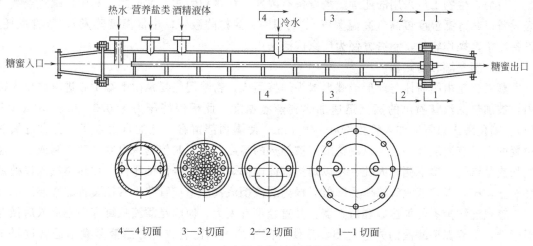

图 2-1 水平式糖蜜连续稀释器

（2）立式糖蜜连续稀释器

如图 2-2 所示，器身为圆筒形，总高为 1.5m。器的下部有 3 个连接管，最下方的 2 个分别为热水和糖蜜进口。糖蜜和热水进入后流过下边的一个中心有圆形孔的隔板，与刚进入的冷水混合。圆筒部分有 7~8 块具有半圆形缺口的隔板交替配置，迫使液体交错呈湍流运动，使糖蜜和水更好地混合。

（3）错板式糖蜜连续稀释器

该器是在一般的圆形管内装上交错排列的挡板，挡板倾斜安装以减少流动阻力，挡板数目 10~15 块。圆筒器身直径一般为 200~250mm。糖蜜和水从稀释器的上部自上而下以逆流方式流动，经过器内各挡板的作用，糖蜜反复改变流向，使糖蜜和水得到均匀的混合。

（4）胀缩式糖蜜连续稀释器

该器是一个中间几次突然收缩的中间圆筒。水和糖蜜从器身低端进入，糖液在器内因器径的几次改变使流速随着发生多次改变，促进了糖液的均匀混合，最后从顶部获得符合工艺需要的稀释液。该种稀释器的中间收缩部分直径和筒身直径比为 1：(2~3) 左右，收缩段的长度等于主体管的直径。

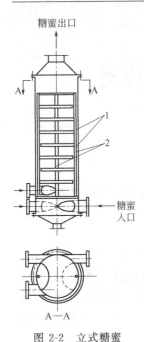

图 2-2 立式糖蜜连续稀释器

1—隔板；2—固定杆

二、淀粉质原料的蒸煮糖化设备

淀粉质原料中所含的淀粉存在于原料的细胞之中，受到细胞壁的保护，不呈溶解状态，不能被糖化剂中的淀粉酶直接作用。淀粉必须先经糖化剂中的淀粉酶作用变成可发酵性糖之后，才能被酵母利用，发酵而生产酒精。将淀粉质原料进行蒸煮的目的是：借助蒸煮时的高温作用，使原料的淀粉细胞膜和植物组织破裂，其内容物流出，成溶解状态变成可溶性淀粉，以便糖化剂作用。采用的方法是用加热蒸汽加热蒸煮，借助蒸汽的高温高压作用，把存在于原料中的大量微生物进行杀灭，以保证发酵过程中原料无杂菌感染。

1. 蒸煮设备

目前，生物工厂采用的连续蒸煮设备有罐式、柱式和管式三种形式。其中，罐式连续蒸煮设备以其蒸煮温度可高（高温蒸煮）、可低（α-淀粉酶液化，中低温度蒸煮）、节省煤耗；设备简单，操作容易，制造方便为厂家广泛采用。

（1）蒸煮罐和后熟器

蒸煮罐是由圆筒体与球形或碟形封头焊接而成，粉浆用往复泵由下端中心进料口压入罐内，被加热蒸汽管喷出的蒸汽迅速加热到蒸煮温度，此罐保持压力为 0.3~0.35MPa（表压）。糊化醪出口管应伸入管内 300~400mm，使罐顶部留有一定的自由空间。在靠近加热位置的上方有温度计插口，以测试醪液被加热的温度。蒸煮时依据该温度自动控制或手动控制加热蒸汽量。罐下侧有人孔，用以焊接罐体内部焊缝和检修内部零件。加热蒸汽入口处须装有止逆阀，以防蒸汽管路压力降低时罐内醪液倒流甚至造成管路上其他装置的堵塞。

罐式连续蒸煮的加热罐和后熟器，其直径不宜太大。原因是醪液从罐底中心进入后做返混运动，不能保证醪液的先进先出，致使时间不均匀，而造成部分醪液蒸煮不透就过早排出，而另有局部醪液过热而焦化。因此罐的个数不易太少。瓜干类原料蒸煮罐宜采用 4~5 个，玉米类原料蒸煮宜采用 5~6 个。

糊化醪随着流动，压力下降，产生二次蒸汽，由最后一个后熟器分离出来。故最后一个后熟器也称为气液分离器。分离出的二次蒸汽,可预热粉浆。气液分离器的液位较低,上部需留有足够的自由空间,以分离二次蒸汽。一般醪液控制在50%左右位置上。

当蒸煮罐和各后熟器采用相同体积时,每个后熟器所需体积计算如下

$$q_V\tau = V(N-1) + V\varphi \qquad (2-1)$$
$$= V(N-1+\varphi)$$

故
$$V = \frac{q_V\varphi}{N+\varphi-1} \qquad (2-2)$$

式中 q_V——包括有加热蒸汽冷凝水在内的糊化醪量,m³/h;

τ——蒸煮时间,h;

N——蒸煮罐和后熟器的数目;

φ——最后一个后熟器的充满系数,约为0.5;

V——蒸煮罐和后熟器的体积,m³。

长圆筒形后熟器圆筒部分的直径与高之比约为1:3~1:5;两端封头为半圆形或碟形。罐式连续蒸煮的第一个罐为蒸煮罐,实际上也是加热罐,有的工厂采用加热器、后熟器、气液分离器的蒸煮流程,效果很好。

(2) 加热器

结构如图2-3所示,该加热器是由三层直径不同的套管组成。内层和中层管壁上都钻有许多小孔。粉浆流经中层管,高压加热蒸汽从内、外两层进入,穿过小孔向粉浆液流中喷射。此加热器气液接触均匀,加热比较全面,在很短时间内可使粉浆达到规定的蒸煮温度。

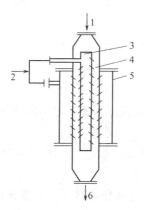

图 2-3 加热器结构
1—冷粉浆;2—蒸汽;3—内管;
4—中管;5—外管;6—热粉浆

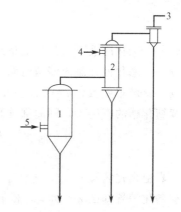

图 2-4 真空冷却装置图
1—真空冷却器;2—冷凝器;3—喷射器;
4—冷水进口;5—料液进口

加热管壁上小孔分布区称为"有效加热段",粉浆在"有效加热段"停留的时间较短,一般为15~20s。粉浆在此区域内流速不超过0.1m/s为宜,粉浆的初温一般为70℃左右,加热蒸汽的压力为0.5MPa(表压)。

(3) 真空冷却装置

由气液分离器排出的糊化醪温度为100℃左右,黏度大,又含有固形物,需降温至60℃左右进行糖化。许多厂家采用真空冷却器进行糊化醪糖化之前的冷却过程,如图2-4所示,真空冷却器的器身为圆筒锥底,料液以切线进入,由于器内为真空,醪液产生自蒸发,产生大量的二次蒸汽,醪液在器内旋转被离心甩向周边沿壁下流,从锥底排醪液口排出。二次蒸

汽从器顶进入冷凝器被水冷凝，不凝性气体由真空泵或蒸汽喷射器抽出。真空度保持在 70～80kPa，醪液的温度很快可降至 60～65℃。因器内压力低于大气压，真空冷却装置常装于较高的位置，一般高于糖化锅 10m。若采用水力喷射器抽真空，可与真空冷却器直接连接，可省去冷凝器。

2. 糖化设备

(1) 连续糖化罐

连续糖化罐的任务是把已降温至 60～62℃ 的糊化醪，与糖化醪液或曲乳（液）混合，将 60℃ 下维持 30～45min，保持流动状态，使淀粉在酶的作用下变成可发酵性糖。

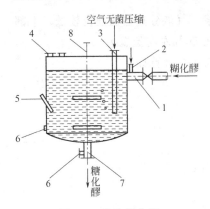

图 2-5　连续糖化罐
1—糊化醪进管；2—水和液体曲或曲乳或糖化酶进入；3—无菌压缩空气管；4—人孔；5—温度计插口；6—杀菌蒸汽进口管；7—糖化醪出口管；8—搅拌器

如图 2-5 所示，连续糖化罐是一个圆筒外壳，球形或罐形底的容器。若进入的糊化醪未经冷却或冷却不够，则糖化罐内需设有冷却蛇管。如果进入的糊化醪温度达到工艺要求，则罐内不设冷却管。为保证醪液在罐内达到一定的糖化时间，应保证糖化醪的容量不变，故设有自动控制液位的装置。罐内装有搅拌器 1～2 组，搅拌转数为 45～90r/min。连续糖化罐一般在常压下操作，为减少染菌，可做成密闭式，并每天用蒸汽杀菌一次。

糖化罐的体积取决于醪液流量和在罐中的停留时间以及装满程度，可按下式计算

$$V=\frac{q_V \tau}{60\eta} \tag{2-3}$$

式中　q_V——糖化醪液量（包括曲量），m^3/h；
　　　τ——醪化液在罐内停留时间，min；
　　　η——装填系数，$\eta=0.75～0.85$。

连续糖化罐的直径 D，圆筒部分高 H 和球形底（或罐底）高度 h 之间的比例关系如下
$$H=(0.5～1.0)D$$
$$h=(0.11～0.25)D$$

(2) 真空糖化装置

真空糖化装置如图 2-6 所示，依靠压力差蒸煮醪液由气液分离器Ⅰ，与糖化曲液（由计量暂存桶Ⅱ）同时进入到蒸发-糖化器Ⅲ。输送曲液（糖化醪液稀释水）到喷射-蒸汽的湍流中是依靠发生引射的混合效果，使曲液与蒸煮醪充分接触。在糖化罐内蒸煮醪被迅速冷却。尽管引入口处曲液和蒸煮醪液的温度为 64～66℃，但由于被冷却湍流速度快（30～40m/s），曲液也不会发生过热。

符合糖化的最小体积应使糖化醪在真空糖化罐内平均停留时间为 20min（连续糖化采用 40～45min 或更长时间），然后进入三级真空冷却的第一室。

真空糖化器的优点是：既是蒸发冷却器，又是糖化器，简化了设备。

三、啤酒生产中麦汁的制备设备

啤酒厂糖化车间是关系到啤酒产量和质量的关键车间之一。主要任务是原料加水糊化、糖化、糖化醪过滤和麦汁煮沸。其主要设备也是为完成这几项任务而设的。

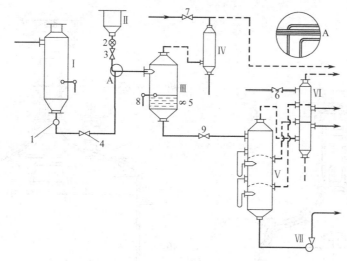

图 2-6 真空糖化装置

Ⅰ—气液分离器（最后一个后熟器）；Ⅱ—糖化曲液计量罐；Ⅲ—真空糖化罐；Ⅳ—冷凝器；
Ⅴ—三级真空冷却器；Ⅵ—三级冷凝器；Ⅶ—糖化醪泵；1,2,8—阀；
3,4,6,7,9—控制阀及管；5—测温管

1. 啤酒厂糖化设备的组合方式

（1）四器组合

一般的啤酒厂多采用四器组合，每一个锅负责完成一项任务，四器为糊化锅、糖化锅、过滤槽（或压滤机）和麦汁煮沸锅。四器组合适用于产量较大的工厂。

（2）六器组合

为了加大产量，提高设备利用率，在四器组合的基础上，增加一只过滤槽和一只麦汁煮沸锅，变为六器组合。另一种六器组合方式为两只糖化-糊化两用锅，两只过滤槽和两只麦汁煮沸锅，更便于生产周转。生产能力相当于两套四器组合，设备利用更加合理。

（3）两器组合

仅由一个糖化锅兼麦汁过滤槽和糊化锅兼煮沸锅组成。这种设备组合简单、投资少，适用于小型啤酒厂，近年来兴起的"微型扎啤酒坊"都采用两器组合。

2. 糊化锅

糊化锅是用来加热煮沸辅助原料和部分麦芽粉醪液，使其淀粉液化和糊化。

糊化锅的构造如图 2-7 所示，锅身为圆柱形，锅底为弧形或球形，设有蒸汽夹套。为顺利地将煮沸而产生的水蒸气排出室外，顶盖也做成弧形，顶盖中心有直通到室外的升气管，升气管的截面积一般为锅内料液面积的 1/50～1/30。粉碎后的大米粉、麦芽粉和热水由下粉管及进水管混匀后送入，借助桨式搅拌器的作用，使之充分混匀，使醪液的浓度和温度均匀，保证醪液中较重粒子的悬浮，防止靠近传热面处醪液的局部过热。底部夹套的蒸汽进口为 4 个，均匀分布周边上。最后糊化醪经锅底出口用泵压送至糖化锅。升气管下部的环形槽是收集从升气管内壁流下来的污水，收集的污水由排出管排出锅外。升气管根部还设有风门，根据锅内醪液升温或煮沸的情况，控制其开启程度。顶盖侧面有带拉门的人孔（观察孔）。糊化锅圆筒的夹套外部包有保温层。

3. 糖化锅

啤酒糖化锅的用途是使麦芽糖与水混合，并保持一定温度进行蛋白质分解和淀粉糖化。

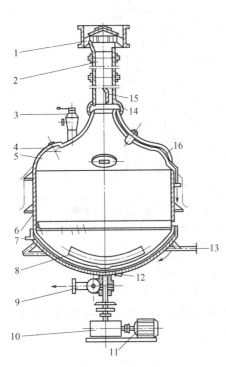
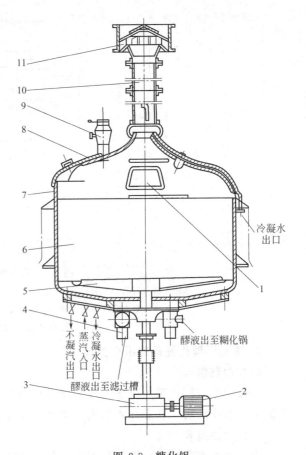

图 2-7 糊化锅

1—筒形风帽；2—升气管；3—下粉管；4—人孔双拉门；5—锅盖；6—锅体；7—不凝气管；8—旋桨式搅拌器；9—出料阀；10—减速箱；11—电动机；12—冷凝水管；13—蒸汽入口；14—污水槽；15—风门；16—环形洗水管

图 2-8 糖化锅

1—人孔单拉门；2—电动机；3—减速箱；4—出料阀；5—搅拌器；6—锅身；7—锅盖；8—人孔双拉门；9—下粉筒；10—排气管；11—筒形风帽

其结构、外形加工材料都与糊化锅大致相同，如图 2-8 所示。一般糖化锅体积是糊化锅的大约两倍。锅底可做成平的，也有做成球形蒸汽夹套的。

4. 麦汁煮沸锅

麦汁煮沸锅又称煮沸锅，或称浓缩锅，用于麦汁的煮沸和浓缩，把麦汁中多余水分蒸发掉，使麦汁达到要求浓度，并加入酒花，浸出酒花中的苦味及芳香物质，还有加热凝固蛋白质、灭菌、灭酶的作用。

图 2-9 为夹套式圆形煮沸锅。其结构和糊化锅相同，因其需要容纳包括滤清液在内的全部麦汁，体积较大，锅内有搅拌。

图 2-10 是具有列管式内加热器的圆形麦汁煮沸锅，为了增加单位容量麦汁的加热面积，改善麦汁的对流情况，加强煮沸效果，煮沸锅内另加加热装置。也有设置两段内加热管的煮沸锅。中心加热器占锅体积的 4%～5%，加热面积可按工艺要求设计，每小时蒸发量可达 10%。由于麦汁在中心加热器受热后，产生显著的密度差，形成强烈的自然循环，因而蒸发效率较高。

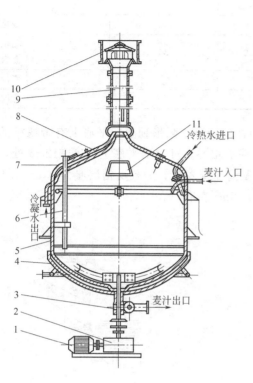 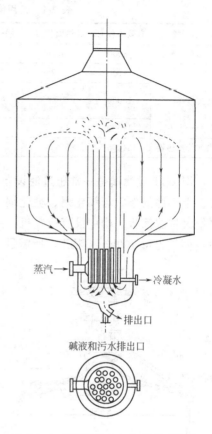

图 2-9 夹套式圆形煮沸锅
1—电动机；2—减速箱；3—出料阀；4—搅拌装置；
5—锅体；6—液量标尺；7—人孔双拉门；8—锅盖；
9—排气管；10—筒形风帽；11—人孔单拉门

图 2-10 有列管式内加热器的煮沸锅

此外，具外加热器的麦汁煮沸锅在国外已广泛采用，欧洲约70%啤酒厂已用外加热器麦汁煮沸锅。

外加热煮沸系统的优点如下。

① 麦汁温度可达106～108℃，可缩短煮沸时间60～70min。
② 由于密闭煮沸，可使麦汁色度降低，提高α-苦味酸的异构化，提高酒花利用率。
③ 蛋白质凝固物分离较好，因而发酵良好，啤酒过滤性能得到改善。
④ 选择适当管径和液体流速，可获得较高的自身清洁程度，每周可只清洗一次，节省清洗碱液和时间。

采用内外加热器煮沸锅，酒花需使用粉碎酒花、颗粒酒花、酒花浸膏或酒花油，以免堵塞热交换器。

国内常用糊化锅、糖化锅、煮沸锅的技术参数见表2-1。

5. 糖化醪过滤槽

糖化醪的过滤是啤酒厂获得澄清麦汁的一个关键设备。国内对糖化醪过滤主要用两种设备，即有平底筛的过滤槽和板框过滤机，近年来国内外使用的快速过滤器能强化糖化醪的过滤。

表 2-1　常用糊化锅、糖化锅、煮沸锅技术参数

形　式	有效体积/L	加热面积/m²	锅体直径×总高/mm	搅拌器转数/(r/min)	电动机功率/kW	备注
圆形夹套加热	6000	6.04	φ2300×2980	30	5.5	糊化锅
桨式搅拌	8700	4.25	φ3000×3110	30	5.5	糖化锅
	10000	8	φ3000×3500	30	5.5	糊化锅 煮沸锅
	14000	13	φ3200×386	30	5.5	煮沸锅
内列管加热器	34000	52	φ5400×7727	—		煮沸锅

图 2-11 过滤槽是一常压过滤设备,具有圆柱形槽身,弧形顶盖,平底上有带滤板的夹层。上半部的形状与糊化锅、糖化锅、煮沸锅基本相同。过滤槽平底上方 8～12cm 处,水平铺设过滤筛板。槽中设有耕槽机,用以疏松麦糟和排麦糟。一般麦糟层厚为 0.3～0.4m,过滤面积为每 100kg 干麦芽,所需过滤面积为 0.5m² 左右。

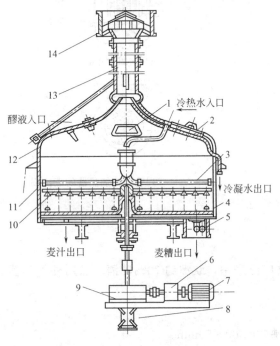

图 2-11　过滤槽
1—人孔单拉门；2—人孔双拉门；3—喷水管；
4—滤板；5—出槽门；6—变速箱；7—电动机；
8—油压缸；9—减速箱；10—耕槽装置；11—槽体；
12—槽盖；13—排气管；14—筒形风帽

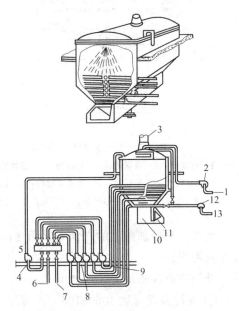

图 2-12　快速过滤槽结构示意
1—麦汁醪管；2—麦汁醪泵；3—升气管；
4—麦汁回流泵；5—麦汁受皿；6—到煮沸锅麦汁管；
7—排污水管；8—麦汁泵；9—麦汁滤出管；
10—麦糟排送到麦糟槽；11—排麦糟阀门；
12—洗水泵；13—水管

图 2-12 是快速过滤槽,是一种在低真空下操作的新型糖化醪过滤设备。该过滤槽的器身有圆柱形和长方形的,底部为锥形。在槽身的下部装有 5～7 层呈网状且互相沟通的过滤管,上有条型滤孔,每一层过滤管为一独立的过滤单元,过滤操作时,先把糖化醪用泵输送到已用热水预热过的过滤槽中,醪液通过两个分配器均匀地分布到槽内,在滤管上形成滤层。当醪液没过滤管后,开始用泵抽滤。开始流出的麦汁比较浑浊,用泵返回过滤槽,待麦汁清亮透明后,送入麦汁煮沸锅。一般抽滤时间约为 15～20min 左右。麦汁洗涤多用自动

控制，洗涤时间一般为 20min。麦槽的排出是利用压缩空气和螺杆泵来完成的。

快速过滤槽过滤面积比传统的麦汁过滤槽大 3 倍。因为使用了离心泵抽滤，增加了过滤压力差，过滤速度较快，因此每昼夜周转次数可达 10～12 次。其缺点是麦汁透明度不及传统过滤槽。

第二节　培养基的灭菌设备

液体培养基的灭菌可利用热量、化学药物和电磁波，也可用机械方法，例如过滤、离心分离、静电等方法，还有的采用 X 射线、β 射线、紫外线、超声波、微波等对物料进行灭菌。但中国仍采用蒸汽加热灭菌的较多。工厂中蒸汽容易获得，这种方法采用高温短时间灭菌，培养基营养成分的破坏较少，又便于自动化，是一种简单、廉价、有效的灭菌方法。

一、培养基的热灭菌动力学

微生物的受热死亡是指其生活能力的丧失，死亡原因是细胞内的反应。

在一定温度下，活的微生物杂菌细胞（包括杂菌芽孢），受热死亡过程遵照分子反应速率理论，与一级化学反应中未反应分子的减少速率类似。杂菌是一个复杂的高分子体系，其受热死亡是因蛋白质高分子物质不活泼，结果导致蛋白质变性，这种反应同属于一级反应。

1. 对数残留公式与理论灭菌时间

杂菌在一定温度下，受热死亡遵循一级反应方程的规律。

活菌的减少率（$-\dfrac{dN}{d\tau}$）与 N 有下列关系

$$-\frac{dN}{d\tau}=kN \tag{2-4}$$

式中　N——活菌个数；

　　　τ——受热时间；

　　　k——反应速率常数，1/s；大小与微生物的种类和加热温度有关。

将式（2-4）积分

$$\int_{N_0}^{N_S}\frac{dN}{N}=-k\int_0^\tau d\tau \tag{2-5}$$

式中　τ——灭菌时间，s；

　　　N_0——灭菌开始时，污染的培养基中杂菌个数，个/mL；

　　　N_S——经灭菌 τ 时间后，残存活菌的个数，个/mL。

得

$$\ln\frac{N_0}{N_S}=k\tau \tag{2-6}$$

$$2.303\lg\frac{N_0}{N_S}=k\tau \tag{2-7}$$

以上两式是分别以自然对数形式和常用对数形式表示的液体热灭菌的对数残留公式。

由上两式可得理论灭菌时间 τ

$$\tau=\frac{1}{k}\ln\frac{N_0}{N_S} \tag{2-8}$$

$$\tau=2.303\frac{1}{k}\lg\frac{N_0}{N_S} \tag{2-9}$$

理论灭菌时间,是指特定灭菌温度下的灭菌时间,但实际生产中蒸汽加热灭菌的时间则以工厂的经验数据来确定,通常高温灭菌时间为 15~30s,然后根据生产的类型再在维持罐内维持 8~25min。

若要求培养基灭菌后绝对无菌,即 $N_S=0$,从上面公式可以看出,灭菌时间将等于无穷大,这当然是不可能的。根据实际情况,培养基灭菌后,以培养液中还残留一定的活菌数来计算。工程上,通常以 $N_S=10^{-3}$ 个/罐,即杂菌污染降低到被处理的每 1000 罐中,只残留一个活菌。

2. 灭菌温度与菌死亡的反应速率常数的关系

微生物的热死属于单分子反应,所以灭菌温度与菌死亡的反应速率常数的关系可用一级反应的公式——阿累尼乌斯方程表示。

$$\frac{d\ln k}{dT}=\frac{E}{RT^2} \tag{2-10}$$

取

$$k=Ae^{-\frac{E}{RT}}$$

式中　k——菌死亡的速率常数,1/s;

　　　A——阿累尼乌斯常数,1/s;

　　　R——气体常数 [1.987×4.187J/(K·mol)];

　　　T——热力学温度,K;

　　　E——细菌孢子的活化能,4.187J/mol;

　　　e——2.718。

温度与菌死亡速率常数的关系,可用图 2-13(细菌芽孢)做例子说明。在图中 k 和 $1/T$ 之间呈直线关系。

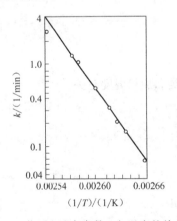

图 2-13　菌死亡速率常数 k 与温度的关系

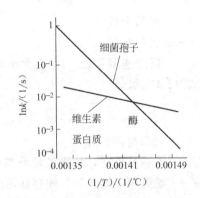

图 2-14　温度对细菌孢子死亡速率常数与酶或维生素破坏速率常数的关系

将 $k=Ae^{-\frac{E}{RT}}$ 代入 $\tau=\frac{1}{k}\ln\frac{N_0}{N_S}$ 中

得

$$\tau=\frac{1}{A}e^{\frac{E}{RT}}\ln\frac{N_0}{N_S} \tag{2-11}$$

这就是加热灭菌的时间和温度之间的理论关系。实际上,湿热灭菌的时间和温度还要受培养基的质量、杂菌浓度、杂菌种类、培养基的 pH 等因素的影响。从式(2-10)也可以看出,灭菌时间和温度与活化能 E 有一定的关系。

3. 活化能

活化能是一种能量，是反应动力学中，能促使化学反应的一种能量。在活化能大的反应中，反应速率随温度的变化越大。反之，如果反应的活化能非常小，那么，反应速率随温度的变化也越小。据测定，细菌孢子死灭的活化能，大致在 $4.187×(50～100)kJ/mol$ 的范围，营养成分中的酶、蛋白质或维生素破坏的活化能在 $4.187×(2～26)kJ/mol$。从以上数值看，细菌死灭的活化能比培养基中营养成分破坏的活化能大得多。根据以上理论，采用湿热法对液体培养基进行灭菌时，应采用高温短时的灭菌方法，以减小营养成分的破坏。图2-14表示了温度对细菌孢子死亡速率常数对酶或维生素破坏速率常数之间的关系。

采用高温短时间对培养基进行灭菌，营养成分并不是不破坏，而是高温短时间可以使杂菌死亡，而营养成分因时间短破坏的较少。从而达到既灭菌彻底又较多地保持了营养成分的目的。从表2-2的实验数据中可以清楚地说明这个问题。

表2-2 培养基达到完全灭菌时，灭菌温度和时间对培养基养分破坏的比较（以维生素 B_1 为准）

灭菌温度/℃	灭菌时间/min	营养成分破坏率/%	灭菌温度/℃	灭菌时间/min	营养成分破坏率/%
110	400	99.3	130	0.5	8
110	36	67	145	0.08	2
115	15	50	150	0.01	<1
120	4	27			

二、常用灭菌设备

培养基的连续灭菌有以下优点。

① 提高产量，设备利用率高。

② 与分批灭菌比较，培养液受热时间短，培养基中营养成分破坏较少。

③ 产品质量较易控制，蒸汽附和均衡，操作方便。

④ 降低了劳动强度，适用于自动控制。

1. 连消塔-喷淋冷却流程及设备

图2-15为连消塔加热的培养液连续灭菌流程。待灭菌料液由连消泵送入连消塔底部，料液在此被加热蒸汽立即加热到灭菌温度110～130℃，由顶部流出，进入维持罐，维持8～25min，后经喷淋冷却器冷却到生产要求温度。

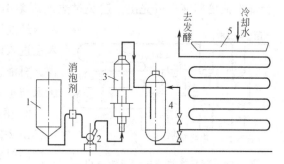

图2-15 培养液连续灭菌流程
1—料液罐；2—连消泵；3—连消塔；
4—维持罐；5—喷淋冷却器

连消塔构造如图2-16和图2-17所示。

套管式连消塔内物料被加热到110～130℃，培养液在管内高温灭菌的逗留时间为15～20s，流动线速度小于0.1m/s，蒸汽从小孔喷出速度为25～40m/s。

维持罐为长圆筒形受内压容器，高为直径的2～4倍。罐的有效容积应能满足维持时间8～25min的需要，填充系数为85%～90%。

2. 喷射加热-真空冷却流程及设备

如图2-18所示为喷射加热的连续灭菌流程。培养液在指定的灭菌温度下逗留的时间由

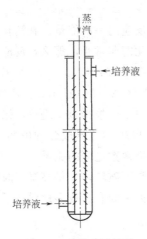

图 2-16 套管式连消塔

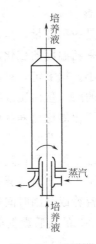

图 2-17 连消塔

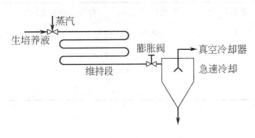

图 2-18 喷射加热连续灭菌流程

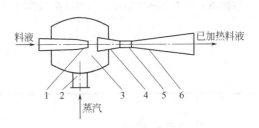

图 2-19 喷射加热器示意图
1—喷嘴；2—吸入口；3—吸入室；4—混合喷嘴；
5—混合段；6—扩大管

维持段管子的长度来保证。灭过菌的培养基通过一膨胀阀进入真空冷却器而急速冷却。此流程能保证培养液先进先出，避免过热或灭菌不透现象。图 2-19 为喷射加热器示意图，当料液压经渐缩喷嘴，以高速喷出时，将蒸汽由吸入口经吸入室进入混合喷嘴中混合，混合段较长，有利于气液混合。料液在扩大管中速度能转变成压力能，因此料液被压入与扩大管相连接的管道中。

3. 薄板换热器连续灭菌流程

图 2-20 为薄板换热器连续灭菌流程。培养液在设备中同时完成预热、加热灭菌、维持及冷却过程。利用薄板换热器进行连续灭菌时，加热和冷却培养液所需的

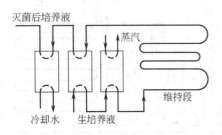

图 2-20 薄板换热器连续灭菌流程

时间比使用喷射式连续灭菌稍长，但灭菌周期则较间歇灭菌短得多。由于待灭菌培养液的预热过程同时为灭菌培养液的冷却的过程，所以节约了加热蒸汽及冷却水的消耗。

第三节 种子制备设备

种子制备的工艺流程如图 2-21 所示。
① 实验室种子制备阶段，包括琼脂斜面、固体培养基扩大培养或摇瓶液体培养。
② 生产车间种子制备阶段。如种子罐扩大培养。

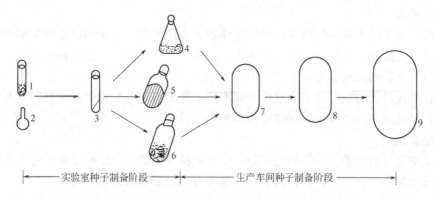

图 2-21 种子制备的流程

1—砂土孢子；2—冷冻干燥孢子；3—斜面孢子；4—摇瓶液体培养（菌丝体）；
5—茄子瓶斜面培养；6—固体培养基培养；7,8—种子罐培养；9—发酵罐

一般实验室接种多在无菌洁净室内进行，因此对无菌操作间内的空气及室内用品的无菌程度要求较高。另外，建筑上要求光滑，室内密封性好，干燥。最好有无菌空气导入设施或有调温、通风装置。一般室内设有紫外线灯，通常用紫外线杀菌，一般 30W 紫外线灯开启 1h 即可满足一般的无菌要求。时间过长，紫外线灯管易损坏，且产生过多的臭氧，对工作人员不利。有时也用乳酸或甲醛等化学消毒剂熏蒸灭菌，但多在前一天晚上熏，这样至第二天使用时对人的刺激较小。要求高一些的接种环境可以通入无菌空气，让小室保持正压，造成无菌状态。

一般在洁净室内常备有超净工作台。其原理主要是借助鼓风机将空气输入，通过粗滤、超滤纤维细滤，使进入净化工作台小室内的空气成为除去微生物、尘埃的无菌而洁净的空气。使用该种设备的房间要求保持洁净无尘，以免因过滤介质吸附饱和而造成短路失效，或者由于阻力太大，风压小而保持不了小室正压，造成外部有菌空气入侵。

为了保证操作过程完全按照无菌操作的要求进行，不仅需要灭菌设备和无菌环境等客观条件的保证，更需要操作者主观上将无菌操作的意识贯穿于操作过程始终，并严格遵守无菌操作规程。例如，在用蒸汽灭菌锅灭菌时，要注意将灭菌锅内冷空气排尽，锅内物品不可过于拥挤，以免造成培养基灭菌不透或夹带生料块；灭完菌的物品应立即放入洁净室，以尽量减少灭菌物品的表面污染；接种前，预先拆掉包扎瓶口的绳、纸等，以免杂菌随尘落入瓶内；管口、瓶口和接种用具进行火焰灭菌时要全面、彻底。无菌操作应尽可能迅速，并注意不能超出净化工作台边缘；吸管上端要塞入棉花再包好灭菌，移接液体培养物时尽量不吹吸管；包扎瓶口的纱布或棉塞应松紧适度。另外，由于净化工作台不能提供无噬菌体的环境，必要时需用活菌平板检查洁净室污染噬菌体的程度，并酌情对洁净室采取消毒措施。

一、洁净室

洁净室亦称为无尘室或清净室。是指将一定空间范围内空气中的微粒子、有害空气、细菌等污染物排除，并将室内温度、洁净度、室内压力、气流速度与气流分布、噪声、振动及照明、静电控制在某一需求范围内，而给予特别设计的房间。亦即是不论外在空气条件如何变化，其室内均能维持原先所设定要求的洁净度、温湿度及压力等性能特性。

1. 洁净室分类

根据洁净室内空气的运动状态不同，可以将洁净室分为：乱流式、层流式和复合式。

(1) 乱流式

空气由空调箱经风管与洁净室内空气过滤器进入洁净室,并由洁净室两侧隔间墙板或高架地板回风。气流非直线型运动而呈不规则之乱流或涡流状态。优点:构造简单、系统建造成本低,洁净室扩充比较容易,在某些特殊用途场所,可并用无尘工作台,提高洁净室等级。缺点:乱流造成的微尘粒子于室内空间飘浮不易排出,易污染产品。另外若系统停止运转再激活,要达到需求洁净度,往往需相当长一段时间。

(2) 层流式

层流式空气气流运动成一均匀直线形,空气由覆盖率达100%的过滤器进入室内,并由高架地板或两侧隔墙板回风,此形式适用于洁净室等级需求较高的环境使用。

① 水平层流式。水平式空气自过滤器单方向吹出,由对边墙壁回风系统回风,尘埃随风向排出室外,一般在下流侧污染较严重。优点:构造简单,运转后短时间内即可达稳定状态。缺点:建造费用比乱流式高,室内空间不易扩充。

② 垂直层流式。房间天花板完全以过滤器覆盖,空气由上往下吹,可得较高洁净度,在操作中工作人员所产生的尘埃可快速排出室外而不会影响其他工作区域。优点:管理容易,运转开始短时间内即可达稳定状态,不易为作业状态或作业人员所影响。缺点:构造费用较高,弹性运用空间困难,天花板吊架相当占空间,维修更换过滤器较麻烦。

(3) 复合式

复合式是将乱流式及层流式予以复合或并用,可提供局部超洁净空气。

2. 洁净室的构成

洁净室的构成是由下列各项系统所组成。

① 天花板系统:包括吊杆、钢梁、天花板格子梁。

② 空调系统:包括空气舱、过滤器系统、风车等。

③ 隔墙板:包括窗户、门。

④ 地板:包括高架地板或防静电地板。

⑤ 照明器具:包括日光灯、黄色灯管等。

二、净化工作台

随着现代生物技术的发展,生物安全性、有效性问题已引起生物界广大科技工作者的密切关注。净化工作台是开展生物技术研究必不可少的、应用最为广泛的基础设备之一。

净化工作台由鼓风机驱动空气通过高效过滤器得以净化,净化的空气徐徐吹过台面空间而将其中的尘埃、细菌甚至病毒颗粒带走,使工作区构成无菌环境。根据气流在超净工作台的流动方向不同,可将超净工作台分为侧流式、直流式和外流式三种类型。

超净台在使用时平均风速保持在 $0.32\sim0.48m/s$ 为宜,过大、过小均不利于保持净化度。使用前最好开启超净台内紫外灯照射 $10\sim30min$,然后让超净台预工作 $10\sim15min$,以除去臭氧和使用工作台面空间呈净化状态。使用完毕后,要用 70%酒精将台面和台内四周擦拭干净,以保证超净台无菌,还要定期用福尔马林熏蒸超净台。

三、摇瓶机

1. 摇瓶

摇瓶如图 2-22 所示,在实验室规模的研究中,被广泛而大量地使用。通过摇瓶实验可广泛地改变培养条件和节省反复多次试验所需要的时间。同时，为进一步的放大研究提供大量基础数据。

2. 摇瓶机

摇瓶机是生物工程实验室最常用和必备的设备之一，主要用于菌种繁殖、菌种筛选和培养基配方等方面的研究。

摇瓶机的主要部件包括支持台、电动机和控制系统等。台上可放置若干不同大小的摇瓶，如100mL、250mL、500mL的摇瓶，还有供生产青霉酰化酶种子液的大摇瓶。为了增加实验数量，有时还可使用50mL的摇瓶或更小的试管。试管多用于菌株的初步鉴定、污染微生物的鉴定、供种孢子的发芽和积累微生物的实验中。为了提高通气效果，有时还将摇瓶放在15°～30°的位置上振摇，有时还采用特殊类型的摇瓶或装有挡板的摇瓶。

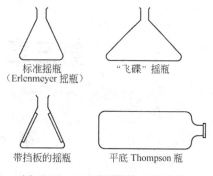

图2-22 一些发酵实验室使用的摇瓶的形状及类型

摇瓶机有往复式和旋转式两种。往复式摇瓶机的往复频率为80～120次/min，冲程为8～12cm，适用于培养细菌和酵母等单细胞菌体，用于培养丝状菌时，往往在培养基表面形成固体菌膜。往复式摇瓶机的转速和冲程对氧的吸收率有显著影响，另外，由于液体冲出所产生的雾沫，容易使棉花塞潮湿而造成培养基的污染。旋转式摇瓶机具有传氧速率较好、功率消耗小、培养基不会溅到瓶口等优点，因此为实验室所常用。旋转式摇瓶机的旋转速度一般为60～300r/min，偏心距为3～6cm。另外也有500r/min高转速的旋转摇瓶机，其传氧速率与液体深层搅拌培养相近，但使用时应注意安全。摇瓶机应置于有加热和冷却设备的控温室中，并保持室内空气流通，使各处温度均匀，以免引起实验误差。另外，室内最好能调节湿度。值得注意的是，有些市售小型摇瓶培养箱本身带有加热及控温功能，但无制冷功能，夏季高温运转时，由于电动机发热和发酵热的释放，可使箱内温度远远高于设定温度，此时，若室内温度尚稍低于摇瓶机设定温度，可采取不同程度打开箱门运行的方式，实践表明，这也是一种机动灵活的控温方式。

思 考 题

1. 在蜜糖稀释器的设计中，为了使蜜糖和水混合均匀，几种稀释器分别采用了哪些措施？
2. 啤酒厂中所用的糊化锅、糖化锅、煮沸锅在结构上有何异同？
3. 在啤酒厂的设计中，如何选择糖化设备的组合方式？
4. 比较三种连续灭菌流程的优劣。
5. 在实验室进行放大试验时，如何正确地选择合适的摇瓶机？

第三章 生物反应器总论

第一节 生物反应器概述

一、生物反应器在生产中的地位和作用

1. 生物技术和生物反应器

按照欧洲生物技术联合会的定义,生物技术是生物化学、微生物学以及工程科学的综合,目的是对生物有机体的所有能力进行工业应用,这些有机体包括微生物,体外培养状态下的生物组织细胞及其部分酶。或者更直接地说,生物技术是对生物物质有控制的应用。因此,生物技术不仅仅包括基因工程或者细胞融合技术,实际上,它的应用范围非常广泛,涵盖化工领域:如乙醇、丁醇、丙酮、有机酸类、香料、聚合物的生产;制药领域:如抗生素、抗体、激素、疫苗的生产;能源领域:如燃料乙醇、甲醇的生产;食品领域:如奶制品、酒精饮料、食品添加剂、氨基酸、微生物和蛋白质的生产;以及农业,如动物饲料、废物处理、微生物杀虫剂、植物移植配方的生产和应用。显然,大规模培养生物有机体是生物技术的核心。

生物反应器是一个容器,在此容器里,人们对生物有机体进行有控制的培养以生产某种产品,或进行特定的反应。生物反应器最早的形式是发酵罐(fermenter),主要指当时的厌氧发酵容器。随着青霉素的工业化生产,有氧发酵得到广泛应用,发酵罐的概念延伸到有氧发酵,对生物在反应器内的培养过程也常称为发酵过程。20世纪70年代,有人提出生化反应器(biochemical reactor)和生物学反应器(biological reactor)的概念,其含义除包括原有的厌氧和有氧发酵罐外,还增加了酶反应器,废水生物处理反应器等。20世纪80年代,生物反应器(bioreactor)一词在专业期刊与书籍中大量出现,逐渐成为一个标准名称。现在的生物反应器不仅包括传统的发酵罐、酶反应器,还包括固定化酶和细胞反应器、动植物细胞培养反应器等。

2. 生物反应器在生产中的地位和作用

如图3-1所示,在一般的生物工业中,生物有机体在生物反应器中生长、繁殖,其所需的营养成分,如葡萄糖(碳源)、蛋白质(氮源)、空气(氧)及其他必要的添加剂(前体)等,经适当处理和严格消毒后根据需要加入生物反应器中。生物有机体的生长环境,如温度,氧含量,pH,经热交换、氧气含量控制、酸碱滴入等手段维持,以使生物体始终处在良好的生长状态。生物有机体在生物反应器中合成产品和其他代谢产物,经过一系列的分离过程后,得到最终产品。分离过

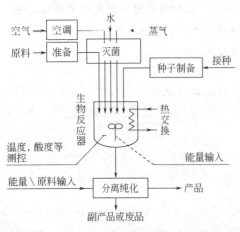

图3-1 生物工业一般过程

程通常包括发酵液的过滤、除蛋白、萃取或者是离子交换、色谱分离、蒸馏、浓缩、结晶干燥等单元操作。

从上述生产过程可以看出，生物反应器在生物工业生产中居于核心地位，它是连接原料和产品的桥梁。各种原材料通过生物反应器的作用得到升值，其结构、形状、大小、样式及操作和控制决定了产品的产量，直接影响产品的质量和成本。实际上，生物反应器的发展是生物技术能够工业化的关键因素，因此研究和掌握生物反应器的结构原理就成为学习生物工程设备的首要任务。

二、生物反应器的类型

生物反应器有很多种，按照不同的分类角度可以分为各种类型，如表 3-1 所示。

表 3-1 生物反应器的分类

按照反应器内流型分	理想反应器	柱塞流反应器
		全混流反应器
	非理想反应器	
按照操作方式分	间歇反应器	
	连续式反应器	
	半连续式反应器	
按照结构特征分	罐式反应器	
	管式反应器	
	塔式反应器	
	膜反应器	
按照反应器内相态分	均相反应器	
	非均相反应器	
按照生物反应器内有机体种类分	微生物反应器	
	植物细胞反应器	
	动物细胞反应器	
	酶反应器	
按照反应器内气液混合方式分	机械搅拌混合反应器	
	泵循环混合反应器	
	直接通气混合反应器	
	连续气相反应器	
按照是否通氧分	通风发酵设备	
	嫌气发酵设备	

柱塞流反应器（plug flow）指流体在反应器内从进口流到出口，中间没有返混，一些固定化细胞培养反应器、膜反应器及管式反应器等属于这种情况。

全混流反应器（backmix）指流体在反应器内经过了充分混合，搅拌罐式反应器是一种典型的全混流反应器。

非理想反应器内流体的流型介于柱塞流和全混流之间，属于有部分返混的柱塞流。一些具有返混的管式反应器属于非理想反应器。

间歇反应器和半连续反应器及连续反应器是反应器的三种典型操作方式，本章第四节对此有详细介绍。

罐式反应器高径比在1∶3之间，管式反应器高径比一般大于30，塔式反应器高径比通常大于10。膜式反应器使用各种膜作为反应器内部关键组件，有时膜起分离作用，有时膜起固定化细胞和酶的作用，更详细内容参见本书第六章。

均相反应器指反应器内只有一相，如均相酶反应器，酶作为催化剂溶解在反应液中，形成单一的液相。非均相反应器内反应物质有两相以上，比如，一般的生物反应器内有固相（生物体）、液相（培养液）、气相（空气），固定床和流化床也属于典型的非均相反应器。

因为微生物、动物细胞和植物细胞生长特性有很大差别，因此其反应器形式也不相同。酶反应器作为一种催化反应器与生物培养反应器有不同的要求。以下各章将详细介绍这些不同。

对于需氧生物培养来说，空气和培养液如何混合接触是一个非常重要的因素。目前常用的混合方式有四种，如图3-2所示。机械搅拌混合是靠搅拌器的作用将通入培养液内的空气分成大量小气泡，使其与液体充分混合接触。泵循环反应器依靠一个外置液体循环泵，将液体从反应器出口打回到入口，实现液体的循环并与空气进行充分接触。直接通气混合是将空气通过罐底气体分布器直接通入，实现气液混合接触。连续气相反应器中的气体从液体表面流过进行气液接触，托盘生物培养属于这种气液接触方式。

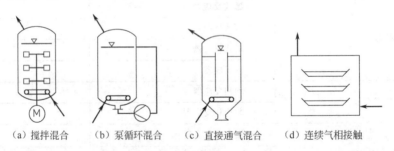

(a) 搅拌混合　　(b) 泵循环混合　　(c) 直接通气混合　　(d) 连续气相接触

图3-2　生物反应器中4种不同的气液混合方式（图中的箭头表示气体流向）

三、生物反应器的发展趋势

生物反应器的研究、开发和设计是生物技术的一个重要内容，一种好的生物反应器出现往往能够大规模降低生产成本，成为生物制品成功商业化的关键。因此，生物反应器的开发一直很活跃，尤其是最近的细胞生物反应器开发更是如此。生物反应器的发展趋势可归纳为以下几个方面。

(1) 微生物反应器朝着大型化发展

由于微生物可以悬浮培养，对搅拌的剪切力要求不高，因此，微生物最有条件在大型甚至超大型反应器内生长。目前，生产抗生素的发酵罐容积已达到400m^3，氨基酸的反应器达到300m^3，单细胞蛋白（SCP）的反应器达到2600m^3，用微生物处理废水的生物反应器甚至高达27000m^3。显然，反应器的增大有利于降低生产成本。中国生物反应器的容积在200m^3以下。

(2) 动植物细胞培养反应器得到较大发展

由于动植物细胞培养可以得到很多高附加值生物制品，如干扰素、单克隆抗体等，细胞培养反应器的开发越来越受到重视。目前，细胞生物反应器除了改变搅拌形式减少剪切力，大量使用各种膜以外，还出现了三维细胞培养反应器，这种反应器模拟细胞在器官组织中的生存条件，使细胞的存活率和生产能力达到较高的水平。

（3）大量使用现代计算机技术进行生物反应器的设计和开发

首先，对反应器内的生物反应过程建立数学模型，获得能够反应生物过程规律的较精确的表达式，然后将该模型应用于反应器的设计和自动控制中，从而优化反应器的结构和操作。

四、一般生物反应器的结构原理

这里的一般生物反应器指机械搅拌罐式反应器（Stirred-tank bioreactor），这种反应器作为一般反应器是因为：第一，这是一类工业上最重要，应用最广泛的生物反应器，它具有双重优势，即较低的制造成本和操作成本；第二，这类反应器是较为普遍接受的标准生物反应器，除了因为它比较经济和容易放大外，大部分生物有机体都可以使用这种反应器进行培养，它们的生长环境在这种反应器内也比较容易得到满足和调节，图 3-3 是这种反应器的结构。它的主要组成部分包括罐体，搅拌装置，换热器，除沫装置，气体和物料进出口以及检测和调节装置。生物生长所需要的大部分营养物质从补料口加入，微生物或细胞从接种口接入。生物生长所需要的氧气由空气进口通入，经过空气分布器、搅拌和挡板的联合作用，溶解在营养液里，供给生物体。生物体生长所需要的温度、酸度分别由罐内温度计和酸度计检测，并由夹套换热器和滴入酸碱进行调节和维持。搅拌器的上部有消沫装置，加上滴入的化学消沫剂，控制着罐内泡沫的产生。生物体在生长过程中产生的二氧化碳以及其他气体从空气出口经过滤后排出。搅拌和罐体之间有机械密封，使整个生物反应器处在密封无菌环境

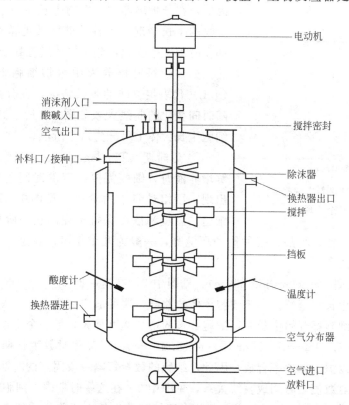

图 3-3　一般生物反应器的结构

下。总之，生物反应器给生物提供了一个生长环境，包括合适的温度，适宜的pH，充足的营养成分等，使得生物在反应器内有控制地生长、繁殖，生产所需要的产品。

以上介绍的只是一般生物反应器的结构原理，实际上，生物反应器结构有很多变化，包括搅拌的形式，换热器的形式等。但是，无论如何变化，目的都一样：即用最经济的手段控制生物的生长使其产生更多更好的产品。

第二节　生物反应动力学基础

生物反应动力学研究生物生长中各变量随时间的变化关系，如细胞的生长与时间的关系，营养物质的消耗与时间的关系，产物的生成与时间的关系等，换句话说，生物反应动力学研究的是生物过程的速率问题。生物反应动力学的目的是为生物反应器的设计、操作和控制提供基础数据，以使这些过程得到优化。由于在连续培养和间歇培养中，生物过程的速率变化规律有很大不同，生物反应动力学又可分为分批培养动力学和连续培养动力学。实际生产中大部分生物培养属于分批培养，因此，本章只涉及分批培养动力学。

一、分批培养中细胞的生长

1. 分批培养中细胞的生长过程

生物的分批培养是将大部分或全部生物所需营养物料一次性投入生物反应器，调节反应器内温度、pH、氧化还原电位处于最有利于生物生长的状态，然后，接入生物体使其生长，直至一些关键的营养物质耗尽或者由于毒素积累或pH发生变化等因素导致生长环境恶化。因此，在分批培养中，生物生长在一个密封的环境中，生物的生长情况，各种营养物质的浓度和产物浓度等都在时刻发生变化，整个培养过程处于不稳定状态。

如果以每升培养液中生物细胞干物质的克数 X（g/L）代表生物体的生长情况，在分批培养情况下 X 随时间变化的曲线大致如图3-4所示。根据这个曲线，细胞生长大体上可分为六个阶段。

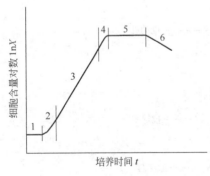

图3-4　分批培养中细胞生长的几个阶段

① 迟滞期（The lag phase）。当生物种子被接入新鲜培养液时，细胞需要一定的时间适应新环境，因而出现一段相对静止的阶段（见图中1），在这一阶段，细胞的总量和浓度保持不变。这一阶段的长短取决于细胞的个体遗传特性、种龄、接种量和环境等，一般为几个小时。在这一时期内生物不生长，也没有产物的合成。

② 加速生长期（acceleration phase）。见图中2，在这一时期内，一部分细胞已经适应新的环境，开始生长和繁殖。由于细胞个体的差异，这种适应有快有慢，表现为细胞量的逐步增加。当全部细胞都开始生长时，细胞数量的增长速度最大，另一个生长期开始。

③ 指数生长期（logarithmic or experimental phase）。又称对数生长期。在这一生长期内细胞的各成分以恒定的速率合成，因此，细胞的数量每隔一段固定的时期就要翻一番。表现在细胞含量的对数值与时间成直线关系，见图中3。在这一时期内，细胞的生命力最强。

④ 减速生长期（deceleration phase）。由于细胞的生长，营养物质越来越少，培养液中

积累的有毒代谢物也越来越多,细胞的继续生长受到限制,细胞浓度的增加逐渐减慢进入减速生长期,见图中 4。

⑤ 平衡生长期(stationary phase)。在减速生长期内,细胞的生长速率逐渐减慢,死亡的速率逐渐增加,当二者达到相等时便进入平衡生长期。这时,细胞的浓度达到最大并保持恒定。在抗生素生产中,这是产品大量合成的阶段。

⑥ 负生长期(decline or death phase)。由于营养物质的进一步下降和有毒代谢产物的进一步积累,细胞的死亡速率开始超过生长速度,细胞的浓度呈增速下降趋势。在抗生素工业中,这一时期抗生素产物继续大量合成,但合成速率开始降低,直至细胞大量死亡和自溶,细胞浓度呈指数下降,抗生素的合成速率迅速降低直至停止。

2. 比生长速率 μ（specific growth rate）

微生物细胞的生长是一个自催化(autocatalytic)过程,也就是说,细胞量增长的速率与细胞浓度成正比。在细胞的指数增长期内,细胞增长的变化符合这一规律。即每隔一个固定的时间间隔,细胞的量就要翻一番。设这一固定时间间隔为 t_d,如果细胞的初始含量为 X_0（g 干物质/L）,经过时间 t 后,细胞浓度为 X（g 干物质/L）,则有下列关系式

$$X = X_0 2^{t/t_d}$$

两边取对数得

$$\ln \frac{X}{X_0} = \ln2 \frac{t}{t_d} = \frac{0.693}{t_d} t$$

或者

$$\ln X - \ln X_0 = \frac{0.693}{t_d} t \tag{3-1}$$

两边取导数得

$$\frac{1}{X} \frac{dX}{dt} = \frac{0.693}{t_d}$$

令

$$\frac{1}{X} \frac{dX}{dt} = \mu$$

则有

$$\frac{0.693}{t_d} = \mu \tag{3-2}$$

在上述公式中,μ 即比生长速率,单位为 h^{-1},实际上是细胞浓度的增加速率除以细胞浓度,或者每单位细胞浓度,细胞浓度的增加速率。t_d 为细胞的倍增时间,即细胞质量增加一倍所需要的时间,近似等于细胞完成一个分裂周期所需要的平均时间。

比生长速度 μ 与细胞种类和培养环境有关,在细胞的指数生长阶段,μ 为常数,细胞浓率的对数与时间呈直线关系,其斜率为 μ。

如果忽略细胞死亡速率,且在反应过程中没有从反应器内取出细胞,则细胞在指数增长期的生长速率随时间的变化符合上述公式(3-1)或公式(3-2)所表达的数量关系。

3. 莫诺德方程

在分批生物培养中,当其他营养物质的浓度足以支持微生物以最大的生长速度生长,只有一种营养物质的浓度不足从而限制生物的生长,则生物生长速率和这种营养物质浓度的关系可以用莫诺德(Monod equation)方程表示:

$$\mu = \frac{\mu_m S}{K_s + S} \qquad (3\text{-}3)$$

式中 μ——比生长速率，1/h；

μ_m——最大比生长速率，1/h；

S——营养物质浓度，g/L；

K_s——营养物质饱和常熟或者莫诺德常数，g/L。

最大比生长速率 μ_m 实际上是当营养物质十分充足不再限制生物生长时的比生长速率，即当 $S \gg K_s$ 时的情况。

当 $S \gg K_s$ 时，K_s 可以忽略不计，莫诺德公式变为

$$\mu = \frac{\mu_m S}{S} = \mu_m$$

当 $K_s = S$ 时，莫诺德公式变为

$$\mu = \frac{\mu_m S}{2S} = \frac{\mu_m}{2}$$

因此，莫诺德常数数值上等于比生长速率达到最大比生长速率一半时的营养物质浓度，它的大小表示了生物对营养物质的偏爱程度（affinity for the substrate），数值越大，生物对这种营养物质越不偏爱，反之亦然。最大比生长速率 μ_m 和莫诺德常数是两个重要的动力学常数，表征了某种生物的生长受某种营养物质影响的规律。莫诺德方程所表达的比生长速率和营养物质浓度关系如图 3-5 所示。

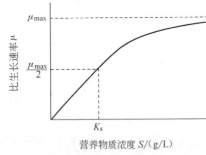

图 3-5　比生长速率和营养物质浓度关系

在分批培养中，在指数生长期，$S \gg K_s$，因此 $\mu = \mu_m$，在减速生长期，μ 不再是常数，它随营养物质浓度的变化而改变。减速生长期一般非常短，有时甚至不存在。K_s 的值越低，减速期越短。表 3-2 列出了几种生物对某些营养物质的饱和常数。

表 3-2　几种微生物对某些营养物质的饱和常数

生 物	营 养 物 质	饱和常数 K_s/(mg/L)
大肠菌(E. coli)	葡萄糖	6.8×10^{-2}
大肠菌(E. coli)	乳糖	20.0
大肠菌(E. coli)	磷酸根(PO_4^{2-})	1.6
黑曲霉(Aspergillus niger)	葡萄糖	5.0
产朊假丝酵母(C. utilis)	氧气	0.45

莫诺德方程是一个经验公式，表示了当某一种营养物质限制某种生物生长时，生物的生长与该营养物浓度的关系，当多种物质限制性因素出现，或更复杂情况时，莫诺德方程不一定适用。

二、分批培养中基质的消耗

1. 得率系数、比产物生成速率和比基质（营养物）消耗速率

（1）菌体得率系数（biomass yield coefficient）和产物得率系数（product yield coefficient）

在生物分批培养体系中,细胞浓度 X（g干物质/L）、产物浓度 P（g/L）、营养物质浓度（基质浓度）S（g/L）都随时间 t（h）变化,或者说都是时间 t 的函数。如果细胞浓度 X 对时间的导数是 $\dfrac{dX}{dt}$,基质浓度对时间的导数是 $\dfrac{dS}{dt}$,产物浓度对时间的导数是 $\dfrac{dP}{dt}$,产物得率系数 $Y_{P/S}$ 和菌体得率系数 $Y_{X/S}$ 由以下两个式子定义

$$\frac{dP}{dt}=-Y_{P/S}\frac{dS}{dt}$$

$$\frac{dX}{dt}=-Y_{X/S}\frac{dS}{dt}$$

也就是说,得率系数是产物或菌体浓度对时间的导数除以基质消耗对时间的导数,取正数。从上述定义也可以推出,得率系数实际上是产物或菌体生成速率对基质消耗速率的导数,取正值。如下公式所示

$$Y_{X/S}=-\frac{dX}{dS}$$

$$Y_{P/S}=-\frac{dP}{dS}$$

因此,如果经过一个较段时间 Δt 后,系统的菌丝浓度增加了 ΔX,产物浓度增加了 ΔP,某种营养物质（基质）浓度增加了 ΔS（或减少 ΔS）,则得率系数可由以下两个公式计算

$$Y_{X/S}=\frac{\Delta X}{\Delta S}$$

$$Y_{P/S}=\frac{\Delta P}{\Delta S}$$

由此可见,菌体得率系数和产物得率系数代表了每消耗一个单位的某种营养物质,菌体和产物浓度的增加量。

表 3-3 列出了产朊假丝酵母（C. utilis）对三种基质的菌体产率系数。

表 3-3　产朊假丝酵母对三种基质的菌体产率系数

基　　质	菌体得率系数 $Y_{X/S}$/(g/mol)
葡萄糖	91.8
乙醇	31.2
乙酸	21.0

（2）比产物生成速率（specific rate of product formation）和比基质（营养物）消耗速率（specific rate of substrate utilization）

和以上介绍的比生长速率 μ 类似,比产物生成速率 q_p 和比基质消耗速率 q_s 分别由以下公式定义：

$$q_p=\frac{1}{X}\frac{dP}{dt}$$

$$q_s=-\frac{1}{X}\frac{dS}{dt} \tag{3-4}$$

在以上定义中,由于基质的浓度是下降的,取负值是为保证比基质消耗速率为正数。

由以上定义可以看出,比产物生成速率实际上是系统中每单位细胞浓度产物的生成速

率,比基质消耗速率是每单位细胞浓度中某种基质的消耗速率。

与比生长速率一样,比基质消耗速率和比产物生成速率都是单位细胞浓度下微生物的生长、生产和消耗速率,是非常重要的动力学参数,代表了微生物细胞的代谢效率。

2. 基质消耗速率

生物培养中的基质消耗不仅包括微生物生长所需要的基质消耗,而且包括维持微生物生存和合成产物所需要的基质消耗。因此,有下列关系

在分批培养系统中,基质在培养前一次性加入,在培养过程中没有基质移出,因此,基质供应速率和系统移出基质速率都为零。由前述比生长速率、比产物生成速率、比产物和菌体得率系数的定义可推算出

$$生长消耗基质速率 = \frac{比生长速率 \times 细胞浓度}{菌体得率系数}$$

$$产物消耗基质速率 = \frac{比产物生成速率 \times 细胞浓度}{产物得率系数}$$

维持生存消耗基质速率 = 每单位细胞浓度维持基质消耗速率 × 细胞浓度

以上公式中,每单位细胞浓度维持基质消耗速率称为细胞的维持系数(maintenance coefficient),表示在细胞生长速率为零也没有产物合成的情况下,每单位细胞浓度基质的消耗速率。通常用 m 表示。

则,在分批培养中,基质的消耗速率可以由以下公式表示

$$\frac{dS}{dt} = -\frac{\mu X}{Y_{X/S}} - \frac{q_P X}{Y_{P/S}} - mX \tag{3-5}$$

式(3-5)中的参数代表的意义与前述相同。

很多情况下,尤其是通风发酵过程中,维持系数 m 远远小于 $\mu/Y_{X/S}$,可以忽略为 0,这时,如果没有产物合成,或者产物合成不消耗这种基质,公式 3-5 可简化为

$$\frac{dS}{dt} = -\frac{\mu X}{Y_{X/S}} \tag{3-6}$$

将比基质消耗速率定义式(3-3)引入式(3-5),得

$$q_s = \frac{\mu}{Y_{X/S}} + \frac{q_P}{Y_{P/S}} + m \tag{3-7}$$

式(3-5)~式(3-7)都是描述分批培养中基质消耗的动力学方程,式(3-6)适用于没有产物合成以及维持系数可以忽略不计的情况。

三、产物的生成

如果在生物细胞生长时有产物的合成,产物合成的速率有以下关系:

合成产物的总速率 = 产物的合成速率 - 产物移出速率 - 产物降解速率

在分批培养过程中,一般没有产物的移出,如果不考虑产物降解,产物生成速率由下列公式表达:

$$\frac{dP}{dt} = q_P X \tag{3-8}$$

式（3-8）中的参数意义与前述相同。表示了在分批培养时，产物生成速率与细胞浓度和时间的关系。

在实际的分批生物培养系统中，按照与生物细胞生长的关系，产物的生成可分为三种情况。

① 产物的生成与生物细胞生长完全相关。即产物是生物生长时直接代谢的产品，或者是生物代谢的中间产物。从生物细胞生长的开始，产物一直伴随着细胞的生长，产物浓度和产品浓度密切相关，如图 3-6（a）所示。乙醇、氨基酸和微生物的发酵属于这种情况。在这种情况下，产物的代谢速率可由下式表示：

$$\frac{dP}{dt} = \frac{\mu X}{Y_{P/X}}$$

式中，$Y_{P/X}$ 为每单位干质量细胞生产产品的质量，称为产物生长因子（product yield coefficient）。μ 和 X 分别是比生长速率和细胞浓度。

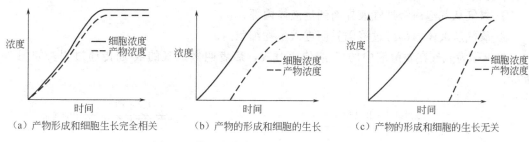

(a) 产物形成和细胞生长完全相关　　(b) 产物的形成和细胞的生长　　(c) 产物的形成和细胞的生长无关

图 3-6　分批培养中细胞的生长和产物的形成

② 产物的生成与细胞生长部分相关。产物只是在细胞生长过程中的某一阶段产生，在其他阶段，比如，细胞开始生长后一段时间，没有产物生成。产物浓度和细胞浓度如图 3-6（b）所示。乳酸的发酵生产属于这种情况。在这种情况下，产物的生成速率可由以下公式表示：

$$\frac{dP}{dt} = \alpha_1 \frac{dX}{dt} + \beta_1 X \tag{3-9}$$

式中，α_1 和 β_1 分别为生长相关因子和非生长相关因子，为常数，其他参数同前述。将式（3-9）两边同除一个 X，再将比产物生成速率和比生长速率定义公式代入，得

$$q_P = \alpha_1 \mu + \beta_1$$

③ 产物的产生与生物细胞的生长无关。这种产物也称次级代谢物（Secondary metabolites），它与细胞的生长没有必然的关系，一般在细胞停止生长后才大规模产生，产物浓度和细胞浓度随时间的变化曲线如图 3-6（c）所示。由于它和细胞生长没有必然的联系，因此，无法将这种产物的产生和细胞的生长相关联。研究这种情况下的细胞生长情况，需要使用前述式（3-5）或者式（3-7）。抗生素以及一些微生物毒素的发酵生产属于这种情况。

第三节　生物反应器的通风和溶氧传质

生物工业生产很多都是深层需氧发酵过程，在这些过程中，生物的生长和繁殖需要大量的氧气，提供氧气的办法是向发酵罐培养液内鼓入空气，这一过程就是生物反应器的通风。

生物一般只能利用溶解在发酵液中的氧气。氧气在水中的溶解度很小，在1atm、25℃下大约只有0.2mmol/L，而微生物在工业培养中氧气的消耗量又很大，一般为20～25mmol/(L·h)，因此，必须不断地向生物反应器通入空气，以保持培养液中溶解氧的浓度，否则，培养液中的溶解氧只能维持生物正常呼吸代谢15～30s，然后，生物的生长代谢就会受到抑制，甚至死亡，造成生产事故。

另一方面，在微生物发酵过程中，被生物利用的氧只有通入空气中氧的2%以下，也就是说，大量经压缩和净化处理的无菌空气被白白浪费掉。随着高产菌株和新型培养基的应用，对溶解氧要求越来越高。因此，为了提高氧的溶解度，降低空气消耗量，研究氧气在生物反应器中的传递途径和规律十分必要。

一、气-液相间的溶氧传质理论

在向培养液通风时，空气在培养液内形成大量的气泡，氧气首先从气泡内进入培养液成为溶解氧，然后从培养液进入生物细胞体内供细胞消耗。因此，氧气从气相传递到微生物细胞内的过程可分为两步：

① 氧气从气泡内跨过气液界面到达液体内部；
② 氧气从液体内部跨过液固界面进入生物细胞内。

前者称为氧气在发酵液中的气-液传递过程，后者叫做氧气的液-固传递过程，如图3-7所示。

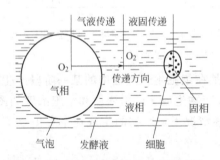

图 3-7 氧气在发酵液中的传递过程

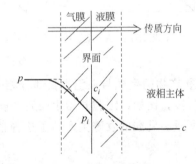

图 3-8 双膜理论示意图

在以上途径中，当氧气的传递达到平衡时，总传递速率＝氧气的气液传递速率＝液固传递速率。由于氧气在液相中的溶解度很小，氧气从气相传递到液相的阻力大于从液相到固相的阻力，因此，氧气的传递受限于气液传递，即传递属于气液传递控制，总传递速率取决于气液传递速率。所以，研究氧气从气相到细胞的传递速率，只需弄清氧在气液间的传递。

氧在气液间的传递符合双膜理论，其基本论点如下。

① 相互接触的气、液两相存在着稳定的相界面，界面的两侧各有一个很薄的滞流膜层，在气相一侧的称为气膜，液相一侧的叫做液膜。氧气分子以扩散的形式通过此二膜层。如图3-8所示。

② 在相界面处，气、液两相达到平衡。
③ 在膜层以外的气、液两相中，氧气的浓度基本相等，全部浓度变化集中在两个膜层内。

通过以上的假设，就把整个氧气在气液间的传递过程简化为经由气液两膜的分子扩散过程。氧气在气液间的传递速度也就是氧气通过两个膜的扩散速率，可以用下列公式表示：

$$N_A = k_G(p - p_i) \tag{3-10}$$

$$N_A = k_L(c_i - c) \tag{3-11}$$

式中　N_A——氧气通过气液的传递速率，$kmol/(m^2 \cdot s)$；
　　　k_G——气相传质系数，$kmol/(m^2 \cdot s \cdot Pa)$；
　　　p——气相氧分压，Pa；
　　　p_i——气液相界面氧分压，Pa；
　　　k_L——液相传质系数，m/s；
　　　c_i——气液相界面氧气浓度，mol/m^3；
　　　c——液相氧气浓度，mol/m^3。

式（3-10）和式（3-11）含有气液相界面的氧气浓度和分压，实际上并没有办法测定它们，这给计算带来困难，于是，人们又提出以下两个公式

$$N_A = K_G(p - p^*) \tag{3-12}$$

$$N_A = K_L(c - c^*) \tag{3-13}$$

式中　K_G——气相总传质系数，$mol/(m^2 \cdot s \cdot Pa)$；
　　　K_L——液相总传质系数，m/s；
　　　p^*——与液相氧气浓度 c 平衡的氧气分压，Pa；
　　　c^*——与气相氧分压 p 平衡的液相氧气浓度，mol/m^3。

以上公式也可表述为推动力除以阻力的形式

$$N_A = \frac{p - p_i}{\dfrac{1}{k_G}}$$

$$N_A = \frac{p - p^*}{\dfrac{1}{K_G}}$$

$$N_A = \frac{c^* - c}{\dfrac{1}{K_L}}$$

$$N_A = \frac{c_i - c}{\dfrac{1}{k_L}}$$

又因为，氧气在水中的溶解度符合亨利定律，即
气液平衡时　　　　　　　　　　$p = Hc^*$

式中，H 为亨利常数，单位 Pa/mol。

所以，$p^* = Hc$，$p = Hc^*$。

根据双膜理论，相界面上氧的分压与浓度达到平衡，所以

$$p_i = H \cdot c_i$$

将以上关系分别代入式（3-10）和式（3-11），可得

$$N_A = \frac{c^* - c_i}{\dfrac{1}{Hk_G}} \quad 或 \quad c^* - c_i = \frac{1}{Hk_G}N_A$$

$$N_A = \frac{p_i - p^*}{\dfrac{H}{k_L}} \quad 或 \quad p_i - p^* = \frac{H}{k_L}N_A$$

再分别结合式（3-13）和式（3-12），得

$$\frac{H}{k_L}+\frac{1}{k_G}=\frac{1}{K_G}$$

$$\frac{1}{Hk_G}+\frac{1}{k_L}=\frac{1}{K_L}$$

从上式可知，当 H 比较大时，相同的分压下气体在液相中的溶解度较低，$\frac{1}{Hk_G}$ 远远小于 $\frac{1}{k_L}$ 因此，$K_L=k_L$，气体传递属于液膜传递控制，气体的传递速率由式（3-13）决定。氧气向水中的传递属于这种情况，因此，氧气向发酵液的传递速率可由下述公式计算

$$N_a=K_La(c^*-c) \tag{3-14}$$

式中　N_a——溶氧速率，$mol/(m^3 \cdot s)$；

　　　　a——每单位体积发酵液中气液界面面积，m^2/m^3。

由于 a 很难测定，K_La 常常合并为一个常数，称为体积溶氧系数，单位 s^{-1} 或 h^{-1}。

由式（3-14）可看出，氧的传递推动力（c^*-c）和体积溶氧系数 K_La 是影响溶氧速率的关键因素，任何影响这两个数的外界因素都影响发酵液中氧的传递。

二、影响溶氧系数的因素

从式（3-14）可看出，要想提高生物反应器的供氧速率，一是提高氧传递推动力（c^*-c），二是增加溶氧系数。因为发酵液内氧气浓度 c 不允许太低，提高推动力就只能增加氧气的饱和浓度 c^*。提高饱和浓度 c^* 的办法通常有三种：

① 降低培养液黏度，比如稀释培养液或中间补充无菌水；

② 通入富氧空气；

③ 提高生物反应器内压力。

工业生产上常采用稀释培养液的办法，后两种办法通常不被采用，这是因为使用富氧有可能对某些生物产生副作用，提高反应器内压力也只能在很小的范围内进行，否则，压力太大会引起二氧化碳和某些有害气体在培养液中溶解度升高，从而可能改变生物代谢途径。增加溶氧系数的办法有很多，将在下面对影响溶氧系数的各种因素及规律的讨论中介绍。

一般来说，在一个罐式搅拌生物反应器中，溶氧系数 K_La 可以用下式表示

$$K_La=x\left(\frac{P_g}{V_L}\right)^y (v_g)^z \tag{3-15}$$

式中　P_g——在通气情况下的搅拌功率，W；

　　　　V_L——反应器中培养液净体积，不包括气体所占体积，m^3；

　　　　v_g——气体表面速率，等于空气流量除以反应器的横截面积，m/s；

　　　　K_La——氧的体积传质系数，1/s；

　　　　x——常数；

　　　　y，z——均为正数。

式（3-15）表明，在一个搅拌罐式生物反应器中，影响溶氧系数 K_La 的因素包括机械搅拌，发酵液体积，通气速率。分别讨论如下。

1. 机械搅拌

搅拌是影响溶氧传质系数的一个主要因素，搅拌输出功率越大，溶氧系数越大。这是因

为比较大的搅拌功率不但可以使分布在发酵液中气泡变小,增加气液接触面积,而且使气泡在发酵液内沿着一个比较曲折的途径运动,延长了气泡在液体内的停留时间。更重要的是搅拌能够增加液体的湍流程度,减少液膜厚度,降低传质阻力。此外搅拌也能使培养液中各成分在反应器内均匀分布,有利于细胞对营养物质的吸收和代谢物的分散。因此,增加搅拌功率是提高溶氧系数的一个有效办法。但是,搅拌功率也不能太大,太大的搅拌功率可以产生较大的剪切力,伤害培养液中的生物,增加能耗,不利于生产。

机械搅拌叶的形状也对溶氧系数产生影响,表现在相同的输入功率下,使用不同形式的搅拌叶得到的溶氧系数不一样。工业上比较好的搅拌是用较小的搅拌功率达到较大的溶氧系数。

2. 培养液的净体积

在同样的搅拌形式和尺寸,同样的输入功率情况下,培养液的净体积越大,溶氧系数越小。这是因为如果发酵液体积比较大,搅拌的均匀程度就会下降,尽管搅拌叶附近的传质效果可能不受影响,但是,远离搅拌的地方溶氧效果就会降低,总体上气液传质效果就会变差,总溶氧系数降低。相反,培养液的净体积小,搅拌比较均匀,发酵液各处都受到搅拌作用,溶氧系数就大。所以,减少培养液的净体积也能够提高溶氧系数,当然,培养液体积不能太小,至少要浸没搅拌叶。

3. 气体的表面速率

对同一个生物反应器,气体的表面速率越大,单位时间向反应器通入的空气越多,溶氧系数越大。原因在于较大的通气量能够在发酵液中产生较多的气泡,从而增大气液接触面积,使溶氧系数提高。同时,通气对培养液也起到一定的搅拌作用,通气量越大,搅拌越剧烈,降低了液膜和气膜厚度,减少了传质阻力。因此,增加通气量也能够提高溶氧系数,但是,通气量也不能太大,因为太大的通气量不仅容易产生大量泡沫,使发酵液冲出发酵罐,而且,通气量超过一定的限度,搅拌将带动大量的气泡空转,无法有效地将空气分散到发酵液中,发生所谓的"过载"现象。

4. 搅拌罐内部结构

在相同的条件下,如果对生物反应器的内部结构进行改造,也可以增加溶氧系数。比如,内壁加有挡板的反应器比不加挡板溶氧系数大,因为挡板增加了反应器内液体的湍流程度,使传质液膜变薄,减少了传质阻力,同时也改善了反应器内液体的流型,使各处更加平均。

5. 发酵液性质

发酵液性质影响溶氧系数表现在它们对式(3-15)中几个常数 x、y、z 的影响上。首先,发酵液表面张力不同,空气气泡在发酵液中的合并难易程度就不一样,如果气泡容易合并,发酵液中较大的气泡就会较多,单位体积内气液接触面积小,在一定情况下溶氧系数就较小,搅拌的效果也相对较差。一般纯水和空气的混合属于这种"易合并表面气-水混合液"。如果在发酵液中加入少量的电解质,发酵液的表面张力就会发生改变,形成"非易合并表面气-水混合液",发酵液内的气泡就比较难以合并,小气泡的数量就会较多,气液接触面积相对较大,在一定情况下溶氧系数就较高。以下两个公式是在空气-纯水和空气-含电解质水两个系统中溶氧系数计算公式。

纯水-空气混合系统溶氧系数关联公式[式中各参数物理意义同式(3-10)]

$$K_L a = 2.6 \times 10^{-2} \left(\frac{P_g}{V_L}\right)^{0.4} (v_g)^{0.5} \tag{3-16}$$

$$500 < \frac{P_g}{V_L} < 10000$$

$$V_L \leqslant 2.6 \mathrm{m}^3$$

含电解质水-空气系统溶氧系数关联公式 [式中各参数物理意义同式（3-10）]

$$K_L a = 2 \times 10^{-3} \left(\frac{P_g}{V_L}\right)^{0.7} (v_g)^{0.5} \qquad (3-17)$$

$$500 < \frac{P_g}{V_L} < 10000$$

$$V_L \leqslant 2.6 \mathrm{m}^3$$

其次，在牛顿流体和非牛顿流体中，溶氧系数的变化规律也不同。牛顿流体指流体在层流时，流体的黏度不随速度而变，其速度分布呈抛物线形。大部分流体如水、酒精、空气等属于此类。非牛顿流体指流体行为不符合牛顿黏度定律者，如牙膏、强力胶、水泥浆等。在非牛顿流体中，搅拌功率的变化对溶氧系数的影响比牛顿流体要小，因此，要想达到同样的溶氧系数，非牛顿流体发酵液需要更大的搅拌功率。

6. 消沫剂

消沫剂对溶氧系数的影响较大，有双重作用。一方面，消沫剂能够降低表面张力，减小发酵液中气泡的直径，使发酵液中充满较多的小气泡，从而增加单位体积发酵液中的气液接触面积，增加溶氧系数；另一方面，消沫剂附着在气液接触界面，改变了传质液膜的组成，不但增加了液膜传质阻力，而且降低了气液界面的流动性，反而降低了溶氧系数。

一般说来，硅基消沫剂容易使发酵液的溶氧系数降低，而其他消沫剂，例如，十二烷基磺酸钠和十二烷基硫酸钠却能够使溶氧系数增加。

第四节 一般生物反应器的操作和注意事项

生物反应器的操作一般分为分批操作和连续操作两种类型。分批操作是指将培养液一次性加入生物反应器，在适宜的条件下将微生物菌种接入，待生物生长一定时间后，将反应器内物料全部取出的一种操作方式。分批操作是生物工业生产中最常见的一种操作模式，根据生产过程中生物反应器内培养液的体积与时间的变化关系可分为以下几种情况。

1. 简单分批发酵操作

生物反应器经过清洗、灭菌后，将无菌的含有各种营养物质的培养液一次性加入生物反应器，在一定的温度下接入种子。培养一段时间后（一般是一至数天），将培养液一次全部放出。这种发酵操作工艺简单，容易掌握，生产重现性好，对设备也没有特别的要求，在生物工业发展的初期曾经广泛采用，但由于生产周期短，产率低，现在大规模工业生产已经很少应用。

2. 补料分批发酵操作

补料分批发酵是在简单分批发酵的基础上的一种变化。在开始发酵时，并不是一次性地将生物全过程所需要的营养物的量加足，而是在发酵一定时间后，根据生物反应器内营养物质的消耗情况，将一种或多种甚至全部营养物质连续流加到生物反应器内，直至发酵过程结束，然后再将发酵液全部放出。在发酵过程中补料的流加速度可以由发酵液中营养物质浓度、排气中的二氧化碳含量和氧含量、pH、溶氧浓度等在线检测参数决定，通常用自动控制的方法实现。这是目前微生物发酵工业，尤其是抗生素工业，广泛采用的一种发酵操作方式，和简单分批发酵相比有以下优点。

① 能够针对性地在不同时间加入不同的营养物质，如，在发酵前期，可以少加入一些虽然对产物生产有利，但对生物生长有抑制作用的营养物质，待生物生长基本完成后再加入它们，从而优化生物培养过程。

② 可以通过对培养液中某些营养质的限制，控制生物的生长期，延长产物生产期，提高产物产率。

③ 能够根据生物在不同生长阶段对营养物质的不同需求，不断调整营养物质的流加速度，从而降低营养物质的消耗，提高产率。

④ 连续流加的培养液可以起到稀释作用，降低了培养液黏度，有利于氧的传递和生物合成。

补料分批发酵操作的缺点是工艺过程复杂，需要比较昂贵的检测和控制仪器，对操作人员的技术水平要求较高。另外，为了给补料预留了一部分的空间，在发酵开始时加入的培养基较少，降低了生物反应器的容积利用率。

3. 反复分批发酵操作

反复分批发酵指在简单分批发酵即将结束时，将大部分发酵液放出，余下的一部分作为种子，然后补充无菌的新鲜培养液，重新发酵，如此反复操作直至发酵不能再延续，最后将发酵液全部放出。这种操作方法的优点是可以省去很多种子制备、发酵罐清洗和灭菌操作时间，可以提高生物反应器的工时利用率；缺点是以剩余发酵液作为下一轮发酵的种子难以保证质量，也容易造成杂菌污染或者种子变异，导致生产能力降低，因而在大规模工业生产中较少使用。

4. 反复补料分批发酵操作

反复补料分批发酵又称为半连续发酵。在补料分批发酵进行了一段时间后，生物反应器内发酵液的体积达到最大，无法继续补料，这时，将发酵液放出一小部分，再继续补料，隔一定时间再放出同样的体积，如此反复操作，最后将发酵液一次全部放出。这种操作方式可以显著提高生物反应器的容积利用率，在补料分批发酵的基础上进一步增加产率。

反复补料分批发酵的工艺特征是：

① 补料对发酵液的体积比，又称稀释率，恒定；

② 生物反应器内的发酵液体积和补料速率周期性变化；

③ 生物体的比生长速率 μ 与稀释速率可以保持同步，使生物浓度和培养液浓度恒定，从而达到准稳定状态。

反复补料分批发酵的控制和补料分批发酵控制基本相同，但是控制精度要求更高，控制点也要求更多。

各种发酵操作时生物反应器内的发酵液体积与时间的关系如图 3-9 所示。

连续式发酵操作是指在分批发酵进行到一定阶段，一方面将培养物质连续不断地加入到反应器内，另一

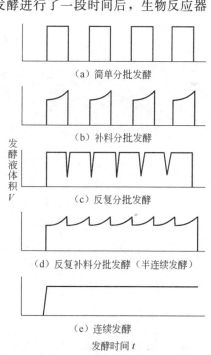

图 3-9　各种发酵操作时生物反应器内发酵液体积与时间的关系

方面又把反应器内的物料连续不断的取出,如此连续进行,反应器内发酵液的体积和其他参数达到稳定,不再随时间而变。一些固定化酶反应器、活性污泥处理废水反应器等都属于这种操作方式。连续培养过程中生物反应器内发酵液的体积随时间的变化关系如图 3-9（e）所示。

思 考 题

1. 生物反应器包括哪些设备？按照所培养的对象,生物反应器可分为哪几种类型？
2. 一般生物反应器的气、液混合接触方式有哪几种？
3. 在分批培养中,生物在反应器内生长过程一般分为几个阶段,每个阶段有何特征？
4. 名词解释：比生长速率,比产物生成速率,比基质消耗速率,菌体得率系数,产物得率系数。
5. 什么是莫诺德方程,莫诺德常数代表生物的什么特性？
6. 气液传递双膜理论的基本要点有哪些？
7. 什么是溶氧系数。影响溶氧系数的因素有哪些,如何影响？
8. 增加氧气向发酵液的传递速度有哪些基本途径？
9. 补料分批发酵有何优点。在发酵罐的补料操作中,补料速度为什么不能太快？

第四章 通风发酵设备

通风发酵设备是需氧生化反应的最基础设备，应具有良好传质和传热性能，结构严密，防杂菌污染，培养基流动与混合良好，良好的检测与控制，设备较简单，方便维护检修，能耗低等特点。常用的通风发酵罐有机械搅拌式、气升环流式和自吸式等，其中机械搅拌通风发酵罐仍占据着主导地位。

第一节 机械搅拌通风发酵罐

机械搅拌通风发酵罐又称为通用式发酵罐。它是利用机械搅拌器的作用，使空气和发酵液充分混合，促使氧在发酵液中溶解，以供给微生物生长繁殖、发酵需要的氧气。

一、机械搅拌通风发酵罐的结构

机械搅拌通风发酵罐主要部件有罐体、搅拌器、挡板、联轴器和轴封、空气分布器、传动装置、冷却装置、消泡器、人孔、视镜等，大型机械搅拌通风发酵罐结构如图4-1所示。

下面对此类型发酵罐的主要部件加以说明。

1. 罐体

罐体由罐身、罐顶、罐底组成，罐身为圆柱体，中大型发酵罐罐顶、罐底和小型发酵罐罐底多采用椭圆形或碟形封头通过焊接和罐身连接，而小型发酵罐罐顶却多采用平板盖和罐身用法兰连接。罐顶装设视镜及灯镜、进料管、补料管、排气管、接种管、压力表接管和快开手孔或快开人孔。罐身上设有冷却水进出管、进空气管、温度计和检测仪表接口管。取样管可装在罐侧或罐顶，视操作方便而定。罐体上的管路越少越好，能合并的应合并，如进料管、补料管和接种管可合为一个接口管。

罐体材料多采用不锈钢，如1Cr18Ni9Ti、0Cr18Ni9。为满足工艺要求，罐体需承受一定的压力，通常灭菌

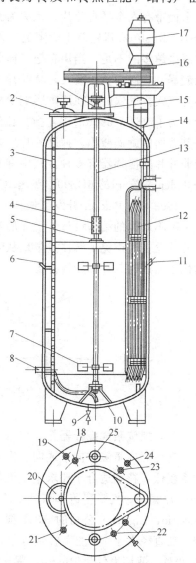

图 4-1 机械搅拌通风发酵罐结构
1—轴封；2,20—人孔；3—梯；4—联轴节；5—中间轴承；6—温度计接口；7—搅拌叶轮；8—进风管；9—放料口；10—底轴承；11—热电偶接口；12—冷却管；13—搅拌轴；14—取样管；15—轴承座；16—传动皮带；17—电动机；18—压力表；19—取样口；21—进料口；22—补料口；23—排气口；24—回流口；25—视镜

的压力为 0.25MPa（绝压）。

2. 搅拌器和挡板

搅拌器的主要作用是混合和传质，即使通入的空气分散成气泡并与发酵液充分混合，使气泡细碎以增大气-液界面，来获得所需要的溶氧速率，并使生物细胞均匀分散于发酵体系中，以维持适当的气-液-固（细胞）三相的混合与质量传递，同时强化传热效果。发酵罐采用的搅拌器主要有涡轮搅拌器和螺旋桨式搅拌器。

（1）涡轮搅拌器

Rushton 涡轮是最典型的涡轮搅拌器，如图 4-2 所示，其结构比较简单，通常是一个圆盘上面带有六个平直叶片，也称为圆盘平直叶涡轮搅拌器。生物工业发展初期，发酵罐规模较小，Rushton 涡轮基本能满足工艺要求。但是，随着发酵工业规模的扩大，这种结构表现出越来越多的不足。当用它把气体分散于低黏流体时，在每片桨叶的背面都有一对高速转动的旋涡，旋涡内负压较大，从叶片下部供给的气体立即被卷入旋涡，形成气体充填的空穴，称为气穴。气穴的存在严重影响发酵罐内的气-液传质，使 Rushton 涡轮的泵送能力大大降低。为了改进 Rushton 涡轮搅拌器的不足，Smith 等提出采用弯曲叶片的概念。弯曲叶片可使其背面的旋涡减小，抑制叶片后方气穴的形成，提高载气能力。目前，国内外公司推出的弯曲叶片的搅拌器有多种，其中有 Chemineer 公司的 CD-6，Lightnin 公司的 R130 搅拌器，Philadephia 公司的 6DS90。英国 ICI 公司推出了 ICI 专利搅拌器，叶片采取了深度凹陷的结构。1998 年，Bakker 开发了最新一代的气液混合搅拌器 BT-6。BT-6 搅拌器的特点是采用了上下不对称的结构设计，上面的叶片略长于下面的叶片。该设计使得上升的气体被上面的长叶片盖住，避免了气体过早地从叶轮区域直接上升而逃逸。实验证明该搅拌器的综合性能均优于前述的各种涡轮搅拌器。

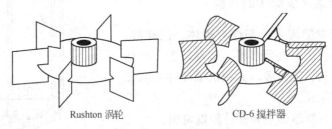

Rushton 涡轮　　　　　CD-6 搅拌器

图 4-2　涡轮搅拌器

（2）螺旋桨式搅拌器

它在罐内将液体向下或向上推进，形成轴向的螺旋运动，其混合效果较好，但造成的剪切率较低，特别适合于要求整罐混匀好、剪切性能温和的发酵过程。螺旋桨式搅拌器一般为 4~6 片宽叶，投影覆盖率可达 90%。国内外较典型的螺旋桨式搅拌器有 ProChem 公司的 MaxFlo，Lightnin 公司的 A315 搅拌器，结构如图 4-3 所示。A315 特别适合于气-液传质过程，在直径大于 1m 的实验装置中，同样的输入功率下，A315 桨的持气量比 Rushton 涡轮高 80%，剪切力仅为 Rushton 涡轮的 25%，产量提高 10%~50%。

根据气-液混合的扩散机理，气-液混合是通过主体对流扩散、涡流扩散和分子扩散来实现的。大范围的循环流动称为主体对流扩散，由旋涡运动造成的局部范围内的流动称为涡流扩散。涡轮搅拌器的气体分散能力强，但是功率消耗大，作用范围小；而螺旋桨式搅拌器的轴向混合性能好，功率消耗低，作用范围大，但对气体的控制能力弱，对气泡的分散效果差。所以，在生物反应器中，常将涡轮搅拌器和螺旋桨式搅拌器组合使用，既可利用涡轮搅

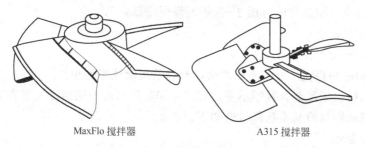

图 4-3 螺旋桨式搅拌器

拌器强化小范围的涡流扩散,实现小范围的气-液混合,又可利用螺旋桨式搅拌器强化主体对流扩散,实现大范围的气-液混合。针对发酵罐规模的不断扩大,充分利用两种搅拌器的优势,采用多级多种组合方式是今后大型发酵罐设计的发展方向。

对于组合形式,根据发酵罐下部通气的特点,下层搅拌器选用涡轮搅拌器,上层搅拌器选用螺旋桨式搅拌器。该组合形式可以提高传质系数,降低功率消耗,降低剪切率,增加收率。

为了克服搅拌器运转时液体产生的涡流,将径向流改变为轴向流,促使液体激烈翻动,增加溶氧速率,通常在发酵罐内壁须装设挡板。通常设 4~6 块挡板,其宽度为 $0.1 \sim 0.12D$,可满足全挡板条件。所谓"全挡板条件"是指在一定转速下,再增加罐内附件,轴功率仍保持不变。

挡板的高度自液面起至罐底止,挡板与罐壁之间的距离为 $(1/5 \sim 1/8)D$,以避免形成死角,防止物料与菌体堆积。经验表明,竖立的蛇管、列管、排管,也可以起挡板作用。

3. 联轴器及轴承

大型发酵罐搅拌轴较长,常分为 2~3 段,用联轴器连接。常用的联轴器有鼓形和夹壳形两种。小型发酵罐搅拌轴可用法兰连接,轴的连接应垂直,中心线对正。为了减少震动,大中型发酵罐应装有可调节的中间轴承或底轴承,中间轴承或底轴承的水平位置应能适当调节。罐内轴承不能加润滑油,轴瓦材料采用液体润滑的石棉酚醛塑料和聚四氟乙烯。为了防止轴颈磨损,可以在与轴承接触处的轴上增加一个轴套。

4. 轴封

轴封的作用是密封罐顶或罐底与轴之间的缝隙,防止泄漏和染菌。大型发酵罐常用的轴封为端面机械轴封,结构如图 4-4 所示。对于密封要求较高的情况,可选用双端面机械轴封。

端面机械轴封是靠弹性元件(弹簧、波纹管等)的压力使垂直于轴线的动环和静环光滑表面紧密地相互贴合,并做相对转动而达到密封。

端面机械轴封的优点是:

① 清洁;

② 密封可靠,在一个较长的使用周期中,不会泄漏或很少泄漏;

③ 无死角,可以防止杂菌感染;

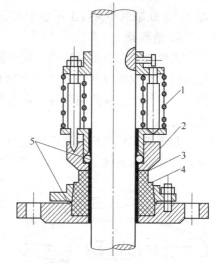

图 4-4 端面机械轴封
1—弹簧;2—动环;3—堆焊硬质合金;
4—静环;5—"O"形圈

④ 使用寿命长，质量好的可用 2～5 年不需要维修；

⑤ 摩擦功率耗损小；

⑥ 轴或轴套不受磨损；

⑦ 对轴的精度和粗糙度要求不很严格，对轴的震动敏感性小。

缺点是：结构比较复杂，装拆不便，对动环和静环的表面光洁度及平直度要求高。

现将端面机械轴封的基本构件讨论如下。

(1) 动环和静环

动环和静环组成的摩擦副是端面机械轴封最重要的元件，为此，动、静环材料均要有良好的耐磨性，摩擦因数小，导热性能好，结构紧密，空隙率小，且动环的硬度应比静环大。摩擦副端面直径应尽量小，以降低摩擦升温。端面宽度太大，则冷却和润滑效果降低，端面平直度难保证，容易产生泄漏；但过窄则强度不足易损坏。静环宽度一般为 3～6mm，动环的端面宽度应比静环大 1～3mm。

(2) 弹簧加荷装置

此装置的作用是产生压紧力，使动、静环端面压紧密切接触，以确保密封。弹簧座靠旋紧的螺钉固定在轴上，用以支撑弹簧，传递扭矩。而弹簧压板用来承受压紧力，压紧静密封元件，传动扭矩带动动环。

(3) 辅助密封元件

辅助密封元件有动环和静环的密封圈，用来密封动环与轴以及静环与静环座之间的缝隙。常用的动环密封圈为"O"形环，静环密封圈为平橡胶垫片。

5. 空气分布装置

空气分布装置的作用是吹入无菌空气，并使空气均匀分布。通常有两种结构：一种为单管式结构，另一种为环形管式结构。单管式结构简单，管口正对罐底中央，与罐底距离约 40mm。环形分布管，管径为搅拌器直径的 0.8 倍较好，喷孔直径为 5～8mm，喷孔的总截面积约等于通风管的截面积，环管上的空气喷孔应在搅拌叶轮叶片内边之下，同时喷孔应向下以尽可能减少培养液在环形分布管上滞留。常用的分布装置是单管式，风管内空气流速取 20m/s，在罐底中央衬上不锈钢圆板，防止空气冲击，以延长罐底寿命。

6. 消泡器

发酵液中含有蛋白质等发泡物质，在通气搅拌条件下会产生泡沫，发泡严重时，大量的泡沫将导致发酵液外溢和增加染菌机会。发酵生产中有两种消泡方法：一是加入化学消泡剂，二是使用机械消泡装置。常用机械消泡装置有：耙式消泡器、涡轮式消泡器和离心式消泡器等。

最简单实用的机械消泡装置为耙式消泡器，由于这一类消泡器装于搅拌轴上，往往因搅拌轴转速太低而效果不佳。对于下伸轴发酵罐，可以在罐顶装半封闭式涡轮消泡器（如图 4-5 所示），在高速旋转下，可以达到较好的机械消泡效果。此类消泡器直径约为罐径的 1/2，叶端速度为 12～18m/s。

离心式消泡器是一种离心式气液分离装置，常用的离心式气液分离器如图 4-6 所示。该消泡器装于发酵罐的排气口上，夹带泡沫的气流以切线方向进入分离器中，由于离心力作用，液滴被甩向器壁，经回流管返回发酵

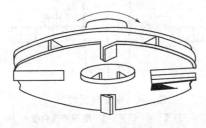

图 4-5 半封闭式涡轮消泡器

罐，气体则自中间管排出。这种分离器只能分离含有少量液滴的气体，且对小泡沫不能全部破碎分离。此外，碟片式离心消泡器也有应用，其作用原理为：带泡沫的气体经过碟片做旋转运动，液滴由径向甩出返回发酵罐，气体从上部排出。这种装置适用于泡沫量较大的场合，但不能将泡沫全部破碎。

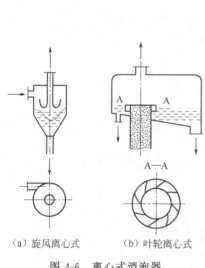

（a）旋风离心式　（b）叶轮离心式

图 4-6　离心式消泡器

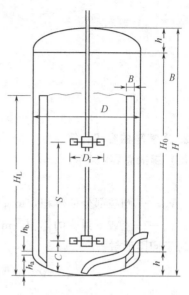

图 4-7　罐体有关尺寸符号表示

7. 换热装置

（1）夹套式换热装置

这种装置多用于容积较小的发酵罐或种子罐，夹套高度比静止液面稍高。优点为结构简单，加工容易，罐内无冷却设备，死角少，容易清洗灭菌。其缺点是传热壁较厚，冷却水流速低，降温效果差，传热系数小，一般为 $600\sim1000 kJ/(m^2 \cdot h \cdot ℃)$。

（2）竖式蛇管换热装置

这种装置的蛇管分组安装于发酵罐内，有四组、六组或八组不等。该装置的优点是：冷却水在管内的流速大，传热系数高，约为 $1200\sim1800 kJ/(m^2 \cdot h \cdot ℃)$，若管壁较薄，冷却水流速较大时，传热系数可达 $4200 kJ/(m^2 \cdot h \cdot ℃)$。这种冷却装置适用于冷却用水温度较低的地区，水的用量较少。但是气温高的地区，冷却用水温度高，则发酵时降温困难，影响发酵产率。此外，弯曲位置较容易被蚀穿。

（3）竖式列管（排管）换热装置

这种装置是以列管形式分组对称装于发酵罐内的。其优点是：加工方便，适用于气温较高，水源充足的地区。缺点是：传热系数较蛇管低，用水量较大。

为了提高传热系数，可在罐外装设板式或螺旋板式热交换器，不仅可强化热交换效果，而且便于检修和清洗。

二、机械搅拌通风发酵罐的计算

1. 发酵罐的尺寸比例

发酵罐罐体有关尺寸符号，如图 4-7 所示。

罐体各部分的尺寸有一定比例，罐的高度与直径之比一般为 1.7～3.5 左右。新型高位发酵罐高度与直径比例在 10 以上,其优点是大大提高了氧的利用率,但是压缩空气的压力需要较高,顶料和底料不易混合均匀,厂房高,操作不便。考虑各方面因素,工厂及设计部门一般采用如下的比例尺寸

$$H/D=1.7\sim 4.0$$
$$H_0/D=2.0\sim 3.0$$
$$D_i/D=0.3\sim 0.5$$
$$C/D_i=0.8\sim 1.0$$
$$B/D=0.08\sim 0.1$$
$$H_L/D=1.4\sim 2.0$$
$$S/D=1 \quad 或 \quad S/D_i=3$$

2. 发酵罐的容积计算

(1) 罐的总容积 $V_总$

$$V_总 = V_0 + 2V_1 \tag{4-1}$$

式中 V_0——圆柱部分的体积,m^3;

V_1——上或下封头的体积,m^3。

对于椭圆形封头

$$V_总 = \frac{\pi}{4}D^2 H_0 + \frac{\pi}{4}D^2\left(h_b + \frac{D}{6}\right)\times 2$$
$$= \frac{\pi}{4}D^2\left[H_0 + 2\left(h_b + \frac{D}{6}\right)\right] \tag{4-2}$$

式中 h_b——椭圆封头的直边高度,m;

D——罐的内径,m。

(2) 罐的有效容积 $V_{有效}$

罐的有效容积为罐的实际装料容积,它等于罐的总容积 $V_总$ 乘以罐的容积装满系数 η,即

$$V_{有效} = V_总 \eta \tag{4-3}$$

式中 η——装满系数(一般取 0.65~0.75)。

(3) 罐的公称容积 V_N

所谓"公称容积"是指罐的圆柱部分和底封头容积之和,其值为整数,一般不计入上封头的容积,平常所说的多少体积的发酵罐是指罐的"公称容积"。

3. 发酵罐的数量计算

根据物料平衡的原则,对于一定的生产能力,所需发酵罐的个数 N 可用下式算出

$$N = \frac{nq_{Vd}}{\eta V_总} + 1 \tag{4-4}$$

式中 n——每个发酵周期相当的天数,d,周期 h/24;

η——发酵罐的装满系数,0.65~0.75;

$V_总$——每个发酵罐的总容积,m^3;

q_{Vd}——每天需要生产的发酵液量,m^3/d。

4. 发酵罐的冷却面积计算

生物反应过程有生物合成热产生,而机械搅拌通风发酵罐除了有生物合成热外,还有机械搅拌热,若不从系统中除去这两种热量,发酵液的温度就会上升,无法维持工艺所规定的

最佳温度。发酵生产的产品、原料及工艺不同,其过程放热也不同。为了保证温度的调控,需按热量产生的高峰时期和一年中气温最高的半个月为基准进行热量衡算以及计算所需的换热面积。

(1) 发酵过程的热量计算

发酵过程所产生的净热量称之为"发酵热",相应的发酵过程总热量为

$$Q = Q_1 + Q_2 - Q_3 - Q_4 \tag{4-5}$$

式中 Q_1——生物合成热,包括生物细胞呼吸放热和发酵热两部分。以葡萄糖作基质时,呼吸放热为 15651kJ/kg(糖),发酵热为 4953kJ/kg(糖);

Q_2——机械搅拌放热,其值为 $3600P_g\eta$,kJ;

P_g——搅拌功能,kW;

η——功热转化率,经验值为 $\eta = 0.92$;

Q_3——发酵过程通气带出的水蒸气所需的汽化热及气温上升所带出的热量,kJ;

Q_4——发酵罐壁与环境存在温差而传递散失的热量,kJ。

通常可近似计算:

$$Q_3 + Q_4 \approx 20\% Q_1$$

(2) 换热装置传热面积的计算

① 温度差 Δt_m 的计算。冷却水进出口温度为 t_1、t_2。发酵液温度为 t,一般取 32~33℃。即

$$\Delta t_m = \frac{(t-t_1)-(t-t_2)}{\ln\frac{t-t_1}{t-t_2}} \tag{4-6}$$

② 传热面积 F 的计算。

$$F = \frac{Q_总}{K\Delta t_m} \tag{4-7}$$

式中 $Q_总$——主发酵期发酵液每小时放出最大的热量(发酵热),kJ/h;

K——换热装置的传热系数,kJ/($m^2 \cdot h \cdot ℃$)。

第二节 通风固相发酵设备

通风固相发酵工艺是传统的发酵生产工艺,广泛应用于酱油与酿酒生产,以及农副产物生产饲料蛋白等。通风固相发酵具有设备简单、投资省等优点。下面以最常用的自然通风固体曲发酵设备和机械通风固体曲发酵设备为代表进行讨论。

一、自然通风固体曲发酵设备

几千年前,中国在世界上率先使用自然通风固体制曲技术用于酱油生产和酿酒,一直沿用至今,尽管大规模的发酵生产大多已采用液体通风发酵技术。

自然通风制曲要求空气与固体培养基密切接触,以供霉菌繁殖和带走所产生的生物合成热。原始的固体曲制备采用木制的浅盘,常用浅盘尺寸有 0.37m×0.54m×0.06m 或 1m×1m×0.06m 等。大的曲盘没有底板,只有几根衬条,上铺竹帘、苇帘或柳条,或者干脆不用木盘,把帘子铺在架上,扩大了固体培养基与空气的接触面,减少了老法的许多笨重操作,提高了固体曲的质量。

自然通风的曲室设计要求如下：易于保温、散热、排除湿气以及清洁消毒等；曲室四周墙高3~4m，不开窗或开有少量的小窗口，四壁均用夹墙结构，中间填充保温材料；房顶向两边倾斜，使冷凝的汽水沿顶向两边流下，避免滴落在曲上；为方便散热和排湿气，房顶开有天窗。固体曲室的大小以一批曲料用一个曲室为准。曲室内设曲架，以木材或钢材制成，每层曲盘应占0.15~0.25m空间，最下面一层离地面约0.5m，曲架总高度约2m，以方便人工搬取或安装曲盘。

二、机械通风固体曲发酵设备

机械通风固体曲发酵设备与上述的自然通风固体曲发酵设备的不同主要是前者使用了机械通风即鼓风机，因而强化了发酵系统的通风，使曲层厚度大大增加，不仅使曲生产效率大大提高，而且便于控制曲层发酵温度，提高了曲的质量。

机械通风固体曲发酵设备如图4-8所示。曲室多用长方形水泥池，宽约2m，深1m，长度则根据生产场地及产量等选取，但不宜过长，以保持通风均匀；曲室底部应比地面高，以便于排水，池底应有8°~10°的倾斜，以使通风均匀；池底上有一层筛板，发酵固体曲料置于筛板上，料层厚度0.3~0.5m。曲池一端（池底较低端）与风道相连，其间设一风量调节闸门。曲池通风常用单向通风操作，为了充分利用冷量或热量，一般把离开曲层的排气部分经循环风道回到空调室，另吸入新鲜空气。据实验测试结果，空气适度循环，可使进入固体曲层空气的CO_2浓度提高，可减少霉菌过度呼吸而减少淀粉原料的无效损耗。当然，废气只能部分循环，以维持与新鲜空气混合后CO_2含量在2%~5%为佳。通风量为400~1000$m^3/(m^2 \cdot h)$，视固体曲层厚度和发酵使用菌株、发酵旺盛程度及气候条件等而定。

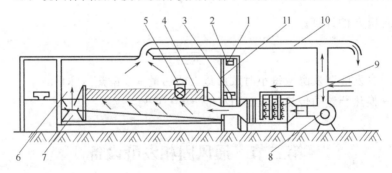

图4-8 机械通风固体曲发酵设备

1—输送器；2—高位料斗；3—输送小车；4—曲料室；5—进出料机；6—料斗；
7—输送带；8—鼓风机；9—空调室；10—循环风道；11—曲室闸门

曲室的建筑与自然通风所用曲房大同小异，空气通道中风速取10~15m/s。因机械通风固体发酵通风过程阻力损失较低，故可选用效率较高的离心式送风机，通常用风压为1000~3000Pa的中压风机较好。

第三节 其他类型的通风发酵罐

一、气升环流式发酵罐

气升环流式发酵罐也是应用最广泛的生物反应设备。其特点为：无搅拌传动设备，结构简单，易于加工制造，省钢材，能耗低；反应溶液分布均匀，溶氧速率和溶氧效率高；传热良好，冷却面积小；剪切力小，对生物细胞损伤小；容积装料系数可达80%～90%，而不需加消泡剂；操作、维修及清洗方便，杂菌感染少。目前世界上最大型的通气发酵罐就是气升环流式发酵罐，体积高达3000m³以上，如国际上著名的ICI压力循环发酵罐、BIOHOCH反应器。

气升环流式发酵罐根据环流管安装位置可分为内环流式与外环流式两种，结构见图4-9。

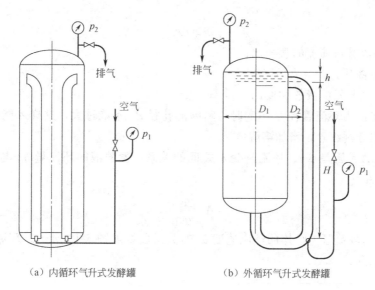

(a) 内循环气升式发酵罐　　(b) 外循环气升式发酵罐

图 4-9　气升环流式发酵罐

1. 气升环流式发酵罐的工作原理

发酵罐内或外装设环流管，其两端与罐底及罐上部相连接，构成循环系统。在环流管的下部装设空气喷嘴，空气在喷嘴处以 250～300m/s 的高速喷入环流管，借气液混合物的湍流作用而使空气泡分割细碎，与环流管的发酵液密切接触。由于环流管内气液混合物的密度降低，加上压缩空气的喷流动能，使环流管内的液体上升，而气含率小的罐内液体则下降并进入环流管，形成反复的循环流动，实现发酵液的混合与溶氧传质，以供给发酵液所需的溶解氧，使发酵正常进行。

2. 气升环流式发酵罐的主要结构和操作参数

(1) 主要结构参数

国内外实验研究和生产实践表明，气升环流式发酵罐要获得良好的气液混合和溶氧传质，其结构参数具有举足轻重的影响，必须有一定的几何尺寸比例范围。

实验结果证明，反应器高径比 H/D 的适宜取值范围是 5～9，导流筒直径与罐径比 D_E/D 的取值范围是 0.6～0.8，此外，空气喷嘴直径与反应器直径比 D_1/D 以及导流筒上下端面到罐顶与罐底的距离均对发酵液的混合、流动与溶氧有重要影响，具体的最佳选值要根据发酵液的物化特性及生物细胞的生物学特性合理确定。

(2) 主要操作参数

① 循环周期。发酵液必须维持一定的环流速度以不断补充氧，使发酵液保持一定的溶氧浓度，适应微生物生命活动的需要。发酵液在环流管内循环一次所需要的时间，称为循环

周期。不同的发酵生产以及不同时期,由于细胞浓度及对氧的需求不同,故对循环周期的要求亦不同。对需氧发酵,若供氧不足,则生物细胞活力下降而发酵产率降低。据报道,黑曲霉发酵生产糖化酶时,当菌体浓度较高时,循环周期必须小于3min才能保证正常发酵;若是高密度单细胞蛋白培养,则循环周期应在1min左右才能达到优良效果。

② 喷嘴直径。为了使环流管内空气泡分裂细碎,与发酵液均匀接触,增加溶氧系数,应使空气自喷嘴喷出时的雷诺数大于液体流经喷嘴处的雷诺数,即 $Re_{空气} > Re_{醪液}$。由此可推出:

$$m > nA$$

式中　m——环流管对喷嘴的直径比;
　　　A——气-液比;
　　　n——空气与发酵液的黏度比。

由上式可知:当环流管径 d 一定时,喷嘴的孔径 d_1 不能过大,这样才能保证 $m > nA$,进而保证空气泡分割细碎,增加溶解氧。

③ 气-液比 A、压差 Δp、环流速度 w 之间的关系。发酵液的环流量 q_{Vc} 与通风量 q_V 之比称为气-液比 A

$$A = \frac{q_{Vc}}{q_{VG}}$$

气-液比 A 与环流管内液体的环流速度 w 的关系曲线如图4-10所示。环流速度 w 一般可取 1.2~1.8m/s。

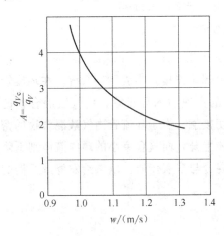
图4-10　气-液比 A 与环流速度 w 的关系曲线

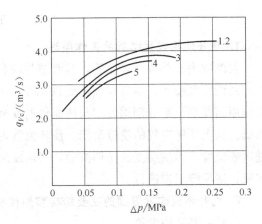
图4-11　压差 Δp 与循环量 q_{Vc} 关系曲线
曲线编号:　1　2　3　4　5
罐压/MPa:　0　0.03　0.05　0.1　0.15

喷嘴前后压差 Δp 和发酵罐环流量 q_{Vc} 有一定关系,当喷嘴直径一定,发酵罐内液柱高度也不变时,压差 Δp 越大,通风量就越大,相应就增加了液体的循环量。Δp 与 q_{Vc} 之间关系的实验曲线见图4-11。在设计和选用环流式发酵罐时,还应注意下列几点。

① 液面到喷嘴的垂直高度是影响气升效率的重要因素,设计或选用时应不小于4m。

② 液面到环流管出口高度直接影响液体循环。液面低于环流管出口时,液体循环量和升液效率明显下降,液面越低,效率越低;液面与环流管出口相平时,液体循环量和升液效率均很大;液面高于环流管出口时,对提高效率并无明显影响,当液面超过环流管出口

1.5m 时，如果罐内液体旋转混合不够有力，就有可能产生"循环短路"现象，使发酵效果不良。因此，此高度取 0～1.5m 范围较好。

③ 为了降低液体循环摩擦阻力，应尽量缩短环流管的总当量长度；尽量采用直径较大的单管式环流管；环流管的出口应开在发酵罐侧壁，并以切线方向与罐相接。

④ 增大压差 Δp 时，可增加通气量和发酵液循环量，缩短循环周期。所以，对要求较大溶氧量的生物细胞发酵，如条件允许，可适当加大压差 Δp。

⑤ 通常压差 Δp 较小时，采用较大的喷嘴，反之用较小的喷嘴。

二、自吸式发酵罐

自吸式发酵罐是一种不需要空气压缩机提供加压空气，而依靠特设的机械搅拌吸气装置或液体喷射吸气装置吸入无菌空气并同时实现混合搅拌与溶氧传质的发酵罐。其优点为：不必配备空气压缩机及其附属设备，节约设备投资，减少厂房面积；溶氧速率高，溶氧效率高、能耗较低；用于酵母生产或乙酸发酵生产效率高、经济效益高。缺点是：因一般自吸式发酵罐是负压吸入空气，故发酵系统不能保持一定的压力，较易产生染菌污染；必须配备低阻力损失的高效空气过滤系统。为克服上述缺点，可采用自吸气与鼓风相结合的鼓风自吸式发酵系统，即在过滤器前加装一台鼓风机，适当维持无菌空气的正压，这不仅可减少染菌机会，而且可增大通风量，提高溶氧系数。

1. 机械搅拌自吸式发酵罐

（1）机械搅拌自吸式发酵罐的吸气原理

此类型自吸式发酵罐结构如图 4-12 所示，主要构件是自吸搅拌器和导轮，简称为定子和转子。国内采用的自吸式发酵罐中的搅拌器是带有固定导轮的三棱空心叶轮，直径 d 为罐径 D 的 1/3。当发酵罐内充满液体，启动搅拌电动机后，由于转子的高速旋转，液体和空气在离心力的作用下，被甩向叶轮外缘，液体便获得能量。转子的线速度越大，液体的动能越大，当其离开转子时，由动能转变为静压能也越大，在转子中心造成的负压也越大，吸气量也越大。通过导向叶轮使气液均匀分布甩出，由于转子的搅拌作用，气液在叶轮周围形成强烈的混合流，使刚离开叶轮的空气立即在不断循环的发酵液中分裂成细微的气泡，并在湍流状态下混合、湍动和扩散，因此自吸式充气装置在搅拌的同时完成了充气作用。

（2）机械搅拌自吸式发酵罐的性能指标

① 发酵罐的高径比。由于自吸式发酵罐是靠转子转动形成的负压而吸气通风的，吸气装置沉浸于液相中，所以为保证较高的吸风量，发酵罐的高径比 H/D 不宜过大，且罐容增大时，H/D 应适当减小，以保证搅拌吸气转子与液面的距离为 2～3m。对于高黏度的发酵液，应适当降低罐的高度。

② 发酵罐的吸气量。自吸式发酵罐的吸气量可用准数法进行计算，三棱叶自吸式搅拌器的吸气量可由下式确定：

$$f(N_a, Fr) = 0 \qquad (4-8)$$

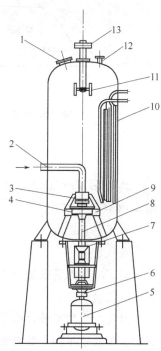

图 4-12 机械搅拌自吸式发酵罐

1—人孔；2—进器官；3—轴封；
4—转子；5—电动机；
6—联轴器；7—轴衬；
8—搅拌轴；9—定子；
10—冷却蛇管；11—消泡器；
12—排气管；13—消泡转轴

式中　N_a——吸气数，且 $N_a = q_{Vg}/(nd^3)$；
　　　Fr——重力数，$Fr = n^2 d/g$；
　　　d——叶轮直径，m；
　　　n——叶轮转速，s^{-1}；
　　　q_{Vg}——吸气量，m^3/s；
　　　g——重力加速度，$9.81 m/s^2$。

三棱叶转子的吸气数 N_a 和重力数 Fr 的关系如图 4-13 所示。由图可知，当液体受到搅拌器的推动时，在克服重力影响达到一定程度后，吸气数就不受重力数 Fr 的影响而趋于常数，此点称为空化点。在空化点上，吸气量与搅拌器的泵送量成正比。

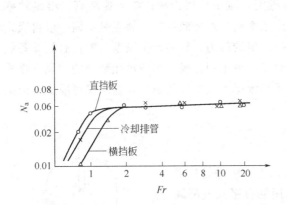

图 4-13　吸气数 N_a 与重力数 Fr 的关系

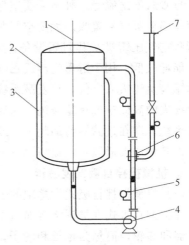

图 4-14　文氏管自吸式发酵罐
1—排气管；2—罐体；3—换热夹套；4—循环泵；
5—压力表；6—文氏管；7—吸气管

当 $1.5 < Fr < 15$ 时，以水为介质，对于挡板及冷却蛇管发酵，吸气数 N_a 分别为 0.0628 和 0.0634，即

对于垂直挡板

吸气量　　　　　　　　　　　$q_{Vg} = 0.0628 nd^3$

对于冷却蛇管兼做挡板

吸气量　　　　　　　　　　　$q_{Vg} = 0.0634 nd^3$

对实际发酵系统，由于发酵液有一定含气率，使发酵液密度降低，且不同发酵液的黏度等物化性质也不同，故自吸式发酵罐实际吸气量比上述计算值小，修正系数为 0.5~0.8。

2. 喷射自吸式发酵罐

喷射自吸式发酵罐是应用文氏管喷射吸气装置或溢流喷射吸气装置进行混合通气的，既不用空压机，又不用机械搅拌吸气转子。其优点是：气液固三相混合与分散良好，溶氧速率高；传热性能好；无空压机及其附属装置，投资少，能耗低。

图 4-14 是文氏管自吸式发酵罐结构示意图。其原理是利用泵使发酵液通过文氏管吸气装置，由于液体在文氏管的收缩段中流速增加，形成真空而将空气吸入，并使气泡分散与液体均匀混合，实现溶氧传质。经验表明，当收缩段流体流动雷诺数 $Re > 6 \times 10^4$ 时，吸气量

及溶氧速率较高。

思 考 题

1. 简述机械搅拌通风发酵罐的结构及各主要部件的作用。
2. 简述通风固相发酵设备的类型、特点及应用情况。
3. 比较机械搅拌通风发酵罐、气升环流式发酵罐、自吸式发酵罐的异同点，并举例说明在生物工业中的应用。

第五章 嫌气发酵设备

发酵设备是生物工厂中最主要的设备，发酵设备必须具有适宜微生物生长和形成产物的各种条件，促进微生物的新陈代谢，使之能在低消耗下获得较高产量。因此发酵设备必须具备微生物生长的基本条件。例如，需要维持合适的培养温度；要求有不同程度的无菌度；结构应尽可能简单，便于灭菌和清洗。

由于微生物主要分嫌气和好气两大类，故发酵设备也分为两大类：嫌气发酵设备和通风发酵设备。嫌气发酵设备常用于酒精、啤酒、丙酮丁醇等嫌气发酵产品的生产，其特点是在发酵过程中不需通入氧气或空气，有时需通入二氧化碳或氮气等惰性气体以保持罐内正压，防止染菌。

酒精发酵罐和啤酒发酵罐是最常见的嫌气发酵设备，本章以其为例重点介绍。

第一节 酒精发酵罐

一、酒精发酵罐的结构及操作

1. 酒精发酵罐的结构

酒精发酵罐通常可分为密闭式和开放式两种。密闭式酒精发酵罐的优点是：可以防止杂菌感染，便于保温冷却及控制发酵温度，酒精产量多，损失少，可回收，发酵率高；缺点是结构较复杂，造价较贵。目前大多数工厂都采用密闭式发酵罐。

酒精发酵罐罐身为圆柱形，罐顶和罐底均为锥形或碟形，结构如图 5-1 所示，罐顶装有人孔、视镜、排料管、接种管、二氧化碳回收管、压力表和各种测量仪表接口管等。罐底装有排料管、排污管。罐身上下部装有温度计和取样器。罐内常装有供加热杀菌用的直接蒸汽管。为了便于维修和清洗，对于大型酒精发酵罐，往往在近罐底也设有人孔。

发酵罐的冷却装置，对于中小型发酵罐，多采用罐外壁喷淋膜状冷却；对于大型发酵罐，罐内装冷却蛇管或罐内蛇管和罐外喷淋联合冷却装置。此外，也有采用罐外列管式喷淋冷却的方法。

酒精发酵罐工作时，罐内不同高度的发酵液中二氧化碳含量有所不同，发酵液中形成一个二

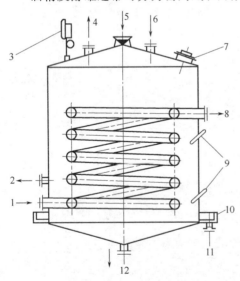

图 5-1　锥底酒精发酵罐
1—冷却水入口；2—取样口；3—压力表；
4—CO_2 气体出口；5—喷淋水入口；
6—料液及酒母入口；7—人孔；8—冷却水出口；
9—温度计；10—喷淋水收集槽；
11—喷淋水出口；12—发酵液及污水排出

氧化碳含量的浓度梯度，一般罐底液层气泡密集程度较高，发酵液相对密度小，罐上部液层二氧化碳气泡密集程度较低，发酵液相对密度大，于是相对密度小的底部发酵液就具有上浮的提升力，同时，上升的二氧化碳气泡对周围的液体也具有一种拖曳力，拖曳力和液体上浮的提升力相结合则构成气体搅拌作用，使罐内发酵液不断循环混合和热交换。因此，酒精发酵罐一般不配置机械搅拌器。但当发酵罐容量较大，罐内产生的二氧化碳气量较少时酒精发酵罐可配置侧向搅拌器。

酒精发酵罐的洗涤，过去均由人工操作，不仅劳动强度大，而且二氧化碳气体一旦未彻底排除，工人入罐清洗就会发生中毒事故。近年来，酒精发酵罐已逐步采用水力喷射洗涤装置，如图 5-2 所示，从而降低了工人的劳动强度和提高了操作效率。水力喷射洗涤装置是由一根两头装有喷嘴的洒水管组成，喷水管两端弯有一定的弧度，喷水管上均匀地钻有一定数量的小孔，喷水管安装时呈水平，喷水管借活络接头和固定供水管连接。它是借喷水管两端喷嘴以一定的喷出速度喷射时形成的反作用力，使喷水管自动旋转，在旋转过程中，喷水管内的洗涤水由喷水孔均匀喷洒在罐壁、罐顶和罐底上，从而达到水力洗涤的目的。对于 120m³ 的酒精发酵罐，可采用 36mm×3mm 的喷水管，管上开 4mm 的小孔 30 个，两头喷嘴口径为 9cm。

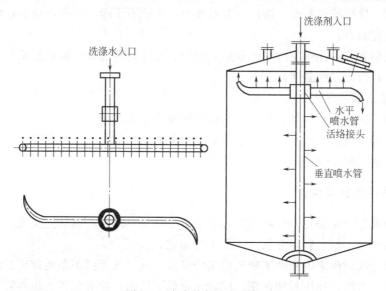

图 5-2 水力喷射洗涤装置

2. 酒精发酵罐结构尺寸

酒精发酵罐其罐体高度、底、盖高度和罐径的尺寸比例推荐如下：

$$H=(1.1\sim1.5)D$$
$$h_1=(0.1\sim0.14)D$$
$$h_2=(0.05\sim0.1)D$$

式中　H——罐的圆柱部分高度，m；

　　　D——罐的直径，m；

　　　h_1——罐底高度，m；

　　　h_2——罐盖高度，m。

3. 酒精发酵罐操作

酒精发酵罐是酒精生产的核心设备，其运行状况直接影响产品得率，因此，生产中要严格按照设备操作规程，规范操作，以确保其正常运行。

(1) 操作注意事项

① 进料前，要对设备、管道、管件彻底灭菌。

② 接种时，严格按照无菌操作的规程操作，以免带入杂菌。

③ 发酵过程中严密监控温度的变化，确保在最适要求范围。无论何种酵母菌，都有最适生长和发酵温度，生产中要根据菌种特性，结合发酵模式，合理控制不同发酵阶段的温度范围，以避免延长发酵周期、菌种衰老或降低产品得率。

④ 定期观察设备、管道和管件的运行状况，严防跑、冒、滴、漏现象，避免杂菌感染。

⑤ 定期或在线检查发酵醪理化指标，如发现异常发酵，一定要按照操作规程规定之措施及时予以调整。

⑥ 对于间歇发酵，发酵结束出罐后，对发酵罐彻底灭菌。

(2) 酒精异常发酵及产生原因和处理方法

① 酸度增高，镜检有杂菌，残余还原糖高。

产生原因：发酵罐或管道、阀门、泵有死角，清洗不干净，灭菌不彻底；糖化剂或酵母染菌；发酵温度偏高。

预防和处理方法：注意发酵罐、管道、阀门、泵等的清洗和灭菌；消除死角；保证糖化剂和酵母质量；控制发酵温度。

② 残余还原糖过高。

产生原因：酵母质量不高、蒸煮过度或发酵温度过高。

预防和处理方法：分析酵母质量不高的原因并采取相应措施，适当降低蒸煮温度和缩短蒸煮时间，控制发酵温度。

二、酒精连续发酵设备

间歇发酵就是微生物在一个罐内完成4个阶段的培养过程，其缺点是发酵周期长，发酵罐数多，设备利用率低，管理分散，不便于自动化。

连续发酵是在发酵罐内连续不断地流加培养液，同时又连续不断地排出发酵液，使发酵罐中的微生物一直维持在生长加速期，同时又降低了代谢产物的积累，培养液浓度和代谢产品含量具有相对的稳定性，微生物在整个发酵过程中始终维持在稳定状态，细胞处于均质状态。其优点是：发酵周期短，设备利用率高；产品质量和产量较高；节省人力和物力；生产管理稳定；便于自动化生产。

尽管连续发酵具有上述优点，但在实际生产中，连续发酵仍未能全部代替间歇发酵，原因是：长期连续发酵生产中，遇到了微生物的突变和杂菌污染问题；出现了发酵液在连续流动过程中的不均匀性和丝状菌在管道中的流动困难，以及对微生物动态方面的活动规律还缺乏足够的认识等。

酒精连续发酵的方式是从最初的单罐连续发酵发展到多罐的串联连续发酵。目前中国的糖蜜原料制酒精及淀粉质原料制酒精的连续发酵生产是采用多罐串联连续发酵。

1. 糖蜜原料制酒精的连续发酵设备组合

图5-3是糖蜜制酒精的连续发酵流程，该流程由9个发酵罐组成，其容量视生产能力大小而定。酵母和糖蜜同时连续流加入1号罐内，并依次流经各罐，最后从9号罐排出。除了

在酒母槽通入空气之外,在 1 号罐内也同样通入适量的空气,或增大酵母接种量,维持 1 号罐内工艺所要求的酵母数。连续发酵周期结束,则储存于每罐的发酵液,先从末罐按逆向顺序依次排出,入蒸馏塔蒸馏。而空罐则依次进行清洗灭菌待用。为此,安装管路时,必须注意对各罐的轮换消毒。二氧化碳则由各罐罐顶排入总汇集罐,再送往二氧化碳车间,进行综合利用。按目前的流程装置和工艺条件,连续发酵周期可达 20d 左右,甚至更长。发酵过程中,如发酵液中维持酵母数在 (0.6~1.0) 亿个/mL,发酵只需 32h,发酵液中酒精含量可达 9%~10%,发酵率约为 85%。

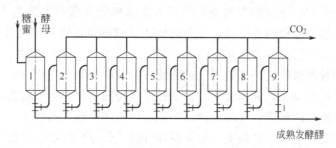

图 5-3 糖蜜制酒精连续发酵流程

2. 淀粉质原料制酒精的连续发酵设备组合

图 5-4 是淀粉质原料制酒精连续发酵流程。该流程由 11 个发酵罐组成,借连通管将各罐互相连接,糖化醪和液曲混合液同时连续平行流入前 3 罐。在发酵过程中,发酵液由罐底流出,经连通管进入另一罐的上部,其余依次类推,最后流入最末的两罐计量,并轮流用泵送往蒸馏工段。发酵过程中所产生的二氧化碳气体借带有控制阀门的 U 形支管和总管相连,并引向液沫捕集器经分离除去泡沫后,再通过一个鼓泡式的水洗涤塔,经回收酒精后排入大气或二氧化碳综合利用车间。各发酵罐都是密闭的,各罐底均有和总排污管相连接的排污支管,该管和蒸汽管相通,以便消毒和杀菌。为尽可能减少染菌的概率,发酵罐和管道、管件以及阀门等都必须严格地进行消毒和杀菌。连续发酵系统中,冷却装置面积满足酵母对数生长期的降温,维持恒定的发酵温度。

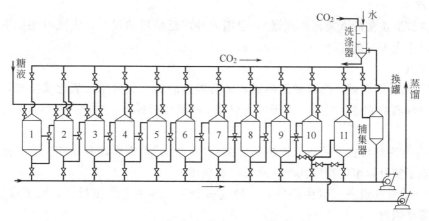

图 5-4 淀粉质原料制酒精连续发酵流程

为了使连续发酵能稳定正常生产,酵母繁殖罐应能相继依次轮换。只考虑一个罐是不恰当的,否则容易导致杂菌感染和残糖升高,从而使发酵条件恶化。为使操作管理和控制方便,罐内装置自动清洗设备和适当配置自动仪表测量和记录是十分必要的。

第二节　啤酒发酵罐

近年来，啤酒发酵设备向大型、室外、联合的方向发展。迄今为止，使用的大型发酵罐容量已达 $1500m^3$。大型化的目的是：

① 由于大型化，使啤酒质量均一化；

② 由于啤酒生产的罐数减少，使生产合理化，降低了主要设备的投资。

啤酒发酵容器的变迁过程，大概可分为三个方面：一是发酵容器材料的变化，容器的材料由陶器向木材—水泥—金属材料演变，中国大多数啤酒发酵容器为内有涂料的钢筋水泥槽，新建的大型容器一般使用不锈钢；二是开放式发酵容器向密闭式转换，小规模生产时，糖化投料量较少，啤酒发酵容器放在室内，一般用开放式，上面没有盖子，对发酵的管理，泡沫形态的观察和发酵液浓度的测定等比较方便；随着啤酒生产规模的扩大，投料量越来越大，发酵容器已开始大型化，并为密闭式，从开放式转向密闭容器发酵的最大问题是发酵时被气泡带到表面的泡盖的处理，开放发酵便于撇取，密闭容器人孔较小，难以撇取；可用吸取法分离泡盖；三是密闭容器的演变，原来是在开放式长方形容器上面加穹形盖子的密闭发酵罐槽，随着技术革新过渡到用钢板、不锈钢或铝制的卧式圆筒形发酵罐，后来出现的是立式圆筒体锥底发酵罐，这种罐是 20 世纪初期瑞士的奈坦（Nathan）发明的，所以又称奈坦式发酵罐。

为了适应大规模生产的需要，近年来世界各国啤酒工业在传统生产基础上做了较大改进，各种形式的新型啤酒发酵罐应运而生。在国际上，啤酒工业发展的趋势是改进生产工艺，扩大生产能力，缩短发酵周期和使用电子计算机等进行自动控制，使啤酒工业飞速发展。中国啤酒工业从 20 世纪 80 年代开始，对大容量发酵罐等新型发酵设备及其工艺做了大量的研究和推广工作，使大容量发酵罐如雨后春笋，纷纷投产。

常见的大容量发酵罐有圆筒体锥底发酵罐、联合罐、朝日罐和塔式发酵罐等。

一、圆筒体锥底发酵罐

1. 特点

圆筒体锥底发酵罐（简称锥底罐），是国内外广泛使用的设备，它既可用于下面发酵啤酒，又可用于上面发酵啤酒。

（1）优点

① 锥底罐是密闭罐，既可做发酵罐，又可做储酒罐。也可用二氧化碳洗涤，除去生青气味，促进啤酒的成熟。同时，由于可采取加压、升温的操作，生产灵活性大，可以缩短发酵周期。

② 自身有冷却装置，可有效地控制发酵温度；尤其是锥底部有冷却夹套，便于回收酵母。也可置于室外以节约冷库面积，降低投资费用。

③ 有自动清洗设备，卫生条件好，染菌机会少，有利于无菌操作，既节省生产费用，又降低了劳动强度。

④ 由于是加压密闭发酵，减少了酒花苦味质的损失，可降低酒花使用量 15％左右。在加压密闭条件下，二氧化碳溶解较好，啤酒的泡沫较好，泡持性有所改善。

⑤ 易于实现自动化。

（2）缺点及改进措施

① 酒液澄清慢，尤其在麦芽汁成分有缺陷，或酵母凝集差时，影响过滤，排酵母时酒液损失大。解决办法是采用高速离心机分离酵母。使用锥底罐对麦芽质量有一定的要求。

② 主发酵时产生大量泡沫，罐利用率只有80%～85%。因此，应适当降低麦汁含氧量，以减少泡沫的形成，一般麦芽汁浓度在8°Bx时，含氧量可控制在5～8mg/L；10°Bx时溶解氧可控制在6～8mg/L；12°Bx时溶解氧可降低到4～5mg/L；才不致出现窜沫现象。

使用菌种与高泡的产生也有关系，特别是菌种使用的前几代，因发酵力强，甚至降低麦芽汁含氧量也难以克服高泡问题，此时应适当减少酵母添加量或采取加压发酵以控制高泡。

储酒时，泡沫少，可利用其他罐的酒将罐充满，以提高罐的利用率。

③ 锥底罐液层高，由于流体静压的关系，二氧化碳在酒内形成浓度梯度，液面和底部的二氧化碳含量相差很大，以致酒内二氧化碳含量不均匀。改进措施是：尽量控制罐的高度，以缩小浓度差，也可在罐的中部装设出酒口，以改善酒的质量。

2. 结构

锥底罐用不锈钢板制成，结构如图5-5所示。罐顶装有人孔、视镜、安全阀、压力表、二氧化碳排出口。罐内上部装有不锈钢可旋转喷射洗涤器，罐中、下部及罐底各配有数条带形冷却夹套，为了强化传热，夹套可采用螺旋管带或带形蛇管。罐中、下部还装有取样和温度计接管。罐底可装有净化的二氧化碳充气管。

圆筒体锥底罐其直径D与圆筒体高度H之比范围较大，根据实践经验$D:H=1:(2\sim6)$均可取得良好的发酵效果，但一般罐体不宜过高，特别在未设酵母离心机的情况下更不宜过高，不然，酵母沉降困难，影响过滤。按国内目前设备情况，控制直径与圆筒高度之比在1:(2～4)是恰当的，锥底角度一般采用60°～85°，以有利于酵母的排除。容量通常根据糖化麦芽汁产量的总体积，再加20%容量体积做发酵时泡沫空间，一般是12～15h充满一罐。据报道：容量扩大10倍，建造费用只增加4～5倍，故国外多建造400～500m³罐，最大罐可达1000m³以上。国内有100～500m³罐在使用中。

圆筒体锥底罐本身设置冷却夹套进行冷却，其圆筒体部分的冷却夹套一般分2～4段冷却，视罐体高度而定，圆锥部分根据要求设或不设冷却夹套。冷却面积根据选用的冷媒而确定，当冷媒为氨液时，为0.2m²/m³发酵液；冷媒为酒精水溶液时，为0.23m²/m³发酵液。

冷却夹套的结构形式多种多样，如扣槽钢、扣角钢、扣半圆管、冷却层内带导向板、罐外加液氨管、长形薄夹层螺旋环形冷却管等。通过实践认为较理想的是最后一种形式。

冷媒可采用20%～30%的酒精或30%的乙二醇水溶液，国内外多采用液氨（直接蒸发）为冷媒，优点是消耗能量低，管径小，省去一套制冷过程，投资费用和生产费用较低。圆筒

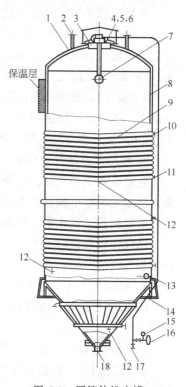

图5-5 圆筒体锥底罐
1—顶盖；2—通道支架；3—人孔；
4—视镜；5—防止真空阀；
6—安全阀；7—原位清洗装置；
8—罐身；9—冷却套；10—冷媒
出口；11—冷媒进口；12—温度计；
13—采样阀；14—罐底；
15—压力表；16—二氧化碳出口；
17—压缩空气、洗水进口；
18—麦芽汁进口、酵母
出口、啤酒出口

体锥底罐用于前发酵时,冷媒温度一般控制在-4℃;用于后发酵储酒时,则控制在-3~-2℃。

圆筒体锥底罐工作时一个重要问题是罐内的对流与热交换。发酵罐中发酵液的对流原理与酒精发酵罐相同。但发酵后期,为了加强冷却时酒液的自然对流,可人工充二氧化碳强化酒液循环,人工充二氧化碳也起到二氧化碳洗涤作用,可除去酒液中生酒味。在实际生产中,可在发酵罐顶设二氧化碳回收总管,送二氧化碳站处理;然后在发酵罐底高于酵母层的位置上设二氧化碳喷射环,送入高纯度二氧化碳。

大型发酵罐和储酒设备的机械洗涤,现在多使用自动清洗系统,简称 CIP 系统(clean in place)、设有碱液罐、热水罐、甲醛溶液罐和循环用的管道和泵。洗涤剂可以反复使用,浓度不足时可以调整。使用时先将 50~80℃ 的热碱液(3%~5% NaOH,也可添加洗涤剂),用泵经管道送往发酵罐,储酒罐中的高压旋转不锈钢喷头,压力不小于 $(3.92~9.81)\times 10^5$ Pa(表压),使积垢在液流高压冲击的物理作用与洗涤剂溶解污垢的化学作用相结合的条件下,迅速溶于洗涤剂内,达到清洗的效果,洗涤后碱液流回储槽,每次循环时间应不少于 5min,而后再分别用泵送热水、清水、甲醛液,按工艺要求交替清洗。

3. 辅助设备及自控设施

辅助设备主要包括:洗涤液储罐、杀菌用甲醛储罐、热水储罐、空气过滤器及进、出酒泵、洗涤液泵、甲醛泵、热水泵。

如需回收二氧化碳,则设置二氧化碳回收及处理装置。

圆筒体锥底罐容量大,人工操作不便,应设置自控系统进行监控,如温度、工作压力的自动控制及液位显示等。

4. 安装要求及使用说明

① 罐体焊接后,罐体内壁焊缝必须磨平抛光至 R_a 小于 $0.8\mu m$,抛光方向必须与 CIP 自动清洗系统水流方向一致。

② 设备安装后,罐内及夹套内分别试水压 2.94×10^5 Pa。

③ 冷媒进口管应装有压力表和安全阀,进口冷媒压力限在 1.96×10^5 Pa 以下。排出管上应装有止回阀。如有几条进出口管,可分别集中于一总管上输送。

④ 露天圆筒体锥底罐体积较大,一般是现场加工后安装。在罐体组装的同时进行钢筋混凝土支座的建筑,待罐体组装成型后进行安装。如果是大型的不锈钢罐,可先将锥底部分安装于支座上,最后将罐体吊装于锥底上,焊接成罐。

⑤ 圆筒体锥底罐的罐体高,负荷重,设计安装时要考虑支座和地基的承重问题及防震、风载荷等措施。

⑥ 罐体的锥部应置于室内,其酒液出口离地高度以便于操作为好。洗涤剂及甲醛储罐、配套泵和自控装置均置于室内。此室为单层结构、常温、室内地面及墙壁应光洁,易洗刷,地面要求耐腐蚀。室内对罐体承重结构既要达到强度要求,又需注意美观和操作方便,尽量避免过多的立柱。罐体的露天部分可设简易操作台,方便操作。

⑦ 圆筒体锥底罐的容量应和糖化设备的容量相应配合,最好在 12~15h 连续满罐,满罐时间过长,啤酒的双乙酰含量将显著提高,这样将延长整个生产周期。圆筒体锥底罐的容量还需与包装设备的包装能力适应,最好能将一罐酒当天包装完,以保证成品啤酒质量。

⑧ 酵母的添加以分批添加为好。一次添加酵母,操作比较方便,发酵起发快,污染机会少。但是一次添加酵母后,在以后几批糖化麦芽汁加入时,酵母容易移位至上层,形成上

下层酵母不均匀的现象。

⑨ 如果采用一罐法发酵，酵母的回收一般分为三次进行：第一次在主发酵完毕时进行；第二次在后发酵降温之前进行；第三次在滤酒前进行。前两次回收的酵母浓度高，可以选留部分作为下批接种用。留用的酵母如不洗涤，可以采用循回泵送或通风的办法排除酵母中的二氧化碳，使酵母维持良好的生理状态。

⑩ 为了滤酒时罐底部混酒不至于先排出，锥底设置一出酒短管，其长度以高出混酒液面即可，使滤酒时上部澄清良好的酒先排出。最后才将底部混酒由罐底出口引出。也有在罐体中部设酒液排出管。

⑪ 出酒后，发酵罐应立即进行自动清洗。

二、联合罐

联合罐，又称通用罐，结构如图 5-6 所示，在发酵生产上的用途与锥形罐相同，既可做发酵罐，又可做储酒罐，也能用于多罐法和一罐法生产。联合罐对缩短生产周期，节省投资和生产费用有显著效果。

联合罐为直立圆柱形罐。顶部封头为椭球形或碟形，底部封头为锥形或浅锥形，以便回收酵母等沉淀物和排除洗涤水。因其表面积与容量之比较小，罐的造价较低。罐的中上部设有一段双层冷却板，采用乙二醇溶液或液氨冷却，传热面积要能保证在发酵液的开始温度为 13～14℃ 时，在 24h 内能使其温度降到 5～6℃。由于冷却夹套在中上部，上部酒液冷却后，密度增加，沿罐壁下降，底部酒液从罐中心上升，形成对流，使罐内温度均匀。为了加强酒液冷却时的自然对流，在罐的底部酵母层的上方设置一个二氧化碳喷射环，环上二氧化碳喷孔的孔径在 1mm 以下。当二氧化碳在罐中心向上鼓泡时，酒液运动的结果，

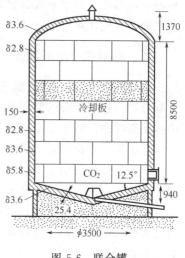

图 5-6 联合罐
单位：mm

使底部出口处的酵母浓度增加，便于回收。同时不良的挥发性物质被二氧化碳带走。罐顶部设有自动清洗装置，在生产过程中被浸没在酒液中。并设浮球带动一出酒管，滤酒时可以使上部澄清液先流出。罐顶设安全阀，必要时设真空阀。大直径罐材料、绝热层、过滤送酒装置、辅助设备及自控系统与锥形罐相同。

三、朝日罐

朝日罐又称朝日单一酿槽，它是 1972 年日本朝日啤酒公司试制成功的前发酵和后发酵合一的室外大型发酵罐，是日本为适应一罐法生产而研制的。采用了新的生产工艺，解决了沉淀困难，大大缩短了储藏啤酒的成熟期。

（1）优点

① 利用薄板热交换器顺利地解决了从主发酵到后发酵啤酒温度的控制问题。

② 利用酵母离心机分离酵母，可以解决酵母沉淀慢的缺点，也可利用凝集性弱的酵母进行发酵，增加酵母与发酵液的接触时间，有效控制后发酵液中酵母的浓度，降低乙醛和双乙酰的含量，提高发酵液的发酵度和加速啤酒的后熟。

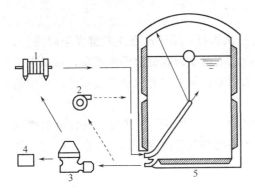

图 5-7 朝日罐和生产系统示意图
1—薄板热交换器；2—循环泵；
3—高速离心机；4—酵母；5—朝日罐

③ 利用间歇的循环泵把罐内的发酵液抽出来再送回去，使发酵液中更多的二氧化碳释放出来，排除啤酒中的生味物质，加速啤酒的后熟。

④ 利用朝日罐进行一罐法生产，啤酒成熟期短，容积装料系数大，可达96%左右，设备利用率高；发酵液损失少；设备投资和生产费用比传统法要低，可节约投资12%，生产费用降低35%。

(2) 缺点

缺点是：动力消耗大，冷耗稍多。

朝日罐是用厚 4~6mm 的不锈钢板制成的罐底微倾斜的平底柱形罐，其直径与高度之比为 1：(1~2)，外部设有冷却夹套，冷却夹套包围罐身和罐底，用乙二醇溶液或液氨为冷媒。罐内设有可转动的不锈钢出酒管，可使放出的酒液中二氧化碳含量比较均匀。朝日罐结构如图 5-7 所示。

四、啤酒连续发酵设备

啤酒的连续发酵是 20 世纪初开始研究，20 世纪 50 年代逐渐发展成工业化的一种快速发酵方法。连续发酵的特点是采用较高的发酵温度，保持旺盛的酵母层，麦汁发酵周期短。中国上海啤酒厂做了小型试验和中型生产试验，取得了较好成果，湖北省十堰市啤酒厂使用了这项成果，取得了生产经验。

啤酒连续发酵用于上面发酵啤酒较受欢迎，用于下面发酵产品从分析数据看，与其他发酵法无明显区别，但从口味上则有较大的区别，产品质量不如其他方法。

啤酒酵母的絮凝性能及沉淀能力是影响发酵的两个重要因素，进行塔式连续发酵需要采用高絮凝性的酵母，而这却难以如愿。最近用固定化啤酒酵母进行连续发酵的研究效果较好，前景乐观。

已投入生产使用的连续发酵方法有塔式连续发酵和多罐式连续发酵。国外多罐式连续发酵多使用在上面发酵啤酒。国内试验生产多用塔式连续发酵设备，下面扼要介绍。

1. 多罐式啤酒连续发酵

多罐式啤酒连续发酵有三罐式、四罐式连续发酵流程。其中三罐式啤酒连续发酵流程如图 5-8 所示。该流程是将经过杀菌、冷却的麦芽汁，通过柱式供氧器充氧，流向两个带有搅

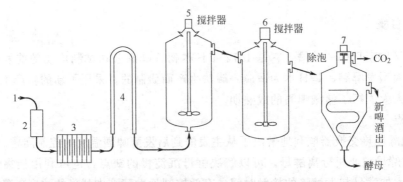

图 5-8 三罐式啤酒连续发酵工艺流程
1—麦芽汁进口；2—泵；3—薄板热交换器；4—柱式供氧器；5,6—发酵罐；7—酵母分离罐

拌器发酵罐 5 中，加入酵母，搅拌均匀，保持 21℃ 发酵 10～13h，当麦芽糖消耗 2/3 时，经发酵罐 5 发酵的啤酒和酵母混合液，借液位差溢流入发酵罐 6，24℃ 保温发酵，最后流入酵母分离罐 7，在罐内被冷却到 5℃，自然沉降的酵母从罐底部排出，二氧化碳从罐上部排出，成熟啤酒从侧管溢流到储酒罐中储存，成熟后过滤灌装。

这种连续发酵流程规模已扩大到每天生产啤酒能力为 25～85t。在产品质量上，理化指标和传统发酵啤酒没有明显区别，但动力消耗较大。

2. 塔式啤酒连续发酵

塔式连续发酵罐是英国 APV 公司 20 世纪 60 年代设计的，又称 APV 塔式连续发酵罐，既可用于上面啤酒发酵，又可用于下面啤酒发酵。塔式啤酒连续发酵流程见图 5-9。

塔式连续发酵开始时，先分批加入经处理的无菌麦芽汁。无菌麦芽汁从塔底进入，经塔内多孔板折流，使麦芽汁均匀地分布到塔内各截面。麦芽汁在塔内一边上升，一边发酵，直至满塔为止。培养并使其达到要求的酵母浓度梯度后，用泵连续泵入麦芽汁。必须控制好麦芽汁在塔内的流速，流速低，发酵度高，但产量少；流速过高，溢流的啤酒发酵度不足，并会将酵母带出（冲出），使发酵过程受阻。麦芽汁开始流速较慢，1 周后，可达全速操作。连续发酵过程中，须经常从塔底通入二氧化碳，以保持酵母柱的疏松度。流出的嫩啤酒，经过酵母分离器后，再经薄板换热器冷却至 -1℃，然后送入储酒罐内，经过充二氧化碳后，储存 4d，即可过滤包装出厂。

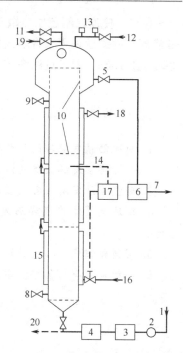

图 5-9 塔式连续发酵
生产啤酒流程

1—麦芽汁进口；2—泵；3—流量计；
4—薄板换热器；5,7—嫩啤酒出口；
6—酵母分离器；8,9—取样点；
10—折光计；11—CO_2 出口；
12—蒸汽入口；13—压力/真空装置；
14—温度计；15—冷却套；
16—冷冻剂入口；17—温度记录
控制仪；18—冷冻剂出口；
19—自动清洗设备；
20—洗涤剂出口

连续发酵到一定时间后，酵母会发生自溶，死亡率增高，啤酒内氨基氮含量上升，此时，可在塔底排出部分老酵母，仍可继续进行发酵。

发酵温度是通过塔身周围三段夹套或盘管的冷却来控制的。塔顶的圆柱部分是沉降酵母的离析器装置，用以减少酵母随啤酒溢流而损失，使酵母浓度在塔身形成稳定的梯度，以保持恒定的代谢状态。如麦汁流速过高时，酵母层会上移。

该流程主要设备是塔式发酵罐。英国伯顿啤酒厂使用的塔式发酵罐的主要技术条件是：塔身直径 1.8m，高 15m；塔底锥角 60°；塔顶酵母离析器直径 3.6m，高 1.8m，罐的容量为 45m³。

国内塔式连续发酵生产啤酒的流程：培养好的酵母移入主发酵塔中，并加入无菌麦芽汁 3t，通风增殖 1d 后，追加麦芽汁 3t，再如前增殖 1d，然后开始缓慢加入麦芽汁，直到满罐。待酵母浓度达到要求梯度后，开始以低速连续进料，逐步增加麦芽汁流量，直到全速（240～280L/h）流量操作。

澄清麦芽汁冷却至 0℃ 送往储槽，0℃ 保持 2d 以后析出和除去冷凝固物，经 63℃、8min 灭菌，冷却至发酵温度 12～14℃，入塔式发酵罐进行前发酵，周期为 2d；进罐前麦芽汁经 U 形充气柱间歇充气，充气量为麦芽汁：空气=(12～15)：1。由塔顶溢出的嫩啤酒升温至

14~18℃，使连二酮还原，嫩啤酒冷却至 0℃ 入锥形罐进行后发酵（2 个锥形罐交替使用），3d 满罐。满罐后采用来自塔式发酵罐并经处理的二氧化碳洗涤 1d，并保持 0.15MPa 的二氧化碳背压 1.5d，即可过滤灌装。

思 考 题

1. 简述酒精发酵罐的结构和各主要部件的作用。
2. 简述啤酒发酵设备的演变过程。
3. 新型啤酒发酵设备主要有哪些类型？各有何特点？
4. 简述圆筒体锥底啤酒发酵罐的结构和各主要部件的作用，并指出发酵液对流循环原理。
5. 圆筒体锥底啤酒发酵罐应如何使用？
6. 连续发酵有何优势？举例说明酒精和啤酒的连续发酵设备。

第六章 动、植物细胞培养装置和酶反应器

第一节 动物细胞培养反应器

人类在利用微生物生产有用产品的同时，也在积极地利用动物为自己服务。大规模的动物养殖虽然能够给人类提供部分有用产品，比如蛇毒、鹿茸、熊胆等，但是由于土地资源有限，动物个头较大，再加上一些动物保护法规的限制，这种办法的生产能力非常有限，只能生产有限几种产品，无法进行大规模工业化生产。

动物细胞培养技术近年来越来越受到人们的重视，它从动物身上摘取特定细胞，然后在专门的反应器中进行培养，让其生长增殖并生产需要的产品。这些专门的反应器，由于不同于大部分微生物培养装置，通常称为动物细胞培养反应器。

动物细胞培养有很多优点：其一，动物由无数的各种各样的细胞组成，从动物体内摘取少量的细胞并不对其生命造成影响；其二，动物细胞就像一个高效的无污染的小型工厂，特定的细胞能够生产某种专门产品，比如动物胰腺细胞可用来生产胰岛素，融合瘤细胞能够生产单克隆抗体等，几乎全部是高附加值产品；其三，病毒和大部分致病微生物也依赖于动物细胞生存，利用动物细胞培养可专门生产这些致病微生物并最终制成疫苗供人们使用，比如天花疫苗、SAS疫苗等。因此，动物细胞培养是非常有前途的生物技术。

但是，动物细胞在体外的生长与微生物有很大不同，要求更严格的条件。第一，用于动物细胞培养的培养液非常昂贵，绝大部分动物细胞培养需要血浆，培养液的pH要求也很严格，一般应在7.0~7.3；第二，动物细胞在体外生长时非常脆弱，不仅搅拌产生的剪切力能够伤害细胞，而且培养液中较大的气泡在破碎时也可以给正在生长的细胞造成致命伤害；第三，虽然一些动物细胞能够像微生物一样在培养液中悬浮生长，但是，大部分动物细胞却只能贴壁生长，即细胞只能沿一个表面生长，长满一层后就停止繁殖。这就给动物细胞培养反应器设计带来挑战。一般说来，动物细胞培养反应器应满足以下要求。

① 搅拌要柔和，在尽量降低剪切力的同时，能够保证细胞所需要的营养（氧气及其他物质）及时地传递给细胞，细胞代谢的物质也能及时地从细胞体内传出。

② 通气装置要保证细胞需要的氧气及用来维持培养液pH的二氧化碳气体的供给，但是不能产生大量气泡，以免气泡的破碎伤害正在生长的细胞。

③ 需要具备有效的在线pH和其他生产指标的检测和控制。

④ 对贴壁生长的细胞，反应器在满足以上条件的同时，还要提供足够的面积供细胞生长。

⑤ 反应器应能够比较容易地放大。

为了满足以上要求，细胞培养反应器的设计者们想出了各种办法，最早的思路是在微生物培养发酵罐基础上进行改进，主要对搅拌和通气装置进行改进，包括提高搅拌效率，降低搅拌速度，改进通气装置，减少气泡体积或者使通气鼓泡区和细胞生长区分开等。此后，出现气升式反应器，该反应器完全去掉机械搅拌装置，增加了高度，反应器内的培养液在导流

筒和通气所产生的密度差的联合作用下上下循环。后来，为了大规模培养只能沿表面生长的贴壁细胞，出现了利用中空纤维制作的细胞反应器，在这种反应器中，由于中空纤维非常细，只有 $200\mu m$ 左右，多束中空纤维提供了巨大的外表面，细胞在其上生长，气体则通过中空纤维内的空腔穿过纤维壁上的微小孔眼（$0.1 \sim 0.51\mu m$）供给细胞，基本上消除了气泡。

微囊细胞培养技术（microencapsulation technology）是 Damon 公司发明的一种细胞培养办法，它使用多孔膜包裹成空心微球培养细胞，培养时，细胞在微球内生长，由于受到微球壁的保护可以达到比一般培养液高的细胞浓度，产品也不易被培养液内血清等污染。使用微囊技术进行细胞培养可以达到很高的产品浓度。

使用微载球（microcarrier beads）是另一个培养贴壁生长细胞的办法。微载球由右旋糖苷或某种聚合物组成，其表面布满了大量的各种功能集团。微载球的直径只有 $50 \sim 200\mu m$，密度比水稍微重一些，因此，比表面积很大，在搅拌时也能够悬浮在水中。进行细胞培养时，营养液先加入反应器，然后加进大量的微球载体，附壁生长细胞附着在球体上并沿着球体表面生长增殖。微载球可以提供 $6000cm^2/g$ 的比表面积。

以下详细介绍各种细胞培养反应器结构原理及其优缺点。

一、通气搅拌式细胞培养反应器

通气搅拌式动物细胞培养反应器顾名思义就是既有机械搅拌又有通气装置，是在微生物发酵反应器基础上改进的一类细胞培养反应器，适用于悬浮细胞的培养或者生长在微载球的贴壁细胞培养。机械搅拌和通气形式的不同产生了各种各样的通气搅拌反应器。其中比较典型的是笼式通气搅拌反应器，结构如图 6-1 所示。

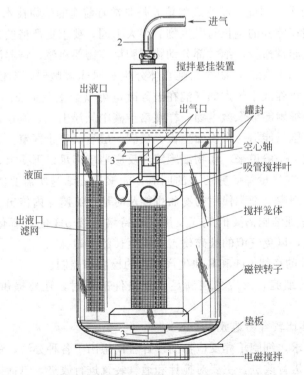

图 6-1 笼式通气搅拌反应器结构

笼式通气搅拌反应器由两大部分组成，罐体和搅拌。罐体与一般反应器罐体没有大的区别，但其搅拌结构却与众不同，图 6-2 是图 6-1 中的两个剖面，2—2 和 3—3 剖面。从图中可以看出，笼式搅拌结构分为两大部分，搅拌笼体和搅拌支撑。搅拌笼体由搅拌内筒和其顶端的三个吸管搅拌叶以及套在笼体外面的网状笼壁组成。搅拌内筒上端密封，下端开口，在其上端外侧连接了三个圆筒。这三个圆筒向外展开，互成 120°，垂直于搅拌内筒，外端为倾斜切口，组成吸管搅拌叶，如图 6-3 所示。这样，当搅拌沿图 6-4 所示的方向旋转时，吸管搅拌叶的外端斜切口部分就会产生负压。在负压的驱动下，罐内的液体就会从搅拌内筒的底部开口进入，从吸管式搅拌叶的斜切口部分回到罐内，形成罐内液体的上下循环。笼壁包裹在搅拌内筒的外面，并与搅拌内筒外壁保持一定的距离，在内筒和笼壁之间形成了一个环状空间。进气管从这个环状空间的上部引入直至搅拌内筒的底部，与底部的环状气体分布管相连。环状气体分布管上沿圆周方向有很多小孔，如图 6-4 所示，气体从这些小孔中进入内筒和笼壁之间的环状空间，并与从笼外进入的液体混合，形成气液混合室。搅拌支撑结构如图 6-2 中的图（a）所示，由弹簧机械密封和空心柱组成，空心柱作为搅拌轴，同时起到通气的作用，与外面的支撑体用轴承连接。

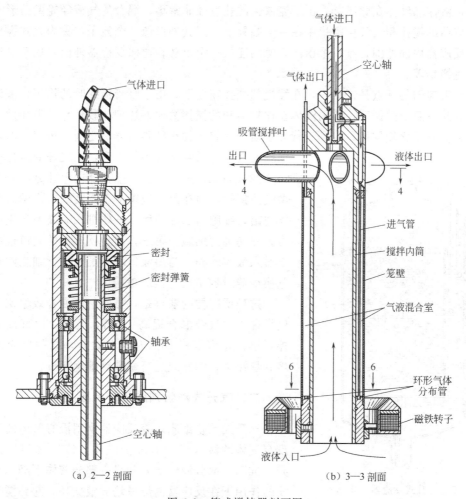

图 6-2　笼式搅拌器剖面图

此外，搅拌笼体的上部还有气体进口和气体出口，如图 6-2（b）所示，下部连接一个环状磁铁作为磁铁转子，以便外部磁力搅拌带动搅拌体转动。

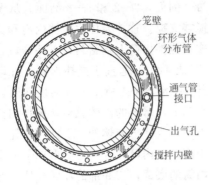
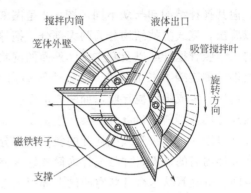

图 6-3　笼式搅拌的 4—4 剖面图搅拌叶的结构

图 6-4　图 6-2 中的 6—6 剖面

这样，整个搅拌笼体内部形成两个区域，搅拌内管和吸管搅拌叶的内部空腔构成液体流动区，液体自下而上通过该区域与搅拌外部的液体形成循环；搅拌内管和笼壁之间形成气液混合区，液体和气体在此混合，由于笼壁上的孔直径非常小，混合的气液经笼壁后形不成气泡。反应器的搅拌和通气功能集中在一个装置上，因其外形像一个笼子，称为笼式搅拌。

在反应器内部外围，有一个出液口滤网连接一个出液管通向反应器外面，用于导出液体或进行置换培养。

这种反应器的优点是：第一，在缓慢的搅拌速度下，由于吸管搅拌叶的作用，液体在罐体内形成从下到上的循环，罐内液体在比较柔和的搅拌情况下达到比较理想的搅拌效果，罐内各处营养物质比较均衡，有利于营养物质和细胞产物在细胞营养液之间的传递，剪切力对细胞的破坏降低到比较小的程度，比较好的搅拌速度为 20~225 r/min；第二，由于搅拌器内单独分出一个区域供气液接触，而在此区域里由于笼网壁的作用只允许液体进出，细胞被挡在外面，气体进入时鼓泡产生的剪切力无法伤害到细胞；第三，这种反应器的气道也可以用于通入液体营养，与出液口滤网配合进行细胞的营养液置换培养增加了反应器的功能。

这种反应器的缺点是：虽然气液混合效率比不通气仅靠搅拌的气液混合提高 10 倍，但是，比直接通气搅拌要小，大约是其 50% 左右；此外，这种反应器只能培养悬浮生长细胞或进行微载球细胞培养。

二、气升式动物细胞培养反应器

气升式动物细胞培养反应器利用混有气体的液体与没有气体的液体或含有较少气体的液体之间的密度差异，推动一部分液体上升和另一部分液体下降，在导流筒的作用下在反应器内形成培养液循环，起到搅拌的效果，不仅节约了能源，更重要的是去除了机械搅拌有可能对细胞产生的伤害。其结构如图 6-5 所示。

从图中可以看出，气升式反应器主要由筒体和导流

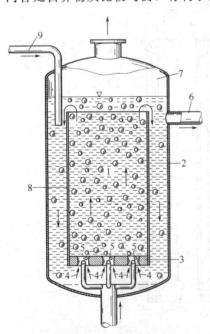

图 6-5　气升式反应器结构示意
1—培养液上升区；2—培养液下降区；
3—气液分配板；4—液体上升口；
5—气体导入口；6—液体引入口；
7—气液分离区；8—导流筒；9—液体导入区

筒及气液分布板组成。细胞培养液从管口中进入,装至一定液面后,气体从底部通过气液分布板由细小的出口引入进入上升区。上升区内的液体由于含有大量气泡,密度减轻,从而沿导流筒上升并吸引下降区内的液体下降。下降区的液体降到底部后从气液分布板进入上升区,形成液体的上下循环,起到搅拌的作用。

气升式反应器结构简单,节约能量,充分利用了气体的作用,因此不仅在细胞培养中,而且在微生物培养及一些其他场合也得到了广泛的应用。但是,这种反应器有它的缺点和局限:第一,气升式反应器只能用在需要有气体参与的反应,或者需要通入气体的场合,对于一些需要在细胞培养罐以外通入气体的培养方式,气升式反应器不能适用,因为离开气体,无法形成液体的上下循环;第二,气升式反应器在上升区内必然要产生大量的气泡,而这些气泡在上升过程中有部分进行合并形成更大的气泡,以至于在上升到液面后,这些大气泡破裂产生的剪切力伤害正在培养的动物细胞,虽然增大导流筒的直径,减小气体进口的尺寸,使用适当的气体分布方式等有可能降低这一现象,但是很难完全消除,因此,气升式细胞培养反应器适用于培养液内剪切力情况没有太高要求的场合;第三,气升式反应器利用气体进行循环,操作弹性较小,搅拌效果也没有机械搅拌好,尤其在培养液黏度较大的场合。此外,气升式反应器在没有其他装置(比如微载球)帮助下只能培养悬浮生长细胞。

气升式反应器还有各种各样的变型,其结构和原理大同小异,不一一介绍,需要时请参考有关书籍。

三、中空纤维细胞培养反应器

中空纤维是由聚合物,如聚砜和丙烯共聚物等,制成的非常细的管状物纤维,内径大约在200～500μm,壁厚50～100μm,管壁布满大量微孔。中空纤维的内层有一层超滤膜,可以截留相对分子质量100000或者50000等的物质,因此中空纤维壁能够透过各种营养物质,但是细胞却不能穿过。此外,由于中空纤维很细,其外壁可以提供非常大的比表面积,每$1m^3$体积的中空纤维能够提供的外表面积可达几千平方米。因此,中空纤维非常适合在生长中需要大量营养物质,又需要比较大的表面积的细胞的培养。

中空纤维最先用于贴壁生长细胞的培养,将中空纤维浸渍在培养液中,细胞贴着中空纤维的外壁生长,细胞培养需要的氧气或二氧化碳通过中空纤维的内腔供给。图6-6是这种反应器的结构示意。

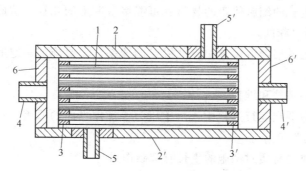

图6-6 一种中空纤维细胞培养反应器结构示意

1—中空纤维束;2,2′—反应器外壳;3,3′—中空纤维束固定板;
4,4′—中空纤维内腔进出口;5,5′—中空纤维外表面进出口;6,6′—密封板

由图可见,这种中空纤维细胞反应器在结构上类似列管换热器,其中,成束的中空纤维

代替了列管换热器中的列管位置。这些中空纤维束固定在两个密封端板上，外面分别套上外壳和密封板形成两个区域：中空纤维内腔区和中空纤维外表面区。两个接口通向中空纤维的内腔，通过它进出的液体可以全部流过中空纤维内部。两个接口与中空纤维外面相通，从此进出的液体流过中空纤维的外表面。

当使用这种中空纤维反应器进行贴壁细胞培养时，细胞和培养液放在中空纤维外表面区，细胞可沿着中空纤维外表面生长，新鲜的培养液可由接口 5 进出。细胞培养需要的氧气和二氧化碳通过接口 4 进入中空纤维内腔区，经过纤维壁上大量的小孔供给细胞生长需要。由于纤维壁上的孔非常细小，气体通过它渗透到外表面，不产生气泡。

这种反应器也可以用来培养悬浮生长细胞，但与培养贴壁生长细胞有所不同，虽然悬浮生长细胞也被引入中空纤维外表面区，但是培养液（包括溶解的氧气）通过进出口 4 进入中空纤维内腔区，再通过纤维壁供给在外腔区生长的细胞。氧气或需要的其他气体在反应器外的专门装置中预先溶入培养液，如图 6-7 所示。

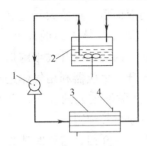

图 6-7　利用中空纤维
反应器进行悬浮
细胞的培养

1—培养液循环泵；2—培养液
储槽；3—中空纤维反应器；
4—悬浮细胞加入口

（1）中空纤维反应器的优点

① 占用较小的体积却给细胞提供非常大的生长面积，培养需要的气体由纤维内腔进入通过微孔渗入到培养液中，不产生气泡，有利于细胞的生长。

② 中空纤维反应器因为没有搅拌，细胞及其反应产物都可达到一个较高的浓度，提高生产率。

③ 既可以用来培养贴壁细胞也可以用来培养悬浮细胞。

④ 中空纤维细胞培养反应器放大比较容易，可以达到比较大的培养规模。

⑤ 使用中空纤维反应器有利于细胞和培养液、产物和培养液的分离，尤其是在培养悬浮细胞时，由于在细胞及细胞产物和培养液中间有一层纤维壁隔开，分离更加容易。

⑥ 使用中空纤维反应器产物不易被其他微生物污染。

（2）中空纤维反应器的缺点

① 在中空纤维反应器中细胞生长速度比在通气搅拌悬浮培养反应器内慢，这可能是细胞在中空纤维表面生长空间相对狭小，细胞浓度较高所致。

② 在纤维壁上生长的细胞代谢的物质有可能堵塞壁上的孔径，造成营养向细胞传递困难，导致细胞的存活率降低。

③ 为了保持一定的培养液渗透中空纤维壁的速率，需要施加一定的压力，而压力过大也容易给细胞造成伤害。

④ 中空纤维不易清洗和维护。

⑤ 中空纤维反应器在运行过程中，由于压力等操作方面的原因，可能引起纤维表面局部变形，引起贴壁细胞脱落。

⑥ 有些中空纤维的材质对细胞的生长有抑制作用。

四、微载体细胞培养系统

微载体培养系统（microcarrier-system）是专门用于贴壁生长细胞（attaching cells）的一种培养方法，解决了贴壁细胞不能进行悬浮培养问题。由于贴壁生长细胞只能沿着一定的表面生长,利用传统的办法培养贴壁细胞需要反应器提供很大的面积。中空纤维反应器虽然能够满足这一要求,但是,由于生长空间和营养物质的传递问题,细胞的生长速度缓慢。微载体培养系统的基本思路是:制造一些非常小的球体,贴壁细胞可在这些球体表面生长,将这些表面长有细胞的球体悬浮在培养液中,加上适当的搅拌,实现了贴壁细胞的悬浮培养。这些小球体就是微载体,有时又称为微载球。显而易见,微载球是这种培养系统的核心。

微载体是 van Wezel 在 1967 年最先提出并制造的,他使用交联左旋糖酐制作表面带有大量氨基集团(DEAE,二乙基氨基纤维素)的微小球体,这些球体表面带有很多离子,其离子交换当量可达 3.5mmol/L 干物质,他成功地将这些微球体用于人类正常细胞培养。

但是,这些微载体在刚开始使用时遇到了一些问题,当培养罐中微载体浓度超过 1g/L 时,接种细胞损失增加,培养时间延长。当浓度达到 2g/L 以上时,部分细胞死亡。造成这一问题的原因据信是微球体表面带有太多的电荷。为了克服这一问题,后来生产的微载体都要对其表面涂以血清蛋白、硝化纤维素或者羧甲基纤维素,以降低其表面电荷。

1979 年 Levine 开发了一种表面带有较少电荷的微载体,其离子交换能力仅为 1.5mmol/g 干物质,使得培养液中微载体浓度可达 6g/L。此后,各种微载体不断开发出来,比如,有人开发了玻璃表面微载体,这些微载体质量不断提高,适应细胞生长能力不断增强,以至于微载体系统成为贴壁细胞培养的主要手段之一,占目前商业市场的 20%~40%。

目前,微载体的生产已经商业化,各公司向市场提供不同种类的微载体,图 6-8 是一种微载体的放大照片,从图中可见,微载体的表面布满孔道和起伏。

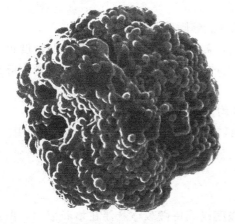 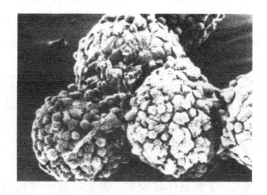

图 6-8　一种微载体的放大照片(图中的表面布满孔道和起伏)　　图 6-9　细胞在某种微载体上生长情况的显微照片

图 6-9 是细胞在某种微载体上生长情况显微照片,从照片可以看出,细胞在微载体上生长时趋向扁平,大部分单层生长,部分细胞重叠生长。

本节提到的很多通气搅拌式细胞培养反应器都可以用于微载体细胞培养。利用这些反应器进行微载体细胞培养时,首先向反应器中加入培养液,然后向培养液中加入一定量的微载体,再向反应器中接入细胞进行培养。培养时,以适当的速度进行搅拌,同时通入氧气或者二氧化碳等培养需要的气体,由于微载体的密度稍大于培养液,在搅拌的作用下,微载体可以均匀地悬浮在培养液中,较好地实现了贴壁细胞的悬浮培养,如图 6-10 所示。培养完成后,培养液和微载体分离,送入下游处理。

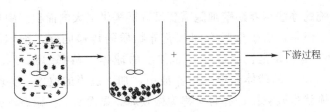

图 6-10　微载体培养系统

比较其他培养系统，微载体培养有下列优点。

① 微载体可以为细胞生长提供很大的比表面积，通过调节微载体在培养液中的浓度，可以随意调节培养系统的表面的大小。

② 微载体培养系统可以在培养罐中达到比较高的细胞浓度，因而，也能够获得较高的细胞产品浓度。

③ 使用设备简单，不需要太多的辅助系统，不但生产效率高，而且节省昂贵的培养液。

④ 实现了贴壁细胞的悬浮培养，在搅拌的作用下，培养罐内的培养条件，如 pH，氧气和二氧化碳浓度等，在罐内分布均匀，便于监测和控制。

⑤ 反应过程中细胞取样简单容易。

⑥ 由于微载体比培养液密度大，利用沉降分离就可以使之与培养液分开，便于下游过程的处理。

⑦ 可以使用一般的发酵设备经过一定的修改进行微载体细胞培养，因此，微载体培养系统放大比较容易。

选择微载体需要考虑以下因素如下。

① 微载体表面性质。微载体表面性质必须使细胞能够附着并快速生长。

② 密度。能够使用的微载体要求有一定的密度，需略大于培养液的密度，但密度也不能太大。由于一般的细胞培养液的密度在 1.03~1.09 之间，因此比较理想的相对密度应在 1.04~1.10 之间。

③ 微载体的大小分布应该比较集中，以便可以均匀地悬浮在培养液中。

④ 微载体不应该对细胞的生长有任何毒性作用，对细胞产品也不能有任何不良作用。

⑤ 微载体需要有一定的强度。

⑥ 理想的微载体应该能够重复使用。

微载体培养系统的缺点如下。

① 由于微载体比较重，因而需要一定的搅拌强度以维持微载体悬浮在培养液中，但是过强的搅拌会伤害细胞，因此微载体培养对搅拌要求较高，需找到一个平衡点。

② 由于微载体非常小，大量的微载体悬浮在培养液中，很容易在通气的情况下产生气泡，对细胞培养产生不利影响，因此，微载体培养系统较少单独使用通气搅拌。

第二节　植物细胞培养反应器

植物除了可以为人类提供食物、药物外，还可以产生大量的其他有用物质，这些物质可以作为药品、色素、调味品、香料、兴奋剂、杀虫剂等，其中很多极其稀少，价格昂贵。如果用种植的方法生产这些物质，质量和产量不仅受到气候、地理和季节的很大限制，而且因为产物与很多其他物质混合，分离过程十分困难复杂，因而耗资巨大。

使用大规模细胞培养技术培养植物细胞是近年来比较热门的技术之一。用这种方法生产天然产物不受病虫害、气候、地理、季节等因素的影响，细胞产物的组成也比植物简单，因此后续的分离和提取操作也相对容易。

像动物细胞一样，植物细胞不但生长缓慢，而且很脆弱，容易受到搅拌和气泡破裂产生的剪切力的伤害。但是，与动物细胞不同，植物细胞在培养方面有以下优势。

① 动物细胞大部分为贴壁生长，而植物细胞大部分能够悬浮生长，因而不需要支撑表面，适宜大规模培养。

② 植物细胞具有比较厚的细胞壁，对剪切力的敏感性要比动物细胞小。

③ 动物细胞培养需要血清，价格昂贵，但植物细胞培养液组成简单，成本低廉。

此外，植物细胞由于代谢慢，对氧的需求较低，对培养液的 pH 也没有像培养动物细胞那样要求严格。

因此，人们早在 20 世纪 60 年代就提出了大规模植物细胞培养的概念。其后，随着植物细胞培养反应器的深入研究，出现了各种类型的植物细胞培养反应器，植物细胞培养逐步走向工业化规模。植物细胞培养反应器大体上可分为机械搅拌悬浮培养生物反应器、气体搅拌悬浮培养生物反应器、流化床固定培养生物反应器和膜反应器。下面分别详细介绍这些反应器。

一、机械搅拌悬浮培养生物反应器

机械搅拌式生物反应器早在 20 世纪 70 年代就应用于植物细胞工业化培养，是在微生物发酵罐基础上通过改造发展而来的，结构与本书第三章介绍的一般生物反应器结构基本相同。由于植物细胞对氧的需求较低，在培养液中沉淀的速度比较快，也比较容易受到剪切力的伤害，因此在使用机械搅拌生物反应器进行植物细胞培养时，需要一个混合效果好同时剪切力低的搅拌，搅拌对气体气泡的击碎和分配作用降到次要地位。初期的机械搅拌悬浮植物细胞反应器一般使用罗氏搅拌器，采用较低的转速（50～100r/min）来部分满足以上要求。罗氏搅拌器的结构如图 6-11 所示，它在较低的搅拌速度下有较好的混合效果。罗氏搅拌器有六叶搅拌器和四叶搅拌器，一般常用六叶搅拌器。有些反应器在一个搅拌轴上安装有多个罗氏搅拌器以满足不同的搅拌需要，搅拌器的个数取决于反应器的高径比，最低端的搅拌器离罐底的距离通常为反应器直径的 1/3，第二个搅拌器与第一个搅拌器的距离约为搅拌器直径的 1.2 倍，依此类推。搅拌器的直径一般是罐体直径的 1/3。后来，有人使用锚式搅拌器和螺旋式搅拌器进行植物细胞的培养，也取得了较好的效果。使用这两种搅拌器的植物细胞培养反应器如图 6-12 所示。Ulbrich 等（1985）比较了培养彩叶草细胞时锚式搅拌器和螺旋搅拌器的混合效果，认为螺旋式搅拌器效果最优。

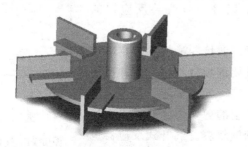

图 6-11 六叶罗氏搅拌器实物

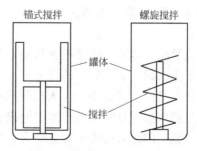

图 6-12 锚式搅拌器和螺旋搅拌器植物细胞培养反应器

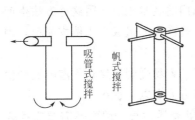

图 6-13 吸管式搅拌和帆式搅拌

吸管式搅拌器和帆式搅拌器也常用于植物细胞的悬浮培养中，其结构如 6-13 所示。吸管式搅拌器的结构原理在本章动物细胞培养反应器中已有详细介绍，帆式搅拌器结构相对简单，由四片较大的搅拌叶组成。这两种搅拌在使用时转速都不高，一般在 30～80r/min。

（1）机械搅拌生物反应器的优点

机械搅拌生物反应器的优点如下。

① 能够使反应器内的培养液组分比较均匀地分布在反应器的各个部分，较好地满足植物细胞生长的需要。

② 结构简单，容易操作，放大容易，能够适应更多的植物细胞培养场合。

③ 操作弹性大，可以方便的调节搅拌转速。

（2）机械搅拌生物反应器的缺点

机械搅拌生物反应器的缺点如下。

① 如果控制不当，机械搅拌产生的剪切力容易对植物细胞产生伤害。这方面的缺点可以通过采用不同的搅拌形式和改变搅拌转速加以改善，也可以通过对细胞的驯化，使被培养的细胞提高对剪切力的耐受能力。

② 能耗大。能耗主要产生于大功率的机械搅拌，尤其是当培养液黏度较大的时候。

③ 机械搅拌需要相对比较复杂的密封，这些密封使用不当容易产生泄漏造成染菌使细胞培养失败。

二、气体搅拌悬浮培养生物反应器

气体搅拌悬浮培养生物反应器，也叫鼓泡反应器，结构如图 6-14 所示。细胞及培养液装在反应器中，反应器的高径比通常为 4～6。气体通过底部的气体分配器鼓入。气体分布器一般是带有很多小孔的空心圆盘状装置，或者是烧结的多孔玻璃等。在这种反应器中，氧气溶入培养液的速度、搅拌混合效果等主要取决于空气鼓入的速度和培养液的流体力学性质，比如黏度等。空气鼓入的速度越快，黏度越小，氧气进入反应器的速度越快，反应器的混合效果越好。但是，空气速度过大会产生大量的气泡，甚至将培养液冲出反应器，造成液泛。因此，实践中，常常在这种反应器中从低到高加上若干个平行挡板，在这些挡板上开有很多小孔，挡板之间相隔一定的距离，气体在上升过程中通过挡板上的这些小孔，既降低了速度又增加了混合效果。有时在反应器中加一些锯齿状填料或者是在反应器内壁焊上若干个立式挡板，以进一步改善反应器的性能。

很显然，这种反应器结构简单，节省能量。向培养液鼓入的空气中不但承担向细胞运送氧气的任务，而且起着重要的搅拌作用。这种反应器的缺点是操作弹性小，通入空气的速度大小有一定的要求。另外，这种反应器产生大量的气泡，这些气泡破裂时产生的剪切力会伤害正在生长的细胞，因此只适用于对剪切力不敏感的细胞培养。气升式反应器也属于气体搅拌悬浮培养反应器的一种，在动物细胞培养反应器中已有介绍，不再赘述。

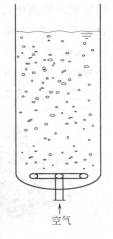

图 6-14 气体搅拌悬浮培养生物反应器

三、流化床固定培养生物反应器

以上介绍的两种植物细胞培养反应器都是将植物细胞搅拌悬浮在培养液中进行培养。这种培养方式使植物细胞大规模商业培养成为现实。但是，悬浮培养在实际应用中也遇到很多问题，其中最主要的是植物细胞个体大，细胞壁僵硬且具有大的液泡，容易受到剪切力的损伤，从而影响细胞代谢，降低产率，甚至导致细胞死亡。

固定化细胞培养技术是指通过利用化学或物理的方法，将细胞固定在某一支撑物上，比如固体颗粒或者膜上，然后加以培养。用这种方法进行细胞培养不仅减少了细胞受到剪切力伤害的可能性，而且由于细胞固定在某种支撑物上，可以很容易与培养液分开，既有利于细胞产物的分离，又使细胞能够反复培养利用，降低了生产成本。此外，由于细胞的固定化，细胞生长的微环境得到改善，细胞与细胞之间的接触增加，营养物质形成了一定的浓度梯度有利于细胞的组织化及分化。

流化床固定培养生物反应器可以用来培养固定在固体颗粒上的细胞。结构如图 6-15 所示。

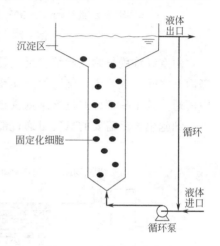

图 6-15 流化床固定培养生物反应器

这种反应器主要由一个圆柱体组成，循环泵从圆柱体的底端打入培养液，培养液从下向上流动将反应器内载有细胞的固体颗粒悬浮起来，直至顶部。在顶部，由于反应器的直径变大，培养液向上流动的速度变慢，这些悬浮的固体颗粒不再上升。反应器顶端这一扩大的区域称为沉淀区，培养液和悬浮颗粒在这一区内分开，前者被引出反应器进入循环泵进行循环以维持反应器内自下而上的液体流动，后者在反应器内继续悬浮。

这种反应器主要依靠循环液体自下而上的流动将固定化细胞悬浮在培养液中，因此，培养液的流动不能太快，也不能太慢，否则，固定化细胞就会集中在沉淀区附近，或者集中在反应器的底部。因此，要求培养液有一个合适的自下而上的流动速度，以使固定化细胞能够自下而上均匀地悬浮在反应器中。同时，固定化细胞颗粒的质量不能太轻，否则操作弹性太小，很小的液体流动就能将颗粒全部吹到沉淀区。因此，对较轻的固定化细胞还需要使用一些不锈钢颗粒进行人为的增重。固定化细胞越重，需要液体流动速度越高，反应器内的混合效果越好。但是固定化细胞不能太重，否则，液体很难将其悬浮起来。

流化床反应器的优点是在培养固定化细胞的过程中，固定化细胞的周围不停地流动着新鲜培养液，有利于培养液向细胞供给营养，也有利于细胞代谢产物传递到培养液中。流化床反应器的缺点是操作弹性小，其操作弹性依赖于床内液体的速度和黏度以及固定化细胞颗粒的密度。

四、膜反应器

膜反应器是另一种固定化植物细胞培养反应器，它利用膜将植物细胞固定起来，然后加以培养。培养时营养物质通过膜渗透到细胞当中，而细胞代谢产物也通过膜释放到培养液中。用膜固定细胞的方式基本上有两种，一种是将细胞固定在一层膜和另一层支撑物之间，如图 6-16（a）所示，营养物质从膜上流过通过膜渗透到细胞层中，利用中空纤维膜进行植物细胞固定化培养属于这种情况。另一种是将细胞固定在两层膜之间，营养液从膜外流过，通过膜渗透到细胞层中，如图 6-16（b）所示，平板膜反应器或螺旋卷绕膜反应器采用这种方式。

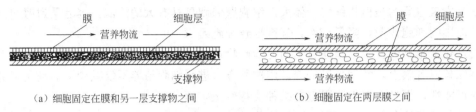

（a）细胞固定在膜和另一层支撑物之间　　　（b）细胞固定在两层膜之间

图 6-16　使用膜固定植物细胞的两种方式

中空纤维膜植物细胞培养反应器如图 6-17 所示，细胞固定在中空纤维外壁和反应器外壳内壁之间，或者说，细胞填充在反应器内，多束中空纤维从中穿过。营养物质在中空纤维中流通，其中一部分通过纤维壁供给细胞，细胞的代谢产物也通过中空纤维壁进入到营养液中。细胞生长所需要的氧气可通过部分中空纤维内管经纤维壁渗透进入细胞层。

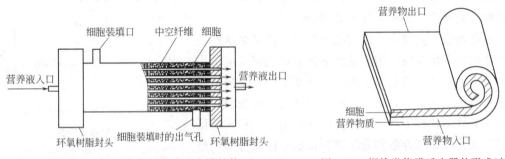

图 6-17　一种中空纤维膜反应器结构　　　图 6-18　螺旋卷绕膜反应器的形成过程

螺旋卷绕膜反应器可以看作为在两层平板膜中间夹着一层细胞，然后将夹着细胞的两层平板膜卷绕成螺旋状，如图 6-18 所示。在卷绕过程中，膜与膜之间用支撑物隔开一定的空间，细胞营养液被引入到这个空间里，其中的一部分通过膜进入细胞层，维持细胞生长，细胞的代谢产物也通过膜渗透到营养液中，被下游过程回收。

(1) 膜反应器的优点

① 通过膜将细胞固定化并使其与培养液主体分开，由于膜有一定的分离功能，可实现培养细胞的同时选择性地将细胞代谢的产品从细胞层移出，不但降低了下游处理费用，还可消除产品对细胞生长和代谢的抑制作用，有利于产品产量的提高。

② 膜设备可重复利用，降低制造费用。

③ 由于在膜反应器中流体的流动、压降等参数与膜的尺寸等关系不大，因此膜反应器比较容易放大。

(2) 膜反应器的缺点

① 在膜反应器中由于氧气的供应和二氧化碳的排出都需要经过一层膜，供给和排出的速度慢，尤其是二氧化碳，如果不能及时排出，不仅影响营养物质进入细胞层，导致局部细胞营养物缺乏，而且能使反应器内压力增高，有可能导致膜的破裂。

② 像气体一样，细胞产物也是通过一层膜进入到营养液中，膜的扩散阻力有可能导致细胞产物移出过慢，导致产物在细胞层内积累，对细胞的生长和代谢产生抑制作用，大大降

低细胞活性和产品产率。

③ 由于膜属于一种比较贵重的化工产品,因此,制造膜反应器一次性投资较大。

第三节 酶反应器

酶是生物体内的蛋白质,是生物为了提高其生化反应效率所产生的生物催化剂。生物工业主要利用酶作为催化剂使用,比如,使用水解酶由淀粉生产葡萄糖、使用青霉素裂解酶进行部分抗生素的深加工等。工业上使用的酶大体上分为两种,第一种是游离酶,一般溶解在水溶液中,单独或者与其他物质共存。使用这种酶进行酶催化反应时,由于酶、反应物和产物都溶于溶液中,整个反应体系只包含一个液相,因此称为均相酶催化反应。均相酶催化反应完成后,酶很难回收。第二种是固定化酶,固定在某种固体颗粒或者膜上。使用这种酶进行催化反应时,反应物和产物存在于水溶液中,酶在固体颗粒或膜上,反应体系包含液相和固相,称为非均相催化反应。非均相催化反应酶的回收很容易,一般只需简单的过滤即可。无论是均相或非均相酶催化反应,酶作为一种生物物质,对反应条件和反应器都有特别的要求,比如,反应温度和pH控制,酶与反应液体的分离等,于是工业上出现了各种专门进行酶催化反应的装置,把这些装置称为酶反应器,它也是生物反应器的一种。

一、酶反应器的类型

酶反应器有很多类型,按照使用酶的种类分,可分为游离酶反应器,或者称为均相酶催化反应器,和固定化酶反应器,或者称为非均相催化反应器;按照反应器操作模式可分为间歇酶反应器和连续酶反应器;按照反应器内液体流型分可分为全混型酶反应器和柱塞流酶反应器;按照反应器的形式又可分为搅拌罐式酶反应器、流化床酶反应器、固定床酶反应器、中空纤维或超滤膜酶反应器。表6-1按照这种方式列出了不同种类的反应器。

表 6-1 酶反应器的分类

使用酶的种类	操作模式	流 型	反应器类型
游离酶	间歇、连续	全混型	搅拌罐式反应器
固定化酶	间歇	全混型	批操作搅拌罐式反应器
		柱塞流	全循环反应器
	连续	全混型	连续操作搅拌罐反应器(CSTR)
		柱塞流	固定床反应器(PBR)
			流化床反应器(FBR)
			中空纤维反应器
			管式反应器

二、游离酶反应器

游离酶是最早使用的一种酶,它直接来自动植物,不经过分离和纯化过程,因此这种酶一般比较便宜,反应完成后也不进行回收。游离酶反应器主要是搅拌罐式反应器,如图6-19所示是这种反应器的一个典型结构。

由图6-19可见,反应器主要由罐体、夹套换热器和搅拌器组成,pH探头和温度探头用

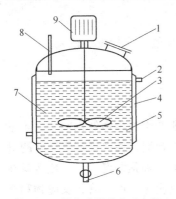

图 6-19 游离酶搅拌式反应器
1—进料口或人孔；2—加套换热器出口；3—搅拌器；4—夹套换热器；5—pH 探头；6—出料口；7—温度探头；8—酸碱补料口；9—搅拌电动机

于检测反应罐内的温度和酸度，加热或冷却介质流经夹套换热器以维持反应器内的温度，酸碱补料口根据 pH 探头测量的结果向罐内加入酸碱溶液以保持罐内适当的酸度。

使用这种反应器进行间歇生产时，酶、反应物从加料口加入，开动搅拌，调节罐内温度和 pH 至需要的水平，开始反应。反应经过一段时间后，达到终点。一般是通过 pH 的变化来判断是否达到反应终点。然后，从放料口放出反应液，经分离纯化得到产物，作为催化剂的酶被丢弃，无法重复利用。

使用这种反应器进行连续操作时，酶、反应物从加料口加入，开动搅拌，调节罐内温度和 pH 至需要的水平，开始反应。以同样的速度同时加入反应物和放出反应液，经过一段时间后，反应罐内的温度和 pH 等参数达到稳定，这时进入连续生产状态。加入和放出反应物和产物的速度取决于反应罐的体积和催化反应速率，反应罐的体积越大，催化反应速率越快，加入反应物和放出反应液的速度越快，反之亦然。

三、固定化酶反应器

随着酶在工业上越来越广泛地应用，研究者们希望将酶固定化在某种固体上，以便反应后仅通过过滤就可以将酶分离出来重复使用，这种技术称为酶的固定化技术。近几十年酶的固定化技术取得很大进展，商业上的很多酶都是以固定化的形式出售的，这种酶常称为载体酶或固定化酶。载体酶的出现给酶反应器的设计者们提供了很大的空间，各种针对载体酶的反应器出现在工业生产上，这种反应器就是固定化酶反应器。固定化酶反应器不仅需要考虑酶催化反应的需求，而且要考虑载体酶在反应后需要分离出来的要求，所以，有些固定化酶反应器将分离装置直接设计在反应器上。

固定化酶反应器包括搅拌罐式反应器、固定床反应器、流化床反应器、中空纤维反应器和罐式反应器。其中最重要也是最常用的是搅拌罐式酶反应器和固定床式酶反应器。

图 6-20 是一种工业上使用的搅拌罐式固定化酶反应器示意，其中图（a）是正常生产状态，图（b）是检修状态。这种反应器与游离酶使用的搅拌罐式反应器不同之处在于它的底部安装了一个滤网，滤网固定在反应器的底封头和罐体之间，由一个多空筛板支撑。带有滤网的底部封头与罐体以快开方式连接反应器吊装在操作台上，底部与地面隔开一定的距离，以便在检修时打开底盖取出固定化酶，如图（b）所示。

这种反应器一般用于间歇反应，其操作过程与游离酶反应器相似，不同之处是在反应完成放出反应物时，由于罐体底部滤网的作用，固定化酶被截留在反应器内，以便下一批次反应重复利用。

当固定化酶使用一段时间后（一般是 1000～2000 次），其活性降低，需要更换新的固定化酶。这时，打开底盖，清理出旧酶，然后装好底盖，经洗涤后，在上部加料孔装入新的酶，完成新旧固定化酶的更换。

搅拌罐式固定化酶反应器优点是结构简单可靠、易于操作，检修和更换固定化酶比较容易，缺点是搅拌容易造成固定化酶的机械损伤，降低酶的使用寿命，且用于间歇式操作，生

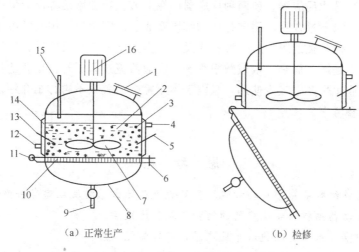

图 6-20 搅拌罐式固定化酶反应器
1—加料口（人孔）；2—反应液；3—固定化酶；4—夹套换热器出口；5—pH 探头；6—底盖快接螺栓；
7—搅拌；8—底封头；9—出料口；10—过滤网；11—快开转动轴；12—夹套进口；13—温度探头；
14—夹套换热器；15—酸碱液滴入口；16—搅拌电动机

产能力低。

固定床酶反应器是固定化酶反应器另一种形式，其结构如图 6-21 所示。固定化酶装在桶状反应器中，酶的上下两端有两个带有滤网的金属板夹紧。反应时，反应液从上端进口进入，向下流过固定床。在反应液流过固定床与固定化酶接触的过程中，反应物在酶的催化下转化为产物，从出口放出。固定床酶反应器还有其他形式，例如，进口在下部，出口在上部，反应液自下而上通过等。

固定床酶反应器不仅可以用来连续操作，而且可以间歇生产。当连续操作时，反应液以恒定的速度连续进出，反应器内的条件保持不变；当间歇操作时，从反应器出来的反应液全部回流到反应器中，反应器内的条件逐渐改变直至反应终点。

有的固定床反应器内部还装有换热器，以便使反应器内温度保持所要求的水平。

(1) 固定床反应器的优点

① 反应器内流型为柱塞流，返混少，反应效率高。

② 结构简单，没有机械搅拌，对固定化酶损伤少，固定化酶使用寿命长。

③ 既可以用于连续生产，也可以进行间歇操作，应用范围广。

(2) 固定床反应器的缺点

① 由于没有机械搅拌，反应液与酶的接触强度小，反应时间长。

② 反应罐的清洗及固定化酶的装卸较复杂。

③ 反应条件，比如反应液的 pH，在固定床内沿反应液流动方向有个梯度，这样就无法使反应罐内各处都在最佳的反应条件内。

此外，能够使用固定化酶的反应器还包括流化床反应器、

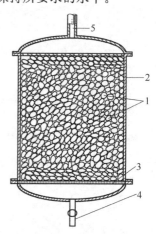

图 6-21 固定床酶反应器
1—固定化酶；2—反应器外壁；
3—支撑板；4—反应液出口；
5—反应液进口

中空纤维反应器和管式反应器。前两种反应器已在上节植物细胞培养反应器中有所介绍，结构原理基本一样，只不过在这里固定化植物细胞变成了固定化酶，中空纤维膜成了包埋有酶的中空纤维膜或其他种类的膜。后一种管式反应器类似于固定床反应器，区别在于装载有固定化酶的反应器不是罐，而是一根或数根管子，反应液流过管子与固定化酶接触反应。由于这种反应器在工业化生产中较少使用，且限于本章篇幅的关系不再详细介绍。有兴趣者可以查阅有关文献和参考书。

思 考 题

1. 什么是动物细胞培养，动物细胞培养的优点是什么，对反应器有何要求？
2. 简述笼式动物细胞培养反应器的结构原理和优缺点。
3. 什么是中空纤维动物细胞培养反应器，有哪些优缺点？
4. 简述中空纤维动物细胞培养反应器在培养贴壁细胞和悬浮细胞式的不同点。
5. 简述微载体动物细胞培养系统的过程和原理。
6. 植物细胞培养和动物细胞培养有何不同？
7. 在植物细胞培养中，搅拌的作用是什么？什么是固定化植物细胞培养？有何优点？
8. 简述流化床固定化细胞培养反应器的原理和结构以及优缺点。
9. 简述中空纤维膜固定化细胞反应器的原理、结构和优缺点。
10. 什么是固定化酶、游离酶？简述搅拌罐式固定化反应器的原理和操作过程。
11. 固定床式固定化酶反应器有何优缺点？
12. 设计一个自己的植物细胞反应器。

第七章 生物反应器的检测和控制

第一节 概 述

在生物培养过程中，生物在反应器中的生长始终处于"受控"状态，即人为地控制生物生长在某种最佳条件下，在此条件下生物能够按照操作者预先的设计生长，以较少的消耗生产较多的产品。控制生物的生长首先需要使用各种检测装置获得有关反应器内部物理、化学及生物条件的信息，然后，根据这些信息通过种种手段及时地改变这些条件，前者是生物反应器的检测，后者是生物反应器的控制。

生物反应器的检测和控制在生物培养中占有非常重要的位置。通过对生物反应器的检测，可以获得生物反应过程中的大量信息，这些信息不仅能够增加对生物进程更深入的了解，更重要的是帮助改善生物反应过程。通过生物反应器的控制，能够将整个生物反应过程置于最佳的条件之下。如果将整个生物反应器比作人的躯体，那么，生物反应器的检测和控制就相当于人的五官、四肢和大脑。因此，检测和控制装置是生物反应器的一个至关重要的组成部分，没有这一部分，生物反应器的正常运行就会非常困难，甚至不可能。

根据目前人们对生物反应过程的理解，生物反应器的检测和控制对象主要包括三个部分的参数，即：生物反应进程中的物理条件，如温度、压力、搅拌速度等；生物反应器进程中的化学条件，如液相 pH、氧气和二氧化碳的浓度等；生物反应器进程中的生化参数，如生物体量，生物体营养和代谢产物浓度等。表 7-1 详细的列出了需要检测和控制的操作参数。

在以上参数中，大部分物理和化学参数都能够使用一般的手段进行在线检测和控制。比如，检测温度、压力、搅拌转速、功率输入、质量等仪器都是工业上常用的标准化设备，在生物反应中只要稍加改造就能使用，检测氧气和二氧化碳在气液相中的浓度以及液相 pH 和氧化还原电位也有成熟的方法。但是，进行生化参数的在线检测和控制却非常困难，即便检测一些最基本的生化参数，如生物体的质量、培养液中营养物质和产品浓度等也是如此，更不用说其他的生化参数，原因在于缺少能够可靠检测这些参数的传感器。尽管在这方面的研究有进展，但是对大部分重要的生化参数的直接检测目前还不可能。因此，生化参数只能根据一些能够测量的物理和化学参数，依靠物料衡算的方法，从中推导计算出来，如呼吸商、耗氧速率、二氧化碳生成速率等重要的生化参数就是通过这种办法获得的。

需要指出的是，并不是所有的生物反应器都要检测和控制表 7-1 列出的全部参数，不同的生物反应器和不同的生化过程检测和控制参数数量和种类不一样，变化很大。因此，本章对生物反应器检测和控制的讨论将限于那些重要的、成熟的、通用的参数的测量和控制，这些参数包括温度、溶氧浓度、pH 和氧化还原电位（REDOX）、泡沫、溶解二氧化碳、培养液尾气成分。此外，本章的讨论基于标准搅拌罐式生物反应器上的检测和控制，这不仅因为这种反应器在工业上应用最普遍，而且在这种生物反应器上的检测和控制原理基本上可以应用于其他类型的反应器。

表 7-1 需要检测和控制的各种参数

参数类别	参 数 名 称
物理参数	时间,温度,压力,搅拌速度,总质量(Total mass),总体积(Total volume)
	质量补料速率(Mass feed rate),体积补料速率(Volume feed rate),黏度
	光密度(Optical density),功率输入,泡沫,剪切力,混合时间(Mixing time)
	氧传质速率,循环时间,持气量(Gas holdup),气泡大小分布图(Bubble size distribution)
	搅拌溢出(Impeller flooding),营养液流变图(Broth rheology)
	气体混合模式(Gas mixing patterns)
化学参数	pH,溶氧浓度(Dissolved O_2),溶解二氧化碳浓度(Dissolved CO_2),气相氧气浓度
	气相二氧化碳浓度,呼吸商(respiratory quotient),耗氧速率(O_2 Uptake rate)
	CO_2 生成速率(CO_2 production rate)
生化参数	细胞浓度,细胞存活率(Cell viability),细胞形态(Cell morphology)
	细胞成分(Cellular composition),蛋白质,DNA,RNA,脂质(lipid)
	糖,NAD/NADH,ATP/ADP/AMP,酶活力(Enzyme activities)
	整体细胞活力(Activities of whole cells),比生长速率(Specific growth rate)
	比产物形成速率(Specific rate of product formation)
	比耗氧速率(Specific oxygen uptake rate)
	比营养物质消耗速率(Specific substrate rate)
	溶解糖浓度,氮源浓度,矿物质浓度,前体浓度(Precursors),诱导物浓度(Inducers)
	代谢物浓度(Metabolites),易挥发物浓度(Volatile products)

第二节 生物反应过程常用检测方法及仪器

一、检测方法及仪器组成

生物反应过程参数检测方法一般是在线检测（on line measurement），即将能够感应检测参数变化的传感器直接放到生物反应器中的测量点上，传感器将测量点的待测参数变化转化为电信号，经放大，送到显示系统和控制单元。离线检测方法，即先从反应器内取出物料，然后再用仪器分析和化学分析的方法进行检测，不是本章的主要内容，因为离线检测容易引起染菌，出结果需要一定的时间，实际生产中尽量少使用，读者有兴趣可参照有关仪器和化学分析资料。

在线检测方法的核心仪器是传感器，以下详细介绍生物反应过程对传感器的要求及其性能指标。

1. 传感器

传感器的功能是感应生物反应过程的各种物理和化学变化，并将这些变化转化为电信号，供放大、显示、记录以及送到反应器的控制单元。能够在生物反应器上有效使用的传感器应满足以下条件。

（1）反应灵敏快速

传感器是否灵敏对生物反应过程的检测和控制非常重要。如果传感器的反应滞后于生物反应器内部的变化就意味着传感器得到的数值与实际情况有一个时间差,这个时间差对生物传感器的控制将造成很大困难,甚至控制错误。

(2) 传感器结构应简单整洁,不能有清洗死角以免带菌产生污染

一般的生物反应器都要求无菌操作,由于生物反应过程较长,使用的原材料比较昂贵,一旦污染杂菌将给生产造成非常大的损失。因此,应尽量切断任何可能的染菌渠道。传感器探头直接插到反应液中,如果带菌,将污染整个反应器。在生物反应器上的传感器常使用 O 形密封圈进行密封,并使用蒸汽进行反复消毒,为了保证传感器干净无菌常使用双密封圈进行密封。

(3) 传感器应当有很高的可靠性和长时间的稳定性

由于生物反应器在生产时属于无菌操作,在生产过程中不允许中途更换或者是重新标定传感器,因此,传感器的可靠性和稳定性就显得非常重要。为了保险,反应器中常常安装两个传感器以避免由于一个传感器的失效对生产造成灾难性后果。

(4) 传感器应当能够耐受消毒蒸汽的温度和压力

生物反应器在使用蒸汽消毒时一般温度在 130℃ 以上,压力也在 0.15MPa 左右,很多传感器因为无法在消毒过程中耐受这么高的温度和压力而不能在生物反应器上使用。

(5) 传感器对所测参数的感应选择性要非常高

这是由于传感器直接插到培养液中,培养液的成分很复杂,加上里面既有气体也有固体,形成三相并存的复杂体系,而在传感器表面上的结垢和细胞碎片的沉积更增加了体系的复杂性。在这样一个复杂的环境中,如果传感器的感应信号的选择性不高,真实信号就会淹没在大量的系统背景噪声当中。

2. 传感器性能指标

商业上的传感器一般使用以下数据表示传感器的好坏。

(1) 准确度

准确度(accuracy)是指真实数据和测量数据之间的差别。由于很难获得绝对意义上的真实数据,因此也就很难获得绝对的准确度。准确度高低依赖于精确的标定过程和一些外部条件,如,传感器在反应器内的放置位置等。当传感器从一个反应器移到另一个反应器,或者反应器内情况发生改变,或者传感器改变了放置位置,都需要重新标定,否则将产生测量误差。

(2) 精确度

精确度(precision)与对同一个参数在同样条件下测量值的重复性有关,能够重复的数据越多,精确度越高。在实际测量中,测量值分布在一个平均值周围,测量的精确度可以用测量值的标准差表示(standard deviation)。

(3) 分辨率

分辨率(resolution)指传感器区分非常相近的参数变化值的能力。传感器灵敏度越高,分辨率越高。传感器输出的信号比和零点漂移也影响分辨率。将传感器放在生物反应器上的适当位置并加以屏蔽可以改善传感器的分辨率。

(4) 响应时间

响应时间代表了传感器对测量参数变化响应的快慢,可以简单地用时间常数 τ 表示。时间常数 τ 是方程式(7-1)中的常数:

$$y = y^0 (1 - e^{-t/\tau}) \tag{7-1}$$

这个方程式表示了当传感器从被测参数为 0 的系统中快速转移到被测参数为 y^0 的体系,

测量显示值 y 和时间 t 的变化关系，其中的 τ 就是时间常数。显然，时间常数越大，传感器的响应越慢，反之越快。

二、主要参数的检测原理及仪器

1. 温度检测

所有的生物过程都需要一个较适宜的温度条件，而且温度范围比较窄，一般在 30～36℃，更严格要求控制误差为±0.5℃，因此，需要对反应器的温度进行不停的检测。一般生物反应器都装有各种温度检测装置，有些还设有多个温度检测点，使用多种办法进行检测。检测温度的方法很多，包括玻璃温度计，热电偶，半导体热敏电阻温度计，电阻温度计。很多生物反应设备上装有玻璃水银温度计以便直接方便地显示生物反应器内的温度，但是，这种温度计不能输出电信号，因此只能作为生物反应器的温度检测辅助手段。选择玻璃温度计要考虑能够耐受蒸汽的高温消毒，同时其安装也要符合无菌要求。这种温度计一般安装在生物反应器上的一个不锈钢支撑座上，采用O形环密封将罐内和罐外隔开。热电偶温度计从外表看就像一根金属丝，使用起来简单方便而且很便宜，能够输出电信号提供给显示和控制装置，但是，其分辨率较低，限制了它的使用。半导体热敏温度计利用其电导率随温度变化的特性测量温度，能够输出电信号，具有较高的灵敏度，价格也不贵，但是，其电信号输出和温度变化关系线性程度不好，在生物反应器上使用也不广泛。

铂电阻温度计在生物反应器上使用最为广泛，几乎成为生物反应器上的标准配置。它的测温原理基于其电阻随温度变化而变化，当一个恒定的微小电流通过时，变化的电阻在其两端产生一个与温度变化成正比的电压信号。铂电阻温度计的优点是精度高，稳定性强，在正常的温度范围内输出线性非常好。由于铂电阻温度计依靠电阻的变化产生电压信号，连接温度计导线的电阻随环境温度的变化势必影响测量精度，因此，需要一套专门的补偿导线抵消这一变化。在实际应用中，如果生物反应器内部混合程度不理想，可以在反应器内的不同位置安装几个铂电阻温度计，以正确反映反应器内的温度情况。

2. 溶解氧浓度的检测

生物培养液中溶解氧浓度是另一个重要的培养参数，直接影响细胞的生长和产物的生成，原因在于生物培养一般使用水基培养液，由于氧气在水中溶解度很小，如果不及时提供的话，培养液中的氧很快被消耗殆尽（厌氧培养除外），造成生物停止生长甚至死亡。因此，溶解氧浓度的及时检测就变得相当重要。

但是，溶解氧的检测远不如温度检测容易，困难不仅来自于培养液的复杂的成分，而且来自于培养液中非常低的溶解氧浓度，如此低的浓度只有直接的在线检测才能够得到比较准确的结果。

溶解氧的检测一般使用电化学电极检测方法。工业上使用的溶解氧检测电极有两种，一种是电流电极（Galvanic detector），另一种是极谱电极（Polarographic detector），它们具有基本相同的结构，区别在于测量原理及电解液和电极组成不同，它们的结构如图7-1所示。

由图可见，两种电极都是由阴极、阳极组成，在阴极和阳极

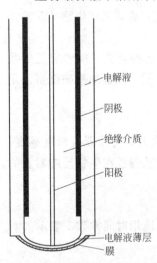

图 7-1 生物培养液测氧电极结构示意

之间有绝缘介质相隔，阴极和阳极都与电解液相接。在电极的头部有一层非常薄的薄膜将电解液与环境隔开，这层薄膜非常特殊，它只允许氧分子通过，其他化学组分无法进入，把它称为透氧膜。在透氧膜和阳极之间，夹着一层非常薄的电解液。

在电流电极中，阳极由银或铂，阴极由铅或锡构成，电解液一般是由乙酸铅（锡）、乙酸钠、乙酸构成的缓冲溶液。测量时，溶解在生物培养液中的氧穿过透氧膜进入电极，经过电解液薄层到达阳极，氧气在阳极获得电子生成氢氧根离子，同时在阴阳极间产生可以测量的电流或电压。这个电流或电压的大小与到达阳极进行反应的氧气分子的数量成正比。这样，被测培养液中溶解氧的浓度越高，穿过透氧膜和电解液到达阳极的氧分子越多，产生的电流或电压越大，从而建立了传感器产生的电流与培养液中溶解氧浓度的关系，达到测量目的。测量时在阳极液阴极发生的反应如下：

阳极反应 $\quad O_2 + 2H_2O + 4e \longrightarrow 4OH^-$

阴极反应 $\quad Pb \longrightarrow Pb^{2+} + 2e$

总反应 $\quad O_2 + 2Pb + 2H_2O \longrightarrow 2Pb(OH)_2$

由上面反应可见，阴极上的铅逐渐被氧化消耗掉，因此这种电极有一定的使用寿命，其长短由阴极表面上的铅量决定。

极谱电极的测氧原理与电流电极有区别，其阳极由金或者铂组成，阴极由银/氯化银组成，电解液一般是由 KCl、AgCl 和一些高分子化合物组成，高分子化合物的作用是防止在蒸汽消毒时引起电解液损失。极谱电极在测量时需要在其正负极之间加上一个反向偏移电压（negative bias voltage），当氧气到达阴极时得到电子，产生电信号。在阴阳极的反应如下：

阳极反应 $\quad O_2 + 2H_2O + 2e \longrightarrow H_2O_2 + 2OH^-$

$\quad H_2O_2 + 2e \longrightarrow 2OH^-$

阴极反应 $\quad Ag + Cl^- \longrightarrow AgCl + e$

总反应 $\quad 4Ag + O_2 + 2H_2O + 4Cl^- \longrightarrow 4AgCl + 4OH^-$

从以上反应可以看到，在使用过程中，阴极上的 Ag 将被逐渐消耗掉，因此这种电极的寿命取决于阴极表面 Ag 的多少。此外，由于电解液中的 Cl^- 生成 AgCl，Cl^- 浓度在使用过程中将逐渐降低，OH^- 浓度会逐渐增加。因此需要定期的更换电解液以保持测量的准确度。

不管是极谱电极或者是电流电极，在测量以前都必须进行标定。标定一般是在生物反应

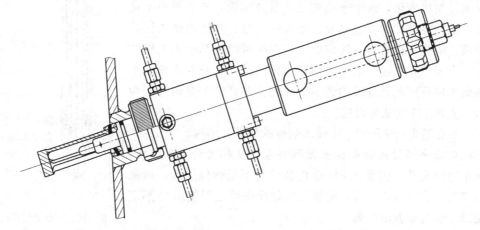

图 7-2 某种商业溶氧测量电极安装在生物反应器上使用时的情况

器上原位进行，在蒸汽灭菌前开始，标定后不再进行移动或者任何其他改变。用于标定的氧浓度有两个，零和饱和氧浓度，前者通过反应开始前通过进行氮气置换时建立，由于这时反应罐内充满氮气，培养液中氧气浓度可以认为是零，后者通过长时间向生物培养液中通入空气确定，由于此时溶解氧不被消耗，时间长了液体内的氧气可以认为达到饱和。需要指出的是，在标定时，应当使用即将在随后生产中使用的培养液。

图 7-2 是某种商业溶氧测量电极安装在生物反应器上使用时的情况。

3. pH 的测量

生物在反应器中生长时要消耗培养液的营养成分，代谢一些酸或碱类的物质，使培养液的 pH 发生改变。这时，如果不及时调节培养液的 pH，生物的生长环境就会因此恶化，使生物停止生长，严重的还可能导致生物死亡。因此，及时检测培养液中的 pH 对生物培养过程至关重要。

玻璃氢电极是生物反应器上使用的标准 pH 检测装备，它的结构原理如图 7-3 所示。由图可以看出，玻璃电极由两部分组成，一部分由一个玻璃球连接一个柱状玻璃管组成的容器，里面装满了缓冲溶液，另一部分在玻璃球的上方围绕柱状玻璃管形成的另一个环状空间，里面充满了电解液，环状空间底部靠近玻璃球的地方有一个隔膜小窗口，隔膜的作用是既将电解液与外部隔开又允许电解液与外部环境进行离子交换以保持内外联系，实际上电解液可以透过隔膜渗出而外部液体无法进入。这种电极能够测量 pH 的关键在于玻璃球的底部一

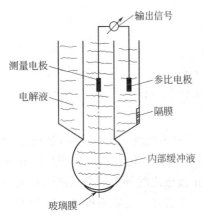

图 7-3 玻璃氢电极结构原理示意

层非常薄的特殊玻璃膜，厚度在 0.2~0.5mm 之间。这层玻璃膜与水溶液接触时能够与水作用在其表面上形成厚达 5~500nm 的水化凝胶层，在这层凝胶层里存在可以活动的氢离子。在玻璃膜的内部，也存在同样的一层凝胶层，但由于缓冲溶液的存在，该凝胶层氢离子的浓度基本保持不变。这样玻璃膜外面氢离子浓度发生改变时，玻璃膜内外电位差就发生改变。当测量时，电极浸入到被测溶液中，参比电极通过隔膜与被测溶液相连，当被测溶液 pH 发生变化时，玻璃膜外层电位发生变化，这个电位变化经过玻璃膜、玻璃膜内水化凝胶层、缓冲溶液传到测量电极，经参比电极、参比电极周围的缓冲溶液、隔膜、被测体系构成的回路在测量电极和参比电极之间产生一个电位差，这个电位差随被测溶液的 H^+ 浓度改变而不同，因此可以反应被测溶液内的 pH 变化，并将这个变化转变为电信号，实现 pH 的测量目的。

图 7-4 是工业上使用的 pH 玻璃电极的外形和结构。

这种电极将测量极和参比极做到一起，又称复合 pH 电极。安装在生物反应器上的复合 pH 电极都带有不锈钢保护套，以免培养液内固体伤害电极头部。电极与生物反应器之间使用 O 形密封圈密封，以防培养液染菌。

像溶氧电极一样，pH 电极也需要进行原位标定，在蒸汽灭

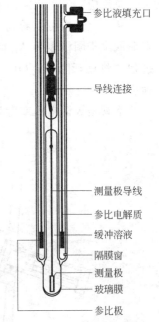

图 7-4 工业上使用的 pH 玻璃电极的外形和结构

菌前进行。玻璃 pH 电极在使用前先要浸泡在水溶液中一段时间使玻璃膜充分润湿，保存时要将探头浸泡在和参比电解质相同的缓冲溶液中以免玻璃膜过于干燥影响日后使用，也防止参比电解质稀释和渗出隔膜窗。

4. 氧化还原电位测定

生物在培养液中生长过程中，伴随着很多物质的氧化还原反应，有些物质被氧化得到电子，有些被还原失去电子，形成如下的平衡：

$$物质的还原形态 \longleftrightarrow 物质的氧化形态 + 电子$$

培养液的氧化还原电位（redox potential）可以认为是对培养液中电子活性的一种度量，正如 pH 是培养液中氢离子活性的一种度量一样。培养液氧化还原电位可定义为一个电压值，当此电压施加在培养液里的阳极和阴极时，在阴极上开始发生氧化反应，在阳极上开始发生还原反应。

培养液氧化还原电位的测定也是使用复合电极进行，结构和原理与溶氧电极类似，不同的是氧化还原电极的探头顶端没有透氧膜，作为阳极的铂直接暴露在培养液中，任何物质都可能在阳极上失去电子被氧化。因此，氧化还原电极测定的实际上是培养液中总的氧化还原电位，代表了培养液中电子的总活度。

但是，精确地解释培养液氧化还原电位的改变对应着何种物理化学或生物变化目前还很困难，这是因为，培养液的组分非常复杂，其中发生了多少氧化还原反应很难界定，而氧化还原电位只是一个总的电子活度。在不同的培养条件下对氧化还原电位可以有不同的解读，比如，在有氧发酵时，氧气的氧化还原过程在培养液内所有氧化还原反应中占支配地位，可以将氧化还原电位与培养液中的溶氧浓度相关联，而在厌氧发酵中，氧气的浓度非常低，这时氧化还原电位就变成另一个生化指标，有时也可能代表培养液中某一个已知或未知的组分。

氧化还原电极也需要在使用前进行标定，标定方法与 pH 电极的标定方法类似，使用已知氧化还原电位的缓冲溶液。氧化还原电极的标定值很稳定，但是，响应较慢，需要等待相对较长的一段时间才能读数，因此，氧化还原电极适合在线的连续测量。

5. 泡沫的检测

在大多数的生物培养过程中，需要不断地向培养液通入气体，由于培养液中含有蛋白质和生物体等物质，如果条件控制不好，非常容易在培养液表面产生大量泡沫。这些泡沫一旦出现常常急速膨胀，在很短的时间内充满整个反应器并堵塞出气口，浸湿出气过滤纸，并有可能造成染菌，使生物培养过程无法进行下去。此外，大量泡沫溢出也造成培养液的损失。因此，当泡沫刚一出现时就及时采取措施消除泡沫对生物培养过程的正常顺利完成至关重要。所以，一般生物反应器上都安装有泡沫检测和消除装置。

检测泡沫的装置主要有四种，分述如下。

（1）电容探头

电容探头由两个电极组成，分别安装在反应器内液面上方有可能出现泡沫的空间的两端，在这两个电极上加上一个适当的交流电压。当泡沫出现时，两个电极之间的部分空间被泡沫占据，从而改变两个电极之间的电容，引起通过该电容的交流电流产生变化，将气泡的出现转变成电信号，达到检测气泡的目的。

电容探头的优点是结构简单，输出电信号的大小与泡沫量呈正比，因此常应用在大型生物反应器中。其缺点是两个电极容易结垢，影响测量。

（2）电阻探头

电阻探头其实就是一根导线,这根导线的其他部分都由绝缘材料包裹,只剩头部裸露。它安装在反应器内可能出现泡沫的地方,并施加一定的电压。当泡沫产生是,泡沫浸没导线的头部形成回路产生电流,泡沫消失时回路断开,电流消失。这种探头的缺点是只能检测泡沫的生成和消失,无法测定泡沫生成速度以及泡沫量。这种检测方法需要有一定的电流通过泡沫,可能对有些生物培养不利。此外,一些偶然因素,如培养液的外溅等也可能导致回路的接通,发生误判。

(3) 电热探头

电热探头是一个有恒定电流流过的电热元件,当有泡沫接触它时,其温度会突然降低,从而感知是否有泡沫产生。电热探头也存在结垢和培养液外溅引起误判问题。

(4) 超声探头

超声探头有一个超声波发射端和一个接受端,分别安装在反应器内泡沫可能出现的空间两端相对位置。使用时,发射端不断发出频率在 $25\sim40Hz$ 的超声波,在没有泡沫的情况下,大部分超声波被接受端接受。当有泡沫出现时,由于泡沫能够吸收 $25\sim40Hz$ 的超声波,抵达接收端的超声波相应减少,从而能够检测泡沫的出现。

(5) 泡沫检测转盘

这是安装在一些生物反应器内泡沫可能出现地方的一个转盘装置,正常情况下转盘不停地转动,当有泡沫出现时,转盘转动的阻力加大,转速减小或者耗能增加,从而检测到泡沫存在。转盘在起检测作用的同时,也可以起消除泡沫的作用。

6. 溶解二氧化碳的检测

二氧化碳是生物在培养过程中的代谢产物之一,它在培养液中的浓度是生产中操作者关心的重要指标之一。工业上测量二氧化碳在培养液中的浓度一般使用二氧化碳测量电极,它的结构如图 7-5 所示。溶解二氧化碳测量电极的核心是一个 pH 电极,它的头部浸泡在一个充满碳酸盐水溶液的电解液室内,电解液室与外界由一个气体通透膜(gas-permeable membrane)隔开。测量时,探头浸没在培养液中,其中的二氧化碳透过气体通透膜进入探头的电解液室,电解液室内液体里的二氧化碳也可以透过该膜进入培养液,于是,膜两边的二氧化碳分压迅速趋于相等并达到平衡。平衡后的二氧化碳分压大小取决于培养液中溶解二氧化碳浓度,也决定了膜内侧电解液的 pH。这样,探头电解液室内电解液 pH 与被测溶液里二氧化碳浓度有关,电解液内 pH 的任何变化都反映了被测溶液内二氧化碳浓度的变化。从而实现在线测量培养液中二氧化碳浓度。

显然,在这种电极中,气体通透膜起着关键作用,因此需要对其进行保护。商业上出售的电极一般用一层硅脂膜(silicone membrane)罩在气体通透膜的外面以加强对该膜的保护。

这种电极也可以进行原位标定。图 7-5 右侧是二氧化碳电极标定时的情况。在进行原位标定时,将 pH 电极稍微抽出一点,使电极探头与气体通透膜离开一定的距离,然后将使用注射器 1 将电解液抽走,使用注射器 1' 将具有一定 pH 的缓冲溶液注入电解液室以代替抽走的电解液,然后进行标定。标定完成后抽出缓冲溶液,再使用注射器将碳酸盐电解质溶液注回电解液室,将 pH 探头复位。从标定过程可以看出,二氧化碳电极的标定实际上是对其内部的 pH 探头的标定。

7. 培养液尾气分析

在生物培养过程中,由于生物的碳源代谢造成氧的消耗和二氧化碳的生成,使尾气中氧的含量下降,二氧化碳的含量上升。这两种气体在培养尾气中含量的在线分析可以为掌握生物的代谢活动提供重要信息。此外,由于生物培养中很多生化指标不能在线检测,尾气分析

第七章 生物反应器的检测和控制　　101

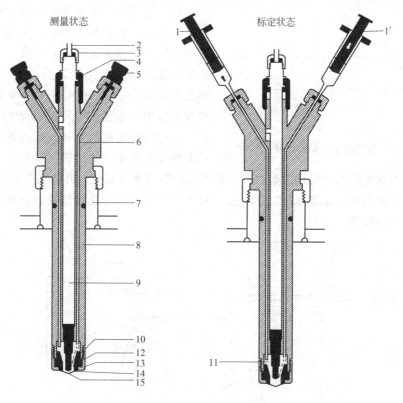

图 7-5　二氧化碳电极结构

1,1′—液体移出、注入注射器；2—耐高温电缆；3—电缆固定螺母；4—内部 pH 探头移动螺母；5—密封柱；
6—液体导管；7—固定座；8—外套管；9—pH 探头连接柱；10—pH 探头；11—标定时缓冲溶液（电解液室）；
12—电解液室；13—探头保护套；14—气体通透膜（gas permeable membrane）；15—硅脂膜

为间接计估计这些参数提供数据。工业上进行分析的参数一般有尾气总流量、尾气中二氧化碳的含量，尾气中的氧含量。

（1）尾气总流量检测

工业上常用转子流量计测量尾气的总流量，转子流量计结构原理如图 7-6 所示。在一定的流量下转子在测量管中的悬浮高度不同，读出相应的刻度即可得到流量值。转子流量计结构简单、测量可靠，因此广泛应用于工业生产中。但是，转子流量计的读数值随压力和尾气中的水汽含量而变，而一般从生物反应器中出来的气体的压力和水汽含量都有一定的波动，因此，在转子流量计的后面安装一个稳压阀，在前面安装一个冷凝器将湿气冷凝下来以消除以上影响。

实验室一般采用质量流量计对尾气流量进行精确的测量。质量流量计的结构原理如图 7-7 所示，在气体的流通方向上缠绕三个线圈，中间的线圈以恒定的功率加热，两边的线圈分别测量温度。显然，流过管道的流量不同，从上游线圈到下游线圈之间的温度差不同，当流量改变时这个温度差也随之改变，因此可以用来测量流过的质量流量。

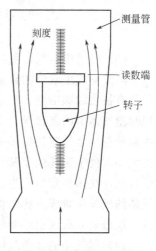

图 7-6　转子流量计结构原理

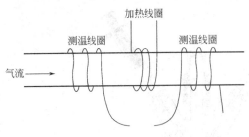

图 7-7 质量流量计结构原理

(2) 尾气中二氧化碳含量的测定

工业上一般使用红外二氧化碳分析仪在线检测尾气中二氧化碳的含量。图7-8是一种常用的非色散红外二氧化碳分析仪。图中,两条相同的入射红外光束分别通过气样室和参比室。在气养室内,由于二氧化碳吸收红外线发生衰减,通过与参比室的红外线比较得出衰减程度,从而确定气样室中的二氧化碳含量。

这种红外分析仪由于所用入射红外光的谱带较宽而落入其他成分特别是水的吸收区,因此需要对气流预先进行除湿处理,这延长了响应时间。另外,仪器比较容易发生零点漂移,故必须经常进行校准。

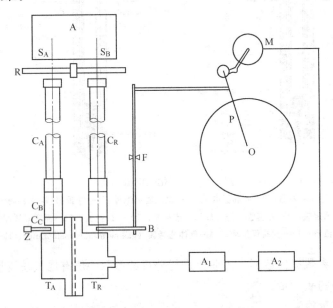

图7-8 非色散红外二氧化碳分析仪

A—光源;S_A—分析光束;S_B—参比光束;R—旋转遮光片;C_A,C_B,C_C—分析室;C_R—参比室;T_A—分析检测室;T_R—参比检测室;Z—调零遮光片;B—平衡遮光片;F—平衡遮光片操纵支撑点;M—伺服电动机;A_1,A_2—放大器;P—记录笔

(3) 尾气中氧气含量的分析

测量尾气中氧气的含量一般使用如图7-9所示的顺磁氧分析仪。顺磁氧分析根据氧气分子具有很强的顺磁性,容易被磁场吸引,而其他气体分子的顺磁性弱,或者具有抗磁性的原理测量气体中的氧含量。顺磁氧含量分析仪里有两个抗磁性玻璃球组成的哑铃状物体用石英线悬挂在一个恒定的磁场中,由于玻璃球的抗磁性,它受到磁场的排斥力发生扭转,排斥力的大小取决于磁场强度和周围气体的磁效应。由于氧气具有很强的顺磁性,在磁场里氧气含量越高,气体的磁效应越强,而外来磁场强度是恒定的,因此哑铃状物体受到排斥力与周围气体的氧气含量成正比。将哑铃状的扭转程度经过光学放大就可以在线测出气体中的氧含量。顺磁氧分析仪也需要经常进行标定。

(4) 尾气中的其他气体分析

工业生产中一般使用工业质谱仪对发酵尾气的多种成分进行在线检测。常用的工业质谱

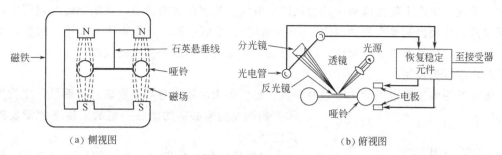

图 7-9 哑铃形顺磁氧分析仪

仪有扫描质谱和非扫描质谱两种,它们都由高真空取样口、分子离子化装置、高真空下的封闭磁场和检测器四部分组成。图 7-10 示意了一种非扫描质谱仪的结构原理,样气通过毛细管和分子漏进入离子化区,由发射灯丝发出的 20eV 电子束将进来的气体分子离子化,离子化的分子在永久磁场的作用下加速进入扇形分析器,在分析器里,这些离子化分子按照质量/电荷的大小分离,进入一排环形法拉第捕集器并产生电信号。电信号经放大器放大后输出。

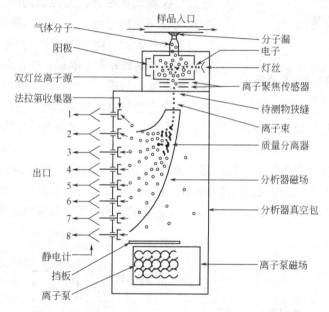

图 7-10 非扫描多捕集器磁扇型工业质谱仪结构原理

质谱仪虽然价格较贵,但却具备以下优点。

① 响应速度快,测量时间只有 12s,比红外气体分析仪快十倍;灵敏度强,可测二氧化碳的最低含量为 10^{-5}L/L 尾气。

② 稳定性好。一般正常情况下 6 个月无需调整。

③ 可测多种气体浓度。比如氮气含量,氨气含量等。

第三节 生物反应器的控制

一、生物反应过程主要参数的控制

生物反应器检测的目的是为了控制,而控制的目的是为了使生物反应处于最佳的反应条件下，反映在生产上就是以最少的消耗产生最优、最多的合格产品。在实际运行过程中，生物反应器的主要控制参数包括温度、pH（酸度）、溶氧、泡沫、生物体（菌体）浓度、生物体（菌体）比生长速率、呼吸商。以下详细介绍工业上对这些参数的控制。

（1）温度的控制

温度是影响发酵过程的一个重要参数，不仅因为生物本身对温度敏感，而且，生物生长和产物合成的所必需的酶在一定的温度下才能发挥较高的活性。

控制温度的方法很多，视具体情况而定。一般来说，对小规模的生物反应器，可使用电加热器和外部冷水冷却的方法调节温度，如图 7-11 所示，控制器使用温度探头感应反应器内的温度，当温度大于设定值时，将电加热器关闭，通入的冷水很快使温度降低。当温度低于设定值时，控制仪打开电加热器，使温度升高。控制仪使用开、关控制的办法，配合冷水将温度控制在一定的范围，温度控制精度可小于±0.5℃。

在比较大的生物反应器中，使用内置换热器，包括内置蛇管换热器和空心隔板，或者夹套换热器调节反应器内的温度。如图 7-12 所示，温度控制仪使用铂电阻探头感知生物反应器内的温度，与设定温度比较后，调

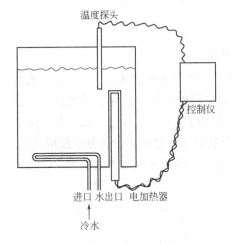

图 7-11 小规模生物反应器的温度控制

节外置水浴的冷水进口阀门和加热装置以改变水浴内的温度，水浴内的换热介质通过生物反应器的内置换热器，或者夹套换热器与培养液进行热交换，从而维持反应器温度在一定范围。图中的加热装置可以使用电加热，也可以直接通入蒸汽加热以及蒸汽换热器加热，冷却蛇管也可以换成直接加入冷水冷却。温度控制仪的调节一般采用更复杂的调节方式，如 PI 或者 PID 调节。这种温度控制方式精度最好可达±0.2℃，与反应器的大小有关，反应器越大，控制精度越低。

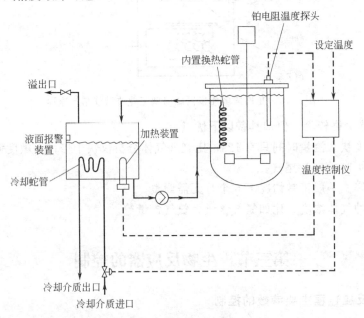

图 7-12 规模较大的生物反应器的温度控制

(2) 溶氧浓度的控制

在有氧生物大规模培养中,生物只能利用营养液中溶解状态的氧,一般称为溶氧。溶氧的不足将直接影响生物的生长和代谢,进而影响产物的合成。一般来说,生物在培养液中有一个最低溶氧浓度,低于这个浓度,将对生物造成不可逆的伤害。因此溶氧浓度的控制十分重要。

溶氧的浓度取决于氧气进入培养液的速度和生物消耗氧气的速度,如果前者大于后者,氧气浓度增加,否则降低,而在这两者中,能够控制的只有氧气进入培养液的速度。氧气进入培养液的速度取决于四个因素:搅拌速度、鼓入的空气的速度、鼓入气体中氧气的含量和反应器内氧气的分压。因此,氧气浓度的控制应从上述四个方面着手。增加搅拌速度能够提高培养液的湍动程度,不仅提高气相氧进入培养液的速度,而且,由于有利于产生更多的小气泡,增加了氧气与培养液接触的面积和接触时间,在一定条件下是最有效的调节手段。增加空气的鼓入速度虽然没有增加搅拌效果好,也能增加气相氧气进入液相的速度和推动力以及气液接触面积。增加氧气的浓度和增加反应器内氧气的分压具有类似的效果,都能够提高氧气进入液相的推动力。在实际生产中,以上四种方法常常结合使用。图 7-13 给出了两种溶氧浓度控制方案示意。

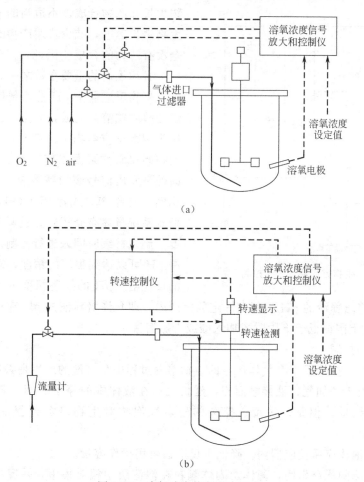

图 7-13 溶氧浓度控制方案示意

图 7-13 中的 (a) 方案使用了三个阀门分别调节高浓度氧、氮气、和空气进入速度。在生物培养的开始和结尾阶段,生物的耗氧量比较少,采取同时通入空气和氮气的方法,以稀

释空气中氧的浓度。在生物高速生长阶段,可以单独通入空气,或者空气和高纯度氧气同时通入以增加氧气的浓度。生物反应器内的溶氧浓度由溶氧电极传到溶氧浓度信号放大和控制仪,然后由控制仪分别调节三个阀门的开度。在这个方案中,不调节搅拌速度,适用于动物和植物细胞等对搅拌剪切力比较敏感的生物培养。

图 7-13 中的 (b) 方案适合微生物及其他对搅拌剪切力不太敏感的生物培养,是最为广泛应用的溶氧浓度控制方案。这个方案采用搅拌优先的控制方法,即,当溶氧浓度低于设定值时,先增加搅拌速度,如果搅拌速度增加到某个最大值后还达不到要求,再增加气体通入速度。当然,也可以人为设定某个搅拌转速不变,然后调节气体通入速度。

在实际操作中,溶氧浓度的控制有一定的难度,原因在于溶氧探头在经过高温消毒后其重现性和持续性都有所下降,再加上反应器内各处不均匀导致局部溶氧浓度过低而其他部分却正常。溶氧探头响应时间长也是个问题,导致测量严重滞后反应器内实际情况,当反应器内生物严重缺氧时,溶氧浓度可能显示一切正常。

(3) pH 的控制

培养液的 pH 既是培养液理化性质的反映,又是生物生长代谢的结果,反过来又影响生物生长和产物合成。不适当的 pH 将显著降低生物生长速率,减少代谢产物的产量,甚至完全没有产物的合成。因此,pH 是生物培养中一个必须控制的重要参数之一。

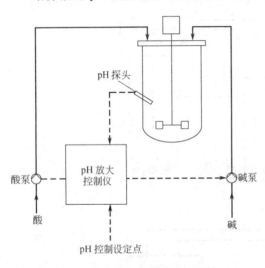

图 7-14 生物反应器的 pH 控制

生物反应器中 pH 的控制依靠向反应器内滴加酸或碱溶液完成,如图 7-14 所示,当 pH 探头测得反应器内 pH 高于设定值时,pH 放大控制仪向酸泵发出信号滴加酸溶液,否则,向碱泵发出信号滴加碱溶液。pH 控制仪使用比例,或者 PI,或者 PID (PI, PID 控制本章控制系统概述有介绍) 方式调节酸碱加入的频度、滴入持续时间来进行控制。用这种方法控制 pH 可以达到很高的精度,对一些中试规模的反应器,pH 的控制精度可达±0.03。在有些情况下,可将培养液的 pH 控制在一定的范围内,即允许培养液的 pH 在一定的上下限内波动,pH 超过上限或低于下限时才加入酸或者碱溶液。

(4) 泡沫的控制

在进行通气、搅拌或者有气体产生的生物培养过程中,气泡的产生是必然现象。适度及不稳定的气泡对于增加气、液接触面积,延长气体在液体中的停留时间,强化气液间的传质是有一定的帮助。但是,过度、持久的稳定性泡沫对生物培养过程造成一系列伤害如下。

① 大量的泡沫充斥反应器内,降低了反应器可用操作容量。

② 由于泡沫的飘浮作用,菌体及固体颗粒在泡沫层中相对集中,并容易附着在培养液上方罐壁及搅拌轴上,从而降低营养液层内生物体和营养物质的浓度,影响产率。

③ 附着在泡沫层上的生物体由于缺氧容易死亡自溶,在影响生产的同时,释放出的生物体蛋白将进一步促使泡沫的形成。

④ 泡沫层不容易被搅动，覆盖在培养液的上方，阻止补入的物料和调节 pH 用的酸碱及时分散到培养液中，造成局部生物生长和产物合成的损害。

⑤ 泡沫容易进入搅拌轴密封及反应器排气管道增加染菌的机会。

⑥ 泡沫容易夹带培养液从排气管道溢出造成所谓"逃液"现象，给生产带来损失。因此必须对泡沫进行控制。工业生产中一般使用以下办法控制泡沫。

a. 化学消沫。加入消沫剂消除泡沫是最常用的一种方法。消沫剂是一种表面活性物质，具有较低的表面张力，能够竞争性地取代泡沫中使泡沫保持稳定的蛋白质类表面活性化合物，降低泡沫的局部表面张力，使其受力不均匀而破裂。工业上使用的化学消沫剂一般应满足的要求是：在培养液中不溶解，但容易分散；对所培养的生物没有毒性；对热稳定，主要指在高温灭菌时不产生变化；不影响产物的生物合成；不对下游过程的提取造成困难；消泡能力强，持续时间长；无爆炸性、挥发性和腐蚀性；消沫成本低。

最早使用的化学消沫剂是天然油脂，优点是价廉、易得、无毒，故不仅直接用于消沫，而且可以作为其他化学消沫剂的载体，缺点是消沫较弱，作用时间短。相对分子质量在 2000 以上的聚醚（泡敌）以及聚二甲硅氧烷（硅油）比油脂有更强更持久的消沫作用，且对生物无毒，目前已广泛用于生物培养过程中，尤其是微生物发酵过程中。

使用消沫剂消沫时，生物反应器上的泡沫探头首先检测到泡沫的出现产生电信号，这个电信号立即开启电磁阀使消沫剂自动加入将泡沫消灭在开始生成阶段中。

b. 机械消泡。急剧变化的压力、剪切力、压缩力和冲击力可以起到破碎泡沫的作用。最常用的机械消泡装置是安装在搅拌轴上的消沫碟片，旋转叶片（消沫碟片）随搅拌轴转动，以冲击力和剪切力将泡沫破碎。这种消沫装置消沫效果有限。机械消沫装置还包括安装在培养液面上方的消沫转盘，原理在消沫检测装置中已有介绍。

除上述两种外，还有其他的消沫办法，如喷射消沫器、离心消沫器、真空消沫器、超声波消沫器等，由于装置复杂，较难维修，较少在工业生产中使用，不再详细介绍。

(5) 生物体浓度的控制

在生物培养过程中，生物体是生产的核心，当然它们在培养液中的浓度不能太低，太低的浓度会造成生物产品的产量降低从而增加成本，但是生物体的浓度也不能太高，否则将因生物反应器传氧能力的限制无法满足生物体呼吸的需要，造成它们生长与代谢的抑制，从而降低生产能力。因此生物体浓度必须在培养过程中加以适当控制，以使生产能力最大，消耗最少。

最佳生物体浓度的大小由生物反应器中的供氧和耗氧的平衡决定，当溶氧浓度恰好稳定在能保持较优的生物生长和产物合成的最低值（临界值）之上，这时的生物体浓度是恰当的。如果不是因通气、搅拌、压力、温度、pH 等环境条件变化引起的波动，那么，溶氧浓度如果低于临界值，说明菌体浓度过高，这时应当补入无菌水或者降低营养物质的补充，以降低生物体浓度，使溶氧浓度尽快恢复到临界水平以上；反之，则要增加营养物质的补充，使培养液中生物体的浓度增加。

生物体的浓度是否合适，除了根据溶氧浓度判断和控制外，还可以根据尾气中氧和二氧化碳浓度来估计和控制。如果尾气中二氧化碳浓度太高，或者氧气浓度太低，表明生物体浓度太高，需要减少养料的供给，或者进行稀释，反之则需要增加养料的供给。

在实际生产中，以上两种方法通常结合使用，既能控制合适的生物体浓度，又能保持生物体浓度的稳定,从而产生比较理想的效果。

二、控制系统概述

1. 基本反馈控制系统

基本反馈控制系统由控制器和控制对象两个基本元素组成。图 7-15 是一个温度反馈控制系统,温度传感器检测到控制对象值为 T 并反馈到控制器中,控制器将反馈值 T 与设定值 T_s 进行比较得出一个偏差 e,然后根据这个偏差输出一个控制信号大小为 P,自动调节阀门根据 P 的大小控制阀门的开度。测量值 T 如果高于设定值 T_s,阀门开大,偏差越大,信号 P 越大,阀门的开度愈大。如果温度低于设定值,阀门开小,温度越低,负偏差越大,阀门开度越小。温度等于设定值,阀门不动作。

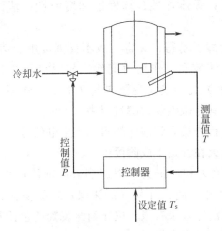

图 7-15 反馈控制系统

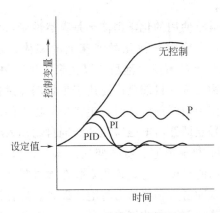

图 7-16 三种控制方式效果

在这种控制系统中,控制器将根据偏差 e 通过计算给出一个控制信号 P,P 计算方式一般有以下三种:

$$P = ke \tag{1}$$

式中,k 为常数。输出的控制信号的大小与偏差 e 成正比,因此,这种控制方式又称为比例控制,或 P 控制方式。

$$P = k\left(e + \frac{1}{T_i}\int_0^t e\mathrm{d}t\right) \tag{2}$$

式中,k 为常数;T_i 为积分时间。P 不仅与 e 有关,而且与 e 对时间的积分有关,即 P 的值分为两部分,第一部分为比例部分,第二部分为积分部分,因此这种控制方式又称为比例积分控制,也常称为 PI 控制。

$$P = k\left(e + \frac{1}{T_i}\int_0^t e\mathrm{d}t + T_d\frac{\mathrm{d}e}{\mathrm{d}t}\right) \tag{3}$$

式中,T_d 为微分时间,P 的值除包含比例和积分部分外,还与 e 对时间的导数有关,这部分即微分部分。因此,这种控制方式称为比例积分微分控制,常称 PID 控制。

这三种控制方式的控制效果可以从图 7-16 进行比较。由图可见 PID 控制最有效。

2. 时间-比例控制系统

PID 反馈控制系统输出一个连续变化的控制信号,需要有一个能够连续调节的控制执行机构，比如气动阀门等，这对一些较小的反应器，或者较简单的控制场合显然不太适用。比如，对一些只有几升的反应器，气动阀门显得有些昂贵。一些只需要开、关的控制也只需要两个控制信号即可，不需要连续的控制值。但是，只用开、关的方式进行控制，效果会很差甚至有时无法控制。比如在图 7-15 中，如果温度低于设定值，就关闭冷却水阀门，否则打开冷却水阀门，温度可能无法控制。但是，如果将 PID 控制方法输出的连续信号转化为一系列的开、关指令，转化的原则是 PID 输出信号 P 越大，开指令持续的时间越长，否则越短，这种控制方式就是时间-比例控制。这种控制方式对比较小的发酵罐可以达到较高的精度，比如，30~50L 的发酵罐对温度和 pH 控制完全能够满足要求，对 pH 控制甚至可以应用到 3000L 的发酵罐中。

但是，时间-比例控制不适用于搅拌速度、通气速率、通气压力等的控制，因为这些装置不适合频繁的开关操作。

3. 计算机控制系统

如果使用计算机代替控制系统的控制器，检测探头将检测到的信号输入计算机，计算机根据一些初始设定，通过比较得出偏差值 e，然后计算出输出信号 P 的大小，送到执行机构进行控制操作，这样的控制系统就是计算机控制系统。

实现计算机控制系统至少需要具备两个条件。首先，计算机只能识别数字信号，而检测探头输出的是模拟信号，因此，必须将模拟信号转变为数字信号才能够输入到计算机，这个过程由模拟/数字转换器完成，即 A/D 转化器。其次，计算机只能输出数字信号，而一般的执行机构只识别模拟信号，因此计算机输出的控制信号 P 必须转变为响应的模拟信号才能够进行控制动作，这个要求由数字/模拟转换器满足，即 D/A 转换器。

有了 A/D 或者 D/A 转换器，计算机完全可以替代以上控制回路的控制器。不仅如此，由于计算机强大的算数和逻辑运算能力，计算机可同时采集多个控制点的测量值，根据非常复杂的数学模型进行运算，向多个执行机构输出控制信号或者指令，实现多回路控制。此外，由于计算机可以持有系统全部控制点的测量值，能够进行多个控制点数据之间的比较，并根据情况自动修改系统的设定值，实现优化控制。计算机也可以储存历史数据，供日后研究和调用。总之，由于计算机强大的功能，计算机可以组成各种类型的控制系统，主要有以下几种。

（1）操作指导系统

计算机不直接参与生产过程的控制，仅用来巡回检测、数据记录、加工处理、列表和图形输出，作为分析和控制的依据。

（2）直接数控系统（DDC）

计算机将巡回检测结果与设定值比较，然后按照事先确定的控制算法进行运算，根据运算结果直接指令执行机构对生产过程实施控制。

（3）监督控制系统（SCC）

计算机根据描述生产过程的数学模型或其他方式，自动改变系统的设定值，再实施直接数字控制。

DDC 系统和 SCC 系统的区别在于前者的设定值是预先给定的，不能随过程状态的变化进行更改，而后者的设定值是计算机根据模型计算得出，能根据对过程的检测结果及时、自动地予以修正。显然，对于分批生物培养过程来说，后者更为适用。

图 7-17 是用于微生物发酵过程的某个计算机控制系统示意。

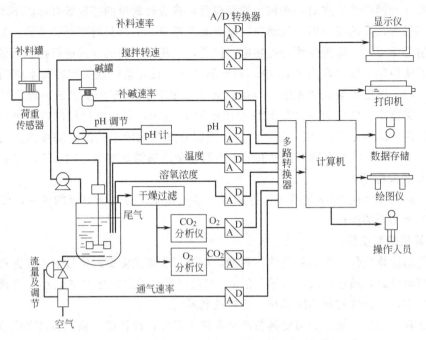

图 7-17 用于微生物发酵过程的某个计算机控制系统示意

思 考 题

1. 生物反应器中需要控制的参数分为几种，请举例说明。
2. 什么是传感器检测的精确度、准确度、分辨率和相应时间？什么是在线检测？
3. 生产中常使用什么种类的温度探头检测生物反应器内的温度，为什么？
4. 溶氧检测探头有几种，它们的原理是什么？
5. 测量氧化还原电位和溶氧的电极有何异同点？
6. 请各列一种生物反应器尾气中的氧气和二氧化碳浓度检测装置，并简述其原理。
7. 生物反应器溶氧浓度的控制方案有哪两种？简述其适用场合。
8. 在有氧生物培养中，最佳的溶氧浓度是怎样决定的？
9. 为什么控制生物体浓度，如何控制？
10. 简述 DDC、SCC 计算机控制系统和 A/D、D/A 转换器。

第八章 过滤、离心与膜分离设备

第一节 概　　述

一、分离过程的分类

生物工业中，最后一个环节是把目的产物从培养液或反应液中分离出来。分离的方法常用的有机械分离和传质分离两大类。机械分离过程的分离对象是由两相以上组分组成的混合物，其目的只是简单地将各项加以分离。例如过滤、沉降、离心分离等。传质分离过程用于各种均相混合物的分离，其特点是有质量传递现象发生。按所依据的物理化学原理不同，工业上常用的传质分离过程又分两大类：即平衡分离过程和速率分离过程。

平衡分离过程系借助分离媒介（热能、溶剂、吸附剂）使均相混合物系统变为两相系统，再以混合物中各组分在处于平衡的两相中分配关系的差异为依据而实现分离。根据两相状态不同，平衡分离过程可分为如下几类。

气液传质分离过程：如液体的蒸馏和精馏。

液液传质分离过程：如萃取。

液固传质分离过程：如结晶、浸取、吸附、离子交换等。

气固传质分离过程：如固体干燥、吸附等。

速率分离过程是指借助某种推动力，如浓度差、压力差、温度差、电位差等的作用，利用各组分扩散速度的差异而实现混合物的分离操作。速率分离可分为膜分离和场分离两大类。

二、过滤、离心与膜分离及性能比较

1. 过滤

过滤是传统的化工单元操作，其原理是使物料通过固态过滤介质时，固态悬浮物与溶液分离。如液相中谷氨酸钠、柠檬酸晶体的分离。

2. 离心分离

离心分离是基于分离体系中固液和液液两相密度存在差异，在离心场中使不同密度的两相相分离的过程。静置混合液时，密度较大的固体颗粒或重液在重力的作用下逐渐下沉，这一过程称为沉降。当密度差较小、溶液黏度较大时，沉降速度非常缓慢。若采用离心技术则可加速沉降过程，缩短沉降时间。

3. 膜分离技术

膜分离是利用膜的选择性，以膜的两侧存在一定的能量差为推动力，膜分离常用的膜有微滤膜、超滤膜、电渗析膜和反渗透膜等。

过滤、离心与膜分离是生物工业中常用的分离方法，其分离原理、性能特点比较见表 8-1。

表 8-1　生物工业中常用的分离方法

分离方法	原料相态	操作原理	性能特点	实例
过滤分离	固液悬浮液	依靠过滤介质分离	流体通过多孔介质的流动	柠檬酸发酵液
离心分离	固液悬浮液	依靠离心力分离	得到含湿量的固相和高纯度的液相	从发酵液中分离大肠杆菌
膜分离	溶液	依靠能量差分离	设备简单、无相变、节能	乳品和果汁的浓缩

第二节　过滤速度的强化

过滤、离心分离是分离固液发酵液常用的方法。但对高黏度、非牛顿流体分离速度极其缓慢，生产难以进行。因此，用于分离的发酵液一般需要进行预处理，改善流体性能，提高过滤和离心速度。过滤时还需注意滤饼的形成过程，以及滤饼的性质。

一、发酵液的预处理

发酵液预处理的方法很多，针对不同的对象，如悬浮液中的液相、固相、或者悬浮液本身来进行，现分述如下。

1. 调整液体的黏度（液相预处理）

固体颗粒的沉降速度、滤液的过滤速率均与液体的黏度成反比。因此，降低液体的黏度，有利于固液的分离。实际生产中降低液体黏度的方法有以下两种。

（1）提高液体的温度

液体的黏度随温度升高而降低，例如水的温度从 20℃ 升到 50℃ 时，黏度下降 50%。这种方法简单易行，但应注意的是，温度升到一定程度后，其对黏度的影响就越来越小。

（2）用低黏度液体稀释

这种方法由于低黏度的稀释剂价格高需回收、增加处理量等不足而在实际中应用较少。只在必要如石油脱蜡时才采用。

2. 凝聚和絮聚（固相的预处理）

固相预处理是一个固体颗粒增大的过程，通过增大固相颗粒的沉降速度或滤饼层的渗透性，从而提高沉降速度和过滤速度，得到好的分离效果。常用的处理措施包括凝聚、絮聚及固相增浓。

（1）凝聚

凝聚是将一种无机电解质（凝聚剂）加入到悬浮液中，通过电荷中和降低固相离子表面电荷以及由此产生的颗粒间的相互排斥力，使得固相颗粒有可能在范德瓦尔斯力的作用下相互靠近并产生碰撞而黏附成粗大的粒子。常用的凝聚剂有：硫酸铝、氯化铝、聚合氯化铝、三氯化铁、硫酸亚铁等。

（2）絮聚

絮聚是将一种高分子电解质（絮聚剂）加入到悬浮液中，借高分子电解质的长链作用，与离子产生静电作用，捕获粒子，中和电荷，黏结颗粒，以及在固相粒子间搭桥，使颗粒不断凝结为较大的絮块。

絮聚剂具有长链线状结构，是一种水溶性聚合物，相对分子质量可高达数万至一千万以上，在长链节上含有许多活性功能团，可以带有多价电荷，也可以不带电荷。它们通过静电引力、分子间力或氢键作用,强烈地吸附在胶粒的表面,一个高分子聚合物的许多链节分别吸附在不同颗粒的表面上,形成架桥连接,生成粗大的絮团。常用的絮聚剂主要是聚丙烯酰胺及其衍生物,相对分子质量为 $(0.5\sim20)\times10^6$,其按电性分为中性絮聚剂(非离子型)、阴离子型絮聚剂和阳离子型絮聚剂三种。非离子型絮聚剂有聚丙烯酰胺、聚氧化乙烯及乙烯醇等;阴离子型有丙烯酰胺共聚物、聚丙烯酸、聚乙烯磺酸钠及聚苯乙烯磺酸钠等;阳离子型絮聚剂的相对分子质量($\leqslant 5\times 10^6$)一般比非离子型和阴离子型的低,但价格较贵,常用的有聚胺、丙烯酰胺共聚物等。

影响凝聚和絮聚的因素主要有絮凝剂的用量(最佳用量是絮凝剂全部被吸附在固相粒子表面上,且絮块的沉降速度最大),pH 和离子强度,絮凝剂相对分子质量的大小和分布,絮凝剂在悬浮液中均布程度以及悬浮液的温度等。

3. 固相增浓

对于细粒级固相悬浮液,低浓度料浆所形成的滤饼通常比高浓度料浆所形成的滤饼过滤阻力大,因此,提高固相浓度可改善过滤性能,提高单位面积的滤液通过量。提高悬浮液固相浓度的方法有两种:一是在不影响产品质量的前提下添加助滤剂,如硅藻土、膨胀珍珠岩粉、纤维素或碳粉等,使固相浓度增加;二是用沉降装置,如重力沉降槽、旋流器等进行预增浓。

4. 加入反应剂

加入反应剂和某些可溶性盐类与悬浮液反应生成不溶性沉淀,如 $CaSO_4$、$AlPO_4$ 等。生成的沉淀能防止菌丝体黏结,使菌丝具有块状结构,同时沉淀还可作为助滤剂,使悬浮液凝固,从而改变过滤性能。如在新生霉素发酵液中加入氯化钙和磷酸钠,生成的磷酸钙沉淀不仅可以充当助滤剂,还可以使某些蛋白质凝固。因此,正确选择反应剂和反应条件,能使过滤速度提高 3~10 倍。

如发酵液中含有不溶性多糖物质,最好用酶将它转化为单糖,以便提高过滤速度。例如,万古霉素用淀粉做培养基,发酵液过滤前加入 0.025% 的淀粉酶,搅拌 30min 后,再加入 2.5% 硅藻土助滤剂,可使过滤速度提高 5 倍。

二、过滤介质选择

1. 工业中常用过滤介质的种类

(1) 滤布

滤布是品种最多、用途最广的过滤介质。过滤性能取决于它的材质、织法、滤浆温度和成分。

滤布的材料构成可以是棉、毛、丝、麻等天然纤维和各种化学合成纤维。普通棉纤维具有较好的强度,价格低廉,但只能在不超过 100℃ 条件下使用,当温度较高时迅速丧失其强度,且不耐腐蚀;毛织滤布的截留能力稍逊于棉织滤布,在弹性方面要优于棉织滤布,但价格稍贵;丝的耐酸稳定性大致相当于毛,耐碱稳定性则介于棉、毛之间。丝织滤布对悬浮液中的固相颗粒有令人满意的截留性,同时对液相有足够的渗透性。但是,丝织滤布往往表面比较光滑,对固体颗粒的黏附作用较小,因而不利于悬浮液中微小固体颗粒的完全清除;合成纤维是利用空气、煤、石油、天然气、水等经过化学合成与机械加工制造出来的,具有很高的机械强度、耐热、耐化学腐蚀,对微生物也具有稳定性,因此,应用非常广泛。

滤布的织法有三种:平纹、斜纹以及缎纹织法。平织可得到最为紧密的滤布构造,因而孔隙最小，缎纹织滤布的孔隙最大，斜纹织法的孔隙大小居中。正因为平纹布的孔隙最小，所以它的颗粒截留性最好，而且价格便宜，但易发生堵塞；斜纹织法的截留能力和发生堵塞的程度都居中，抗摩擦能力很强，过滤速度也大；缎纹滤布的孔隙最大，所以在三种基本织法中，它的截留能力最低，但滤饼的剥离性好，堵塞也少。

(2) 滤网

一般滤网的材质是不锈钢和黄铜，也采用莫涅耳镍铜合金、青铜、镍，甚至碳素钢。由于采用了金属材质，滤网具有耐磨性、耐高温性和耐腐蚀性等特点，此外，它们在工作中不会出现收缩和延伸现象，使用寿命长。金属丝网的表面光滑，不易发生堵塞现象。但是价格比纤维滤布贵。

滤网可以用不同粗度的线材，采用平纹织法和斜纹织法制造出各种各样的滤网。滤网常常用在叶滤机和转鼓过滤机上，除了能给助滤剂层提供良好的表面以进行助滤剂过滤外，还可以在无助滤剂的情况下使用。

(3) 刚性多孔介质

刚性多孔介质是用陶瓷、塑料、金属等粉末烧结而成的。烧结时可加入黏结剂，也可不加，并通过控制原料粉末细度、温度、压力及烧结时间，可以得到孔隙均匀、渗透性各异的刚性多孔介质。刚性多孔介质的形状，可以是筒状、盘状和板状。其中，圆筒状元件适于加压过滤，而板状适于重力过滤和真空过滤。

(4) 松散固体介质

松散固体介质有硅藻土、珍珠岩粉、细纱、活性炭、白土等，填充于过滤器内，用于澄清过滤，最常用的是硅藻土。它性质优良：一般不与酸碱反应，化学性质稳定，不会改变液体组成；形状不规则，孔隙大且多孔，具有很大的吸附表面；无毒且不可压缩，形成的过滤层不会因操作压力变化而阻力变化，因此，也是一种良好的助滤剂。硅藻土过滤介质通常有三种用法：作为深层过滤介质、作为预涂层、作为助滤剂。

2. 过滤介质的选择

(1) 良好的过滤介质应满足的要求

① 过滤阻力小，滤饼容易剥离，不易发生堵塞。

② 耐高温、耐腐蚀、强度高、容易加工，易于再生，廉价易得。

③ 过滤速度稳定，符合过滤机理，适应过滤机的形式和操作条件。

(2) 选择时应考虑的因素

选择过滤介质，首先要了解过滤目的，其次需要掌握如下一些数据和资料。

① 固体颗粒的性质，包括颗粒的尺寸、形状以及相对密度的大小。颗粒尺寸是根据介质能截留的最小颗粒来选择合适过滤介质的依据，如表8-2所示。

② 液体的性质，包括液体的酸碱性、温度、黏度和相对密度等。

③ 滤浆的性质，包括固-液比、颗粒的聚集作用、黏度等。

④ 滤饼的性质，包括滤饼的比阻力、可压缩性、洁净性、松散性、可塑性等。

⑤ 生产率，了解生产率有助于确定合适的过滤推动力。

(3) 过滤介质选择的方法

过滤介质种类繁多，过滤机形式多种多样，滤浆的性质及分离条件、目的各不相同，使得过滤介质的选择并非轻而易举。正确选择过滤介质，一是靠经验，二是靠实验。在充分了解上面提到的一些必要的数据和资料之后，遵循选择介质的顺序，选出满足条件的介质。

表 8-2　各类过滤介质能截留的最小颗粒

介质的类型	举　例	截留的最小颗粒/μm
滤布	天然及人造纤维编织滤布	10
滤网	金属丝编织滤网	>5
非织造纤维介质	纤维为材料的纸 玻璃纤维为材料的纸 毛毡	5 2 10
多孔塑料	薄膜	0.005
刚性多孔介质	陶瓷 金属陶瓷	1 3
松散固体介质	硅藻土 膨胀珍珠岩	<1 <1

三、过滤操作条件的优化

从化工原理的学习可知，过滤方程为

$$\frac{\mathrm{d}V}{\mathrm{d}t}=\frac{1}{\mu}\times\frac{\Delta pF}{r_0l+R} \tag{8-1}$$

式中　t——过滤时间，s；

V——滤液体积，m^3；

Δp——过滤压力差，Pa；

μ——滤液黏度，Pa·s；

r_0——滤饼的质量比阻，$1/m^2$；

l——滤饼层的厚度，m；

R——滤布阻力，$1/m$；

F——过滤面积，m^2。

式（8-1）表明过滤速度与过滤面积、过滤压力差成正比，但与滤液黏度、滤饼的质量比阻、滤饼层的厚度成反比。因此，只有改善悬浮液的物理性质、操作条件，才能优化操作。

1. 改善悬浮液的物理性质

主要是降低滤液黏度，减少滤饼的体积比阻力及滤饼层厚度。加热是降低滤液黏度最有效可行的方法。在过滤操作中，如果操作条件允许，尽可能采用加热过滤。另外，有些悬浮液还可以用其他方法降低黏度。如在啤酒糖化中加入适量的 β-葡萄糖苷酶，由于 β-葡萄糖苷酶的降解作用可降低麦汁的黏度。

滤饼的体积比阻力与滤饼毛细孔直径、毛细孔弯曲因子有关。增大滤饼毛细孔直径，减少毛细孔弯曲因子，有利于降低滤饼的体积比阻力，工业生产中常用的方法是在悬浮液中加入絮凝剂，使细小的胶体粒子"架桥"长大，从而形成大孔径的滤饼层。加入固体助滤剂可降低滤饼层的可压缩性，使毛细孔弯曲因子变小。

对于固体含量较大的悬浮液，过滤前可采用重力沉降和离心沉降的方法分离出大部分粒子，再进行过滤操作，这样可使滤饼层厚度减小，提高过滤速度，延长过滤周期。

2. 优化操作条件

优化操作条件的目的主要是提高过滤速度，对于不可压缩滤饼，滤饼的体积比阻力为一常量,过滤压差大,推动力大,过滤速度快。此种情况下,在过滤介质、过滤设备允许的机械强度范围内,尽可能采用加压过滤。然而,发酵液过滤所形成的滤饼通常是高度可压缩的,在一定的压力差范围内,提高压力差有利于加大过滤速度,但当压力差超过某一值后,继续增加压力差反而会降低过滤速度,其原因较复杂,这里不做研究。

第三节 过滤设备

过滤设备按操作方式可分为间歇式过滤机和连续式过滤机;按照采用的推动力可分为重力过滤机、加压过滤机、真空过滤机和离心过滤机。目前,工业上应用最广泛的板框式过滤机和叶滤机均为加压过滤机,回转式过滤机则为真空过滤机。分别介绍如下。

一、加压过滤设备

下面主要介绍板框式过滤机。

板框式过滤机有间歇式和自动式两种操作方式。间歇式过滤机是一种传统的过滤设备,在发酵工业中广泛应用于培养基制备的过滤及霉菌、放线菌、酵母菌和细菌等多种发酵液的固-液分离。以下介绍间歇式板框式过滤机的结构和原理。

1. 板框式过滤机的操作和结构

板框式过滤机是由许多块滤板和滤框交替排列而成。一端固定另一端可以让板框移动。板和框之间隔有滤布,用压紧装置自活动端方向压紧或拉开。图 8-1 表示板框式过滤机的装置情况。

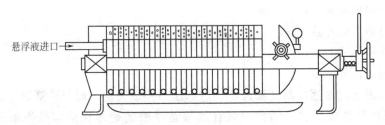

图 8-1 板框式过滤机

滤板和滤框多做成正方形,数目从 10~60 不等,每机的滤板和滤框数目,由生产能力和悬浮液的情况而定。

为了在装合时,不致使板和框的次序排错,在铸造时常在板和框的外檐,铸有小钮。在滤板的外缘有一个钮的称为过滤板,三个钮的称为洗涤板,在滤框的外缘铸有两个钮为滤框。从图 8-2 可以看出,1 是过滤板,2 是滤框,3 是洗涤板。板和框是按照钮的记号 1—2—3—2—1……的顺序排列的。

滤板和滤框的构造如图 8-2 所示。滤板表面上有棱状沟槽,其边缘略微突起。在板、框和滤布的两个角都有小孔,它们组合并压紧后即构成了供滤液和洗涤水流通的孔道。框的两侧覆以滤布,空框和滤布围成了容纳滤浆和滤饼的空间。滤板的作用有二:一是支撑滤布;二是滤液流出的通道。为此板面上制出各种凸凹纹路,凸者起支撑滤布的作用,凹者形成滤液通道。滤板又分为洗涤板和非洗涤板。

操作前,应将板、框和滤布按前述顺序排列,并转动机头,将板、框和滤布压紧。操作时,悬浮液在压力下经悬浮液通道和滤框的暗孔进入框内。滤液分别穿过两侧滤布,沿板上

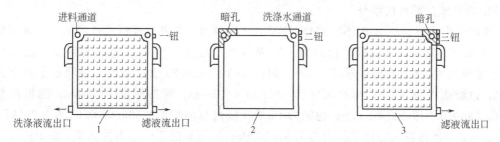

图 8-2 板框式过滤机的滤板和滤框构造
1—过滤板；2—滤框；3—洗涤板

沟槽流下，汇集于下端，经滤液出口阀流出。固体颗粒被滤布截留在滤框内形成滤渣，待滤渣充满滤框后停止过滤操作。若不洗涤滤渣，就放松机头螺旋，松动板框，取出滤渣。然后将滤框和滤布洗净，重新装合，准备下一次过滤操作。但是，多数情况滤饼装满后还需洗涤，有时还需压缩空气吹干。所以，板框式过滤机的一个工作周期包括装合，过滤，洗涤（吹干），去饼，洗净等过程。过滤和洗涤过程的情况见图 8-3。

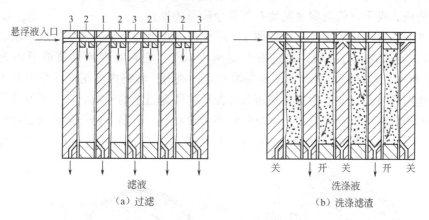

图 8-3 板框式过滤机操作简图
1—过滤板；2—滤框；3—洗涤板

2. 板框式过滤机的特点和适用范围

板框式过滤机的优点如下。
① 单位过滤面积占地少；
② 对物料的适应性强；
③ 过滤面积的选择范围宽；
④ 过滤压力高，滤饼的含水率低；
⑤ 结构简单，操作容易，故障少，保养方便，机器寿命长；
⑥ 因为是滤饼过滤，所以可得到澄清的滤液，固相回收率高；
⑦ 过滤操作稳定。

板框式过滤机的缺点：设备笨重，间歇操作，装卸板框劳动强度大；卫生条件差；辅助时间多和生产效率低；滤渣洗涤慢、不均匀；由于经常拆卸和在压力下操作，滤布磨损严重。

板框式过滤机比较适合于固体含量在 1%～10% 的悬浮液的分离。最大的操作压力可达 1.5MPa，通常使用压力为 $(3\sim5)\times10^5$ Pa。发酵液过滤时，处理量为 15～25L/(m^2·h)。

3. 板框式过滤机的型号

国产板框式过滤机有 BAS、BMS、BMY 三种型号。B 表示板框式过滤机，A 表示暗流式，M 表示明流式，S 表示手动压紧，Y 表示液压压紧。型号后面的数字表示过滤面积(m^2)-滤框尺寸（mm）/滤框厚度（mm）如：BAY40-635/25 表示暗流式油压压紧板框式过滤机，过滤面积为 $40m^2$，框内尺寸为 $635mm \times 635mm$，滤框厚度为 25mm；滤框块数 = $40/(0.635 \times 0.635 \times 2) = 50$ 块；滤板为 49 块；板内总体积 = $0.635m \times 0.635m \times 0.025m \times 50 = 0.5m^3$。此过滤机的操作压力为 $7.8 \times 10^5 Pa$；油压缸的工作压力为 $2.9 \times 10^5 Pa$。

二、真空过滤设备

真空过滤设备一般以真空度作为过滤推动力。常用的设备有：转鼓真空过滤机、水平回转圆盘真空过滤机、垂直回转圆盘真空过滤机和水平带式真空过滤机等。生物工业中用的最多的是转鼓式真空过滤机。

1. 转鼓式真空过滤机的结构与操作

转鼓式真空过滤机是连续操作过滤机中应用最广泛的一种。转筒每转一周就完成一个包括过滤、洗涤、吸干、卸渣和清洗滤布等几个阶段的操作。

转鼓式真空过滤机的操作简图如图 8-4 所示，过滤机的主要部分是一水平放置的回转圆筒（转鼓），筒的表面有孔眼，并包有金属网和滤布。它在装有悬浮液的槽内做低速回转（通常转速为 1~2r/min），转筒的下半部浸在悬浮液内。转筒内部用隔板分成互不相通的扇形格，这些扇形格经过空心主轴的通道和分配头的固定盘上的小室相通。分配头的作用是使转筒内各个扇形格同真空管路或压缩空气管路顺次接通。于是在转筒的回转过程中，借分配头的作用，每个过滤室相继与分配头的几个室相接通，使过滤面形成以下几个工作区。

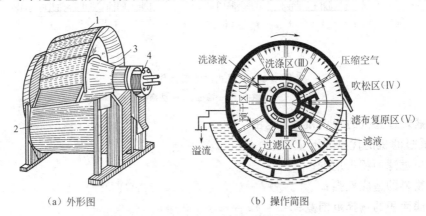

(a) 外形图　　(b) 操作简图

图 8-4　转鼓式真空过滤机的结构和工作示意

1—转鼓；2—悬浮液储槽；3—过滤室；4—分配头

(1) 过滤区 I

当浸在悬浮液内的各扇形格同真空管路接通时，格内为真空。由于转筒内外压力差的作用，滤液透过滤布，被吸入扇形格内，经分配头被吸出。而固体颗粒在滤布上则形成一层逐渐增厚的滤渣。

(2) 吸干区 II

当扇形格离开悬浮液进入此区时，格内仍与真空管路相通。滤渣在真空下被吸干，以进一步降低滤饼中溶质的含量。有些特殊设计的转鼓过滤机上还设有绳索（或布）压紧滤饼或用滚筒压紧装置,用以压榨滤饼、降低液体含量并使滤饼厚薄均匀防止龟裂。

(3) 洗涤区Ⅲ

洗涤液用喷嘴均匀喷洒在滤饼层上,以透过滤饼置换其中的滤液,洗涤液同滤液一样,经分配头被吸出。滤渣被洗涤后,再经过一段吸干段进行吸干。此区与分配头的Ⅱ区相接通。

(4) 吹松区Ⅳ

这个区扇形格与压缩空气管相接通,压缩空气经分配头,从扇形格内部吹向滤渣,使其松动,以便卸料。

(5) 滤布复原区Ⅴ

这部分扇形格移近到刮刀时,滤渣就被刮落下来。滤渣被刮落后,可由扇形格内部通入空气或蒸汽,将滤布吹洗净,重新开始下一循环的操作。

因为转鼓不断旋转,每个滤室相继通过各区即构成了连续操作的工作循环。而且在各操作区域之间,都有不大的休止区域。这样,当扇形格从一个操作区转向另一个操作区时,各操作区不致互相连通。

2. 转鼓式真空过滤机的特点和应用范围

转鼓式真空过滤机结构简单,运转和维护保养容易,成本低,可连续操作。压缩空气反吹不仅有利于卸除滤饼,也可以防止滤布堵塞。但由于空气反吹管与滤液管为同一根管,所以反吹时会将滞留在管中的残液回吹到滤饼上,因而增加了滤饼的含湿率。

转鼓式真空过滤机适用于过滤各种物料,也适用于温度较高的悬浮液,但温度不能过高,以免滤液的蒸气压过大而使真空失效。通常真空管路的真空度约为 33～86kPa。

3. 转鼓式真空过滤机的型号及形式

(1) 型号

国产转鼓式真空过滤机的型号有 GP 和 GP-X 型,GP 型为外滤面刮刀卸料多室转鼓式真空过滤机,GP-X 型为外滤面绳索卸料多室转鼓式真空过滤机。例如:代号 GP2-1 型过滤机,其中 2 表示过滤面积为 $2m^2$,1 表示转鼓直径为 1m。

(2) 转鼓式真空过滤机的形式

转鼓式真空过滤机除了常用的多室式外滤面过滤机外,还有多种形式,下面简单介绍单室式和内部给液式两种。

① 单室式转鼓真空过滤机是将空心轴内部分隔成对应于各工作区的几个室,空心轴外部用隔板焊成与转鼓内壁接触的两个部分:一部分通真空,另一部分通压缩空气,空心轴固定不转动,当转鼓旋转时与空心轴各室相连通,形成不同的工作区。

单室式转鼓真空过滤机不分室、不用分配阀,所以结构简单,机件少;但转鼓内壁要求精确加工,否则不易密合而引起真空泄露。这种设备的真空度较低,适用于悬浮液中固体含量较少、形成滤饼较薄的场合。

② 内部给液式转鼓真空过滤机的过滤面在转鼓的内侧,因而加料、洗涤、卸渣等均在转鼓内进行。这种设备结构紧凑,外部简洁,不需另设料液槽,可减轻设备自重,没有料液搅拌器,只需一套传动装置,对于易沉淀的悬浮液非常适用。缺点是工作情况不易观察,检修不便。

三、离心过滤设备

实现离心过滤操作过程的设备称为过滤离心机。结构如图 8-5 所示。离心机转鼓壁上有许多孔,供排出滤液用,转鼓内壁上铺有过滤介质,过滤介质由金属丝底网和滤布组成。加

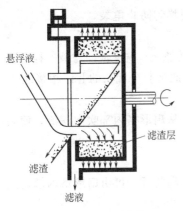

图 8-5 离心过滤机结构示意

入转鼓的悬浮液随转鼓一同旋转,悬浮液中的固体颗粒在离心力的作用下,沿径向移动被截留在过滤介质表面,形成滤渣层;与此同时,液体在离心力作用下透过滤渣、过滤介质和转鼓壁上的孔被甩出,从而实现固体颗粒与液体的分离。

悬浮液在离心力场中所受离心力为重力的千百倍,这就强化了过滤过程,加快了过滤速度,滤渣中液体含量也较低。过滤离心机一般用于固体颗粒尺寸大于 $10\mu m$ 悬浮液的过滤。

过滤离心机根据支撑方式、卸料方式和操作方式的不同分为多种形式,主要有以下几种:三足式、上悬式、刮刀卸料式、活塞卸料式、离心力卸料式和螺旋卸料式等。

中国现有过滤离心机的种类及其运转方式、滤饼形式、卸料方式等见表 8-3。

表 8-3 各种过滤离心机

离心机种类	型号	运转方式	滤饼形式	卸出周期	滤饼卸出方式	滤网形式
三足式	SS、SX、SXG	间歇	固定型	间歇	人工、自动	各种滤网
	SSZ、SXZ				刮刀	
上悬式	XZ、XJ	间歇	固定型	间歇	人工、自动	各种滤网
					刮刀	
刮刀卸料式	WG	连续	固定型	间歇	刮刀	各种滤网
活塞卸料式	WH	连续	移动型	脉动	推料盘	条网、板网
离心卸料式	LI	连续	移动型	连续	物料离心力	板网
振动式		连续	移动型	连续	物料惯性力	板网
螺旋卸料式		连续	移动型	连续	螺旋	板网

三足式过滤离心机是最早出现的一种过滤式离心机,直到目前仍广泛应用于生物工业,现介绍如下。

1. 结构和工作原理

最简单的三足式过滤离心机,仅由一个底部封闭的圆筒形转鼓、垂直的主轴及驱动装置等组成。操作时,料液从机器顶部加入,经布料器在转鼓内均匀分布,滤液受离心力作用穿过过滤介质,从鼓壁外收集,而固体颗粒则截留在过滤介质上,逐渐形成一定厚度的滤饼层。卸料时需停机,靠人工除去滤饼及更换过滤介质,机器运转及分离过程均为间歇式。

随后,由于各种新技术的相继应用,三足式过滤离心机得到了迅速发展,出现了许多新型的自动操作的三足式过滤离心机,整个操作在完全自动的周期性循环过程下进行。其结构特征如国产 SXY-1000 型三足式液压过滤离心机。它主要由机体、油马达、主轴、转鼓、刮刀装置、液压及自控系统组成,见图 8-6 所示。

2. 特点与应用

与其他形式的过滤式离心机相比,三足式过滤离心机广泛应用于轻工、制药和生物化工等工业部门,用做分离悬浮液和成品件、纤维料的甩干等,并具有以下优点。

① 对物料的适应性强。选用恰当的过滤介质,可以分离粒径仅为微米级的细微颗粒,

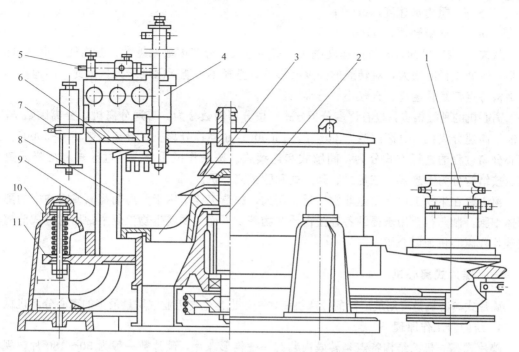

图 8-6 SXY-1000 型三足式液压过滤离心机
1—油马达；2—主轴；3—转鼓底；4—刮刀装置；5—旋转油缸；6—拦液板；
7—升降油缸；8—转鼓壁；9—壳体；10—弹性悬挂支撑装置；11—底盘

也能用来使成件产品脱液。通过调节分离操作时间，可适用于各种难分离的悬浮液。对滤饼洗涤有不同要求时也容易适应。

② 结构简单，制造、安装、维修方便，成本低，操作容易掌握。停机或低速下卸料，易于保持产品的径粒形状。

③ 弹性悬挂支撑结构能够减少由于不均匀负载所引起的振动，机器运转平稳。

④ 整个高速回转机构集中在一个可以封闭的壳体中，易于实现密封防爆。

这种离心机的主要缺点是：间歇式分离，周期循环操作；进料阶段需启动、增速，卸料则在减速或停机时进行；生产能力低；人工上部卸料的机型劳动强度大，操作条件差。因而，只适用于中小规模的生产。

第四节　离心分离设备

实现离心分离操作的机械称为离心机或离心分离设备。它是通过高速回转部件产生的离心力实现悬浮液、乳浊液的分离和固相浓缩、液相澄清的分离机械。其重要的技术性能指标是分离因数。也就是粒子在离心力场中所受到的离心力和重力之比，即

$$Fr = \omega^2 R/g \approx \frac{Rn^2}{900} \tag{8-2}$$

式中　Fr——离心分离因数；

　　　ω——回转件角速度，1/min；

　　　R——转鼓直径，m；

g——重力加速度，m/s^2；

n——转鼓转速，r/min。

从式 (8-2) 可知，转鼓的速度越大，直径越大，分离因数就越大，分离能力也就越强。但是，转鼓直径的增大，对转鼓的强度有影响，直径不可能无限度增大。因此，高速离心机的结构特点都是转速高、直径小、分离因数大。

离心机的种类很多，也有许多分类方式。按分离因数分为：普通分离机，分离因数 $Fr>3500$；高速分离机，分离因数 $3500<Fr<50000$；超高速分离机，分离因数 $Fr>50000$。按离心分离过程的进行方式分为：间歇式和连续式。按操作性质分为：过滤式和沉降式离心机。按结构分为上悬式、三足式、碟片式和管式离心机。

离心机在生物工业上用途非常广泛。例如，酿造工业中用于分离葡萄酒或啤酒中的酵母菌体细胞，制药行业用于提纯各种蛋白质产物等。下面主要就生物工业中常用的管式分离机和碟片式离心机加以介绍。

一、碟片式离心机

碟片式离心机是应用最广泛的分离机械之一，也是生物工业中用量最多的离心分离机械。

1. 结构和工作原理

碟片式离心机的结构特点是转鼓内装有一叠锥形碟片，碟片数一般为 50~180 片，视机型而定。碟片的锥顶角一般为 60°~100°，碟片与碟片间距离依靠附于碟片背面、具有一定厚度的狭条调节和控制，一般为 0.5~1.5mm，由于数量众多的碟片以及很小的碟片间距，增大了沉淀面积，缩短了沉降距离，因而碟片式离心机具有较高的分离效率。

碟片式离心机主要用于分离乳浊液，也可用来分离悬浮液。操作时，由液-液-固组成的多相分散系，在随转鼓高速旋转时，由于相互间密度不同，在离心力场中，产生的离心惯性力

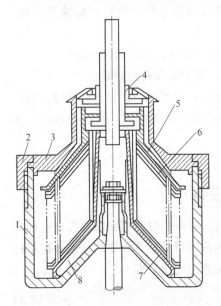

图 8-7 人工排渣碟片式离心机结构
1—转鼓底；2—锁紧环；3—转鼓盖；
4—向心盘；5—分隔碟片；6—碟片；
7—中心管及喇叭口；8—筋条

大小也不同，固体颗粒密度最大，受到的离心力也最大，因此沉降到碟片内表面上后，向碟片的外缘滑动，最后沉积到鼓壁上；而密度不同的液体则分成两层，密度大的相离心力大，处于外层，密度小的相离心力小，处于内层，两相之间有一分界面，称为"中性层"从而可使液-液-固分散系得到较完全的分离。

2. 种类和应用特点

碟片式离心机按排渣方式的不同，可分为人工排渣、喷嘴排渣和自动排渣三种形式。这种分类能更好地反映出各种碟片式离心机的结构特征。下面介绍各种形式碟片式离心机的结构和性能特点。

(1) 人工排渣碟片式离心机

结构如图 8-7 所示。转鼓由圆柱形筒体、锥形顶盖及锁紧环组成。转鼓中间有底部为喇叭口的中心管料液分配器，中心管及喇叭口常有纵向筋条，使液体与转鼓有相同的角速度。中心管料液分配器圆柱部分套有锥形碟片，在碟片束上有分隔碟片，其颈部有向心泵。

人工排渣碟片式离心机结构简单，价格便宜，可得

到密实的沉渣，故广泛用于乳浊液及含少量固体（1%～5%）的悬浮液的分离。缺点是转鼓与碟片之间留有较大的沉渣容积，这部分空间不能充分发挥碟片式离心机高效率分离的特点。此外间歇人工排渣生产效率较低，劳动强度较大。

（2）喷嘴排渣碟片式离心机

这种类型的分离机的转鼓由圆筒形改为双锥形，既有大的沉渣储存容积，也使被喷射的沉渣有好的流动轮廓。排渣口或喷嘴位于锥顶端部位，也有的喷嘴装置安装于转鼓底部附近。

喷嘴排渣碟片式离心机具有结构简单，生产连续，产量大等特点。排出固体为浓缩液，为了减少损失，提高固体纯度，需要进行洗涤。喷嘴易磨损，需要经常更换。喷嘴易堵塞，能适应的最小颗粒约为 $0.5\mu m$，进料液中的固体含量为 6%～25%。

（3）自动排渣碟片式离心机

这种离心机的转鼓由上下两部分组成，上转鼓不做上下运动，下转鼓通过液压的作用能上下运动。操作时，转鼓内液体的压力传入上部水室，通过活塞和密封环使下转鼓向上顶紧。卸渣时，从外部注入高压液体至下水室，将阀门打开，将上部水室中的液体排出；下转鼓向下移动，被打开一定缝隙而卸渣。卸渣完毕后，又恢复到原来的工作状态。

自动排渣碟片式离心机的进料和分离液的排出是连续的，而被分离的固相浓缩液则是间歇地从机内排出。排渣结构有开式和闭式两种，根据需要也可不用自控而用手控操作。

这种离心机的分离因数为 5500～7500，能分离的最小颗粒为 $0.5\mu m$，料液中固体含量为 1%～10%，大型离心机的生产能力可达 $60m^3/h$。生物工业中常用于从发酵液中回收菌体、抗生素及疫苗，也可应用于化工、医药食品等工业。

二、管式离心机

1. 结构与工作原理

管式离心机的结构如图 8-8 所示。它由挠性主轴、管状转鼓、上下轴承室、机座外壳及制动装置等主要部件组成。转鼓正常运转后，被分离物料自进料管进入转鼓下部，在强大离心力的作用下将两种液体分离。重相液经分离头孔道喷出，进入重相液收集器，从排液管排出；轻相液经分离头中心部位轻相液口喷出，进入轻相液收集器从排出管排出。轻、重液相在转鼓内的分界面位置，可通过改变孔径大小进行调整。

2. 特点与适用

管式离心机的转鼓直径最小，用增大转鼓长度增大容积，以提高生产能力。因此，

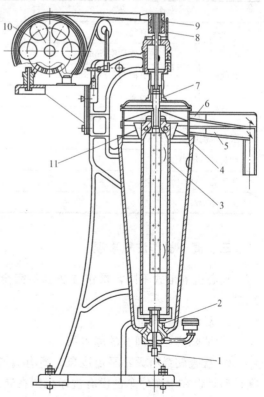

图 8-8 管式离心机

1—进料管；2—下轴承装置；3—转鼓；4—机壳；
5—重相液出口；6—轻相液出口；7—转鼓轴颈；
8—上轴承装置；9—上轴承装置；
10—电动机；11—分离头

分离因数可达 15000～65000，是所有沉降离心机中分离因数最高的，分离效果最好。适用于固体颗粒直径 0.01～100μm，固相浓度在 1% 以下，固液相密度差大于 $10kg/m^3$ 的乳浊液和悬浮液的分离，每小时的处理能力为 0.1～4m^3。多用于油料、油漆、制药、化工等工业生产中，如油水、蛋白质、青霉素、香精油的分离等。

3. 种类和型号

管式离心机有两种，一种是 GQ 型，用于分离各种难分离的悬浮液。特别适合于浓度小、黏度大、固相颗粒细、固液密度差较小的固液分离。例如，各种药液、葡萄糖、洗必泰、苹果酸、各种口服液、北斗根的澄清；各种蛋白、藻带、果胶的提取；血液分离、疫苗菌丝、各种葡萄糖的沉降油、染料、各种树脂、橡胶溶液的提纯。另一种是 GF 型用于分离各种乳浊液，特别适合于二相相对密度差甚微的液-液分离以及含有少量杂质的液-液-固分离。例如，血浆、生物药品的分离及从动物血中提取血浆等。

管式离心机的型号由两部分组成：一部分是类型代号；另一部分是转鼓内径。如：GF105，其中 105 表示离心机的转鼓直径为 105mm。

4. 技术参数

管式离心机技术参数见表 8-4。

表 8-4 管式离心机技术参数

	型 号	GF105 型	GQ150 型
转鼓	直径/mm	105	142
	有效高度/mm	730	700
	沉渣容积/L	5.5	10
	转速/(r/min)	16000	14000
	最大分离因素	15025	15570
进料口喷嘴直径/mm		4、6、8、10	8、10、12
物料进口压力/MPa		>0.05	>0.05
生产能力/(L/h)		约 1200	约 3000
操作体积/L		6.3	11

三、离心操作注意事项

离心机的形式不同，操作方法也不完全相同。下面简单介绍离心机一般的安全操作与维护。

1. 启动前的准备

① 清除离心机周围的障碍物。

② 检查转鼓有无不平衡迹象。所有离心机转子（包括转鼓、轴等）均由制造厂做过平衡试验，但在上次停车前没有洗净残留在转鼓内的沉淀物，将会出现不平衡现象，从而导致启动时幅度较大，不安全。一般用手拉动三角皮带转动转鼓进行检查，若发现不平衡状态，应用清水冲洗离心机内部，直至转鼓平衡为止。

③ 启动润滑油泵，检查各注油点，确认已注油。

④ 将卸料机构调节至规定位置。

⑤ 检查刹车手柄的位置是否正确。

⑥ 液压系统先进行单独试车。
⑦ "假"启动。短暂接触电源开关并立即停车，检查转鼓的旋转方向是否正确，确认无异常现象。

2. 启动程序及要点

① 启动油泵电动机。开车必须先启动油泵电动机，然后将两端主轴承油压调节到规定的压力值。
② 启动离心机主电动机。主电动机必须一次启动，不许点动。如一次启动未成功，必须待液力联轴器冷却后才能再启动。主电动机每小时内不得多于两次启动。
③ 调节离心机转速，使其达到正常的操作转速。
④ 打开进料阀，开始进料。待机组达到额定转速 5~10min 后方可投料。进料阀应逐渐开启，同时注意操作电流是否稳定在规定之内。进料料浆浓度不得过高，否则，应予稀释处理。

3. 运行过程检查及注意事项

① 在离心机运行中，应经常检查各转动部位的轴承温度、各连接螺栓有无松动现象以及有无异声和强烈振动等。
② 离心机在正常运行工况下，噪声的声级不得超过 85dB。
③ 对于成品使用的离心机，在没有进行仔细的计算和校核以前，不得随意改变其转速，更不允许在高速回转的转子上进行补焊、拆除或添加零件和重物。
④ 离心机的盖子在未盖好以前，禁止启动。禁止以任何物体、任何形式强行使离心机停止转动。机器未停稳以前，禁止人工铲料。
⑤ 禁止在离心机运转时用手或其他工具伸入转鼓内接取物料。
⑥ 进入离心机内进行人工卸料、清理或检修时，必须切断电源，取下保险，挂上警告牌，同时还应将转鼓与机体卡死。
⑦ 严格执行操作规程，不允许超负荷运行，以免发生事故。
⑧ 下料要均匀，避免发生偏心运转而导致转鼓与机壳摩擦产生火花。
⑨ 为安全操作，离心机的开关、按钮应在方便操作的地方；试验台必须保证离心机安装正确，并有安全保护装置；外露的旋转部件必须设有安全保护罩等。
⑩ 电动机与电控箱接地必须安全可靠；制动装置与主电动机应有联锁装置，且准确可靠。

4. 停车操作程序及要点

(1) 正常停车

当分离操作过程完成后，按下述顺序操作，停止装置运转。
① 关闭进料阀。一般采取逐步关闭方式，逐渐减少进料，直到完全停止进料为止。
② 清洗离心机。通常用水（或母液）来进行，冲洗时间约 5~10min，至操作电流降至正常的空载电流为止。
③ 关闭进水阀（或母液阀），停止冲洗离心机。在此之前不得关停主电动机。
④ 停主电动机。待进料、冲洗完全停止以后，关闭主电动机。离心机转动惯性较大，一般不要强行制动停转。
⑤ 离心机停止运转后，停止润滑油泵和水泵的运行。

(2) 紧急停车

凡遇以下情况之一，应迅速关闭进料阀，紧急停机。
① 液力联轴器喷油。

② 出现异常声响和振动。
③ 齿轮箱周围空气温度过高。
④ 操作电流突然升高。
⑤ 其他异常现象。

第五节 膜分离设备

一、膜分离方法及膜

膜分离是借助一种特殊制造的、具有选择透过性能的薄膜，在某种推动力的作用下，利用流体中各组分对膜的渗透速率的差别而实现组分分离的单元操作。膜分离过程一般不发生相变，特别适用于热敏性介质的分离。此外，操作方便，设备结构简单、维护费用低，因而是现代分离技术中一种效率较高的分离手段。

膜分离技术的核心是分离膜。按分离膜的材质不同可将其分为聚合物膜和无机膜两大类。目前使用的分离膜大多数是以高分子材料制成的聚合膜。聚合膜按照膜的结构与作用特点，分为对称膜、非对称性膜、复合膜三类。

1. 对称膜

膜两侧截面的结构及形态相同，且孔径与孔径分布也基本一致。对称膜可以是疏松的微孔膜或致密的均相膜，膜的厚度大致在 $10 \sim 200 \mu m$ 范围内，如图 8-9（a）所示。

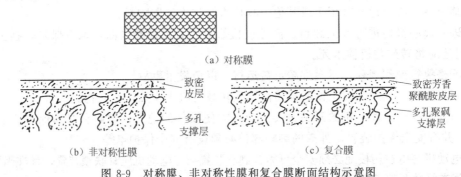

图 8-9 对称膜、非对称性膜和复合膜断面结构示意图

2. 非对称性膜

非对称性膜由致密的表皮层及疏松的多孔支撑层组成，如图 8-9（b）所示。膜上下两侧截面的结构及形态不同，致密层厚度约为 $0.1 \sim 0.5 \mu m$，支撑层厚度约为 $50 \sim 150 \mu m$。在膜分离过程中，渗透通量一般与膜厚度成正比，由于非对称性膜的致密皮层比致密膜的厚度薄得多，故其渗透通量比致密膜大得多。

3. 复合膜

复合膜实际上也是一种具有表皮层的非对称性膜，如图 8-9（c）所示，但表皮层材料与用作支撑层的对称或非对称性膜的材料不同，皮层可以多层叠合，通常超薄的致密皮层可以用化学或物理等方法在非对称性膜的支撑层上直接复合制得。

二、膜分离过程

膜分离过程一般根据膜分离的推动力和传递机理进行分类，如表 8-5 所示。下面简单介绍几种常见的膜分离过程的基本原理、流程及在工业生产中的典型应用。

表 8-5　工业生产中常用的膜分离过程

名　称	推动力	传　递　机　理	膜 类 型	应　　　用
超滤	压力差	按径粒选择分离溶液所含的微粒和大分子	非对称性膜	溶液过滤和澄清,以及大分子溶质的澄清
反渗透	压力差	对膜一侧的料液施加压力,当压力超过它的渗透压时,溶剂就会逆着自然渗透的方向作反向渗透	非对称性膜或复合膜	海水和苦咸水的淡化、废水处理、乳品和果汁的浓缩以及生化和生物制剂的分离和浓缩等
渗析	浓度差	利用膜对溶质的选择透过性,实现不同性质溶质的分离	非对称性膜离子交换膜	人工肾、废酸回收、溶液脱酸和碱液精制等方面
电渗析	电位差	利用离子交换膜的选择透过性,从溶液中脱除电解质	离子交换膜	海水经过电渗析,得到的淡化液是脱盐水,浓缩液是卤水
气体分离	压力差	利用各组分渗透速率的差别,分离气体混合物	均匀膜、复合膜、非对称性膜	合成氨放气或从其他气体中回收氨
液膜分离	化学反应	以液膜为分离介质分离两个液相	液膜	烃类分离、废水处理、金属离子的提取和回收

三、膜分离设备

将膜以某种形式组装在一个基本单元内,这种器件称为膜分离器,又被称为膜组件。膜材料种类很多,但膜分离设备仅有几种。膜分离设备根据膜组件的形式不同可分为:板框式、圆管式、螺旋卷式、中空纤维式。下面分别简要介绍。

1. 板框式膜分离器

这种膜分离器的结构类似板框式过滤机,它由导流板、膜和支撑板交替重叠组成,如图 8-10 所示。所用的膜为平板式,厚度为 $50\sim500\mu m$,将其固定在支撑材料上,支持物呈多孔结构,对流体阻力很小,对欲分离的混合物呈惰性,支持物还具有一定的柔软性和刚性。

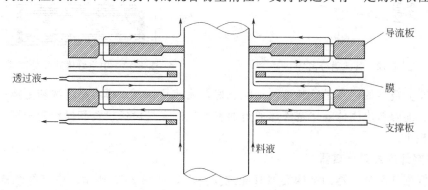

图 8-10　板框式膜分离器

操作时料液从下部进入,由导流板导流流过膜面,透过液透过膜,经支撑板面上的多流孔流入支撑板的内腔,再从支撑板外侧的出口流出;料液沿导流板上的流道与孔道一层一层往上流,从膜过滤器上部的出口流出,即得浓缩液。

板框式膜分离器的优点是组装方便,膜的清洗更换比较容易;料液流通截面较大,不易堵塞;同一设备可视生产需要组装不同数量的膜。缺点是需密封的边界线长;为保证膜两侧的密封,对板框及其起密封作用的部件加工精度要求高;每块板上料液的流程短,通过板面一次的透过液相对量少,所以为了使料液达到一定的浓缩度,需经过板面多次,或者需要多次循环。

2. 螺旋卷式膜分离器

螺旋卷式膜分离器也是用平板膜制成,其结构与螺旋板式换热器类似如图 8-11 所示。支撑材料插入三边密封的信封状膜袋,袋口与中心集水管相接,然后衬上起导流作用的料液隔网,两者一起在中心管外缠绕成筒,装入耐压的圆筒中即构成膜器组件。操作时,料液沿隔网流动,与膜接触,透过液透过膜,沿膜袋内的多孔支撑流向中心管,然后由中心管导出。

目前螺旋卷式膜分离器在反渗透中应用比较广泛,大型组件直径 300mm,长 900mm,有效膜面积 $51m^2$。与板框式膜分离器比较,螺旋卷式膜分离器的优点是设备较紧凑,单位体积内的膜面积大。缺点是清洗不方便,膜有损坏,不能更换。

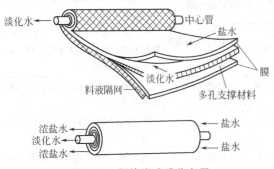

图 8-11 螺旋卷式膜分离器

3. 管式膜分离器

管式膜分离器的结构类似管壳式换热器,如图 8-12 所示。其结构主要是把膜和多孔支撑体均制成管状,使两者装在一起,管状膜可以在管内侧,也可以在管外侧。对于内压式膜组件膜被直接浇注在多孔的不锈钢管内或用玻璃增强的塑料管内。加压的料液从管内流过,透过膜的渗透液在管外被收集。对外压式膜组件膜则被浇注在多孔支撑管外侧面。加压的料液从管外侧流过,渗透液则由管外侧渗透通过膜进入多孔支撑管内。无论是内压式还是外压式,都可以根据需要设计成串联或并联装置。

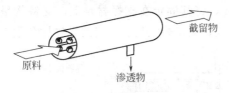

图 8-12 管式膜分离器

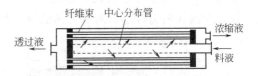

图 8-13 中空纤维式膜分离器

管式膜分离器的优点是原料液流动状态好,流速易控制;膜容易清洗和更换;能够处理黏度高的、能够析出固体等堵塞液体通道的料液。缺点是设备投资和操作费用高,单位体积的过滤面积小。

4. 中空纤维式膜分离器

中空纤维式膜分离器的结构类似管壳式换热器,如图 8-13 所示。中空纤维式膜分离器的组装是把大量(有时是几十万或更多)的中空纤维膜装入圆筒耐压容器内。通常纤维束的一端封住,另一端固定在用环氧树脂浇注的管板上。使用时加压的料液由膜件的一端进入壳侧,在向另一端流动的同时,渗透组分经纤维管壁进入管内通道,经管板放出,截流物在容器的另一端排掉。

中空纤维式膜分离器的优点是设备单位面积内的膜面积大,不需要支撑材料,寿命可长达 5 年,设备投资低。缺点是膜组件的制作技术复杂,管板制造也较困难,易堵塞,不易清洗。

思 考 题

1. 发酵液的预处理的方法主要有哪些？简述其机理。
2. 如何选择过滤操作条件和提高过滤速度？
3. 过滤介质有哪些种类，如何选择过滤介质？
4. 简述板框式过滤机、真空转鼓式过滤机的结构特点和工作原理。
5. 什么是分离因数？分离因数与离心机的分离能力之间有何关系？
6. 碟片式离心机有哪些种类，各有什么特点，应用在哪些场合？
7. 离心过滤设备有何特点？
8. 什么是膜分离，常用膜分离过程有哪几种，原理如何？
9. 常用的膜组件有哪几种，结构和特点如何？
10. 离心机什么情况下需紧急停车？

第九章 萃取和离子交换分离设备

生物工厂中,萃取和离子交换是分离液体混合物常用的单元操作,是产物提取的主要分离方法,应用极其广泛。萃取是任意两相之间的传质过程,是依据各组分在选定的溶剂中溶解度不同,实现混合物分离的技术。萃取操作可以提取和增浓产物,使产物初步得到纯化。离子交换技术是根据物质的酸碱性、极性和分子大小的差异实现混合物分离的技术,离子交换法分离提纯各种发酵产物具有成本低、操作方便、节约有机溶剂等优点,在分离提纯蛋白质、氨基酸、核酸和酶等具有生物活性物质方面体现出极大的优势。本章主要讨论这两种方法的分离原理及设备。

第一节 萃取分离原理及设备

萃取指任意两相之间的传质过程。按原料液相态的不同将萃取分为液-液萃取和固-液萃取。

液-液萃取是分离液体混合物的单元操作之一,它是将选定的溶剂加到混合液中,因混合液的各组分的溶解度不同,从而达到混合物分离的目的。又称为溶剂萃取,简称萃取。

在溶剂萃取中,欲提取的物质称为溶质,用于萃取的溶剂称为萃取剂,溶质转移到萃取剂中的溶液称为萃取液,剩余的料液称为萃余液。

一、溶剂萃取流程

实现组分分离的萃取操作过程由混合、分层、萃取相分离、萃余相分离等一系列步骤组成。这些步骤相关设备的合理组合就构成了萃取操作流程。工业生产中常见的萃取流程有单级萃取和多级逆流萃取两种。下面分别加以介绍。

1. 单级萃取流程

单级萃取流程是液-液萃取中最简单的操作形式,一般用于间歇操作。如图 9-1 所示。

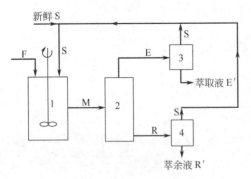

图 9-1 单级萃取流程
1—混合器;2—分离器;
3—萃取相分离器;4—萃余相分离器

原料液 F 与萃取剂 S 一起加入混合器 1 内,并用搅拌器加以搅拌,使两种液体充分混合,然后将混合液 M 引入分离器 2,经静置后分层,萃取相 E 进入分离器 3,经分离后获得萃取剂 S 和萃取液 E′;萃余相进入分离器 4,经分离后获得萃取剂 S 和萃余液 R′,分离器 3 和分离器 4 的萃取剂 S 循环使用。

单级萃取操作不能对原料液进行较完全的分离,萃取液 E′浓度不高,萃余液 R′中仍含有较多的溶质 A;但是,流程简单,操作可以间歇也可以连续。因此,在工业生产中仍广泛采用,尤其是当萃取剂分离能力大，分离效果好，或工艺对分离要求不高时，采用此种流程更为适合。

2. 多级逆流萃取流程

如图 9-2 所示为多级逆流萃取流程。

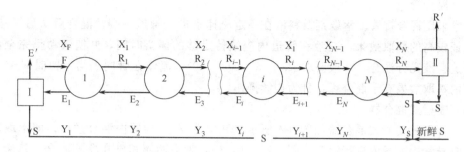

图 9-2　多级逆流萃取流程

原料液 F 从第一级加入，依次经过各级萃取，成为各级的萃余相，其溶质 A 含量逐级下降，最后从第 N 级流出；萃取剂则从第 N 级加入，依次通过各级与萃余相逆相接触，进行多次萃取，其溶质含量逐级提高，最后从第 1 级流出。最终的萃取相 E_1 送至溶剂回收装置 I 中分离出 E' 和 S，S 循环使用；最终的萃余相 R_N 送至溶剂回收装置 II 中分离出 R' 和 S，S 循环使用。

多级逆流萃取可获得含溶质 A 浓度很高的萃取液和含溶质很低的萃余液，而且萃取剂的用量少，因而，在工业生产中得到广泛的应用。特别是以原料液中两组分为过程产品，且工艺要求将混合液进行彻底分离时，采用多级逆流萃取更为合适。

二、萃取操作过程及设备

液-液萃取设备包括三个部分：混合设备、分离设备和溶剂回收设备。混合设备是真正进行萃取的设备，它要求料液与萃取剂充分混合形成乳浊液，欲分离的生物产品自料液转入萃取剂中。分离设备是将萃取后形成的萃取相和萃余相进行分离。溶剂回收设备需要把萃取液中的生物产品与萃取溶液分离并加以回收。混合通常在搅拌罐中进行，也可将料液与萃取剂在管道内以很高速度混合，称管道萃取，也有利用喷射泵进行涡流混合，称喷射萃取。分离多采用分离因数较高的离心机，也可将混合与分离同时在一个设备内完成，称萃取机。溶剂回收利用各种蒸馏设备来完成，这里不再重复。

1. 混合设备

萃取操作中，用于两液相混合的设备有混合罐、混合管、喷射萃取器及泵等。

（1）混合罐

混合罐的结构类似于带机械搅拌的密闭式反应罐，如图 9-3 所示。搅拌器采用螺旋桨式，转速为 400～1000r/min，为防止中心液面下凹，在罐壁设置挡板。罐顶上有萃取剂、料液、调节 pH 的酸（碱）液及去乳化剂的进口管，底部有排料管。料液在罐内的平均混合停留时间为 1～2min。由于搅拌器的作用，罐内几乎处于全混流状态，使罐内两液相的平均浓度与出口浓度近似相等。为了加大罐内两相间的传质推动力，可用带有中心孔的圆形水平隔板将混合罐分隔成上下连通的几个混合室，每个室中都设

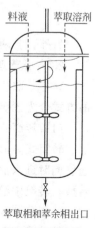

图 9-3　混合罐

有搅拌器。这样只有底部一个室中的混合液浓度与出口浓度相同。除机械搅拌混合罐外，还有气流混合搅拌罐，即将压缩空气通入料液中，借鼓泡作用进行搅拌，特别适宜于化学腐蚀性强的料液，但不适宜搅拌挥发性强的料液。

(2) 混合管

通常采用混合排管。萃取剂及料液在一定流速下进入管道一端，混合后从另一端导出，为了保证较高的萃取效果，料液在管道内应维持足够的停留时间，并使流动呈完全湍流状态，强迫料液充分混合。一般要求 $Re=(5\sim10)\times10^4$，流体在管内平均停留时间 $10\sim20s$。混合管的萃取效果高于混合罐，且为连续操作。

(3) 喷射式混合器

三种常见的喷射式混合器如图 9-4 所示。其中图（a）为器内混合过程，即萃取剂及料液由各自导管进入器内进行混合；图（b）、图（c）则为两液相已在器外混合，然后进入器内经喷嘴或孔板后，加强了湍流程度，从而提高了萃取效率。喷射式混合器是一种体积小效率高的混合装置，特别适宜于低黏度、易分散的料液。这种设备投资小，但需要料液在较高的压力下进入混合器。

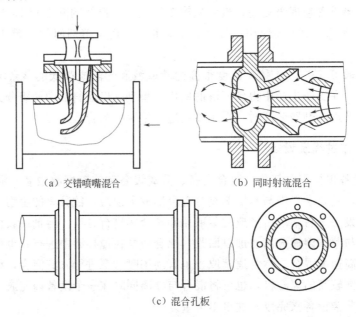

图 9-4 三种常见的喷射式混合器

另外，若两液相容易混合时，可直接利用离心泵在循环输送过程中进行混合。

2. 离心萃取机

离心萃取机是利用离心力的作用使两相快速混合、快速分离的萃取设备。可按两相接触的方式分为逐级接触式和微分接触式两类。

(1) 转筒式离心萃取器

转筒式离心萃取器是一种单级接触式设备，如图 9-5 所示。重液和轻液由设备底部的三通管同时进入混合室，在搅拌桨的作用下，两相被充分混合传质，然后一起进入高速转动的转鼓。转鼓中混合液在离心力的作用下，重液被甩向转鼓外缘，轻液被挤向转鼓的中心部位。两相分别经顶部的轻、重相堰流至相应的收集室，并经各自的排出口排出。

转筒式离心萃取器结构简单，效率高，易于控制，运行可靠。

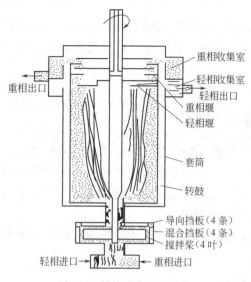

图 9-5 转筒式离心萃取器

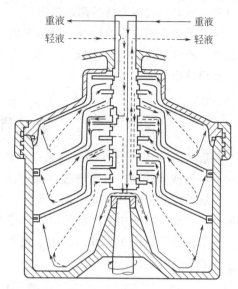

图 9-6 卢威式离心萃取器

(2) 卢威式离心萃取器

卢威式离心萃取器简称 LUWE 离心萃取器，是一种立式逐级接触式离心萃取设备。如图 9-6 所示为三级离心萃取器，其主体是固定在外壳上的环形盘，此盘随壳体做高速旋转。在壳体中央有固定不动的垂直空心轴，轴上装有圆形圆盘且开有若干个喷出口。萃取操作时，原料液和萃取剂均由空心轴的顶部加入，重液沿空心轴的通道下流至萃取器的底部而进入第 3 级的外壳内，轻液由空心轴的通道流入第 1 级，在空心轴内，轻液与来自下一级的重液混合，进行相际传质，然后混合物经空心轴上的喷嘴沿转盘与上方固定盘之间的通道被甩到外壳的四周。靠离心力的作用使轻、重相分开，重液由外部沿着转盘与下方固定盘之间的通道而进入轴的中心，并由顶部排出，其流向为由第 3 级经第 2 级再到第 1 级，然后进入空心轴的排出通道。轻液则沿图中虚线所示方向，由第 1 级经第 2 级再到第 3 级，然后由第 3 级进入空心轴的排出通道。两相均由萃取器的顶部排出。

卢威式离心萃取器的优点是：可以靠离心力的作用处理密度差小或易产生乳化现象的物系；设备结构紧凑，占地面积小，效率较高。缺点是：动能消耗大，设备费用也较高。

(3) 波德式离心萃取器

波德式离心萃取器又称离心薄膜萃取器，简称 POD 离心萃取器，是一种微分接触式萃取设备，如图 9-7 所示。主要由一水平空心轴和一随轴高速旋转的圆柱形转鼓以及固定外壳组成。转鼓由一多孔的长带卷绕而成，其转速一般为 2000~5000r/min，产生的离心力为重力的几百至几千倍。操作时，在带有机械密封装置的套管式空心转轴的两端分别引入重液和轻液，重液引入转鼓的中心，轻液由外向内，重液由内向外，两相沿径向逆流通过螺旋带上的各层筛孔，分散并进行相际传质。传质后的混合物在离心力的作用下又分为轻相和重相，

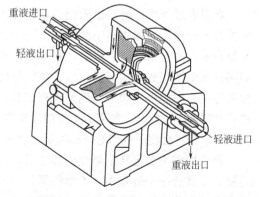

图 9-7 波德式离心萃取器

并分别引到套管式空心轴的两端流出。

波德式离心萃取器的优点：结构紧凑，物料停留时间短。缺点：结构复杂，制造困难，造价高，维修费和能耗均比较大。适宜于两相密度差小，易乳化，难分相及要求接触时间短、处理量小的场合。

第二节 浸 取

浸取或固-液萃取是让固体与某一种液体（即溶剂）相接触，通过两相的密切接触，固体中的一种或几种有用物质透过界面扩散到液相中，从而使固体中某些组分达到分离的目的。浸取的原料，多数情况下是溶质与不溶性固体所组成的混合物。溶质是浸取所需要的可溶组分，一般在溶剂中不溶解的固体，称为载体或惰性物质。

浸取操作广泛应用于食品工业、制药工业和冶金工业中。所使用的溶剂也是多种多样的，如表 9-1 所示。

表 9-1 浸取常用溶剂

产 物	固 体	溶 质	溶 剂
咖啡	粗烤咖啡	咖啡溶质	水
大豆蛋白	豆粉	蛋白质	NaOH 溶液,pH9 80%
香料	丁香、胡椒、麝香草	香料成分	乙醇
蔗糖	甘蔗、甜菜	蔗糖	水
维生素 B	碎米	维生素 B	乙醇-水
玉米蛋白质	玉米	玉米蛋白质	90%乙醇
胶质	胶原	胶质	稀酸
果汁	水果块	果汁	水
鱼油	碎鱼块	鱼油	乙烷,丁醇,CH_2Cl_2
鸦片提取物	罂粟	鸦片提取物	CH_2Cl_2
胰岛素	牛、猪胰脏	胰岛素	酸性醇
肝提取物	哺乳动物的肝	肽、缩氨酸	水
灰皮	兽皮	去胶质的蛋白质碳水化合	$Ca(OH)_2$ 水溶液
低水分水果	高水分水果	物水	50%的糖液
脱盐海藻	海藻	海盐	稀盐酸
去咖啡因的咖啡	绿咖啡豆	咖啡因	氯甲烷
中草药汁	中草药材	药用成分	水
药酒	中草药材	药用成分	酒

在浸取过程中，物质由固相转移到液相是一个传质过程。整个过程中，固体物料是否需要进行预处理，固体物料中的溶质能否很快地接触溶剂，是影响浸取速度的一个最大因素。预处理的方法包括粉碎、研磨、切片等。通常工业上是将这类物质加工成一定的形状，如在甜菜提取中加工成的甜菜丝，或在植物籽的提取中将其压制加工成薄片。对于动植物细胞，溶质存在于细胞中，如果细胞壁没有破裂，细胞壁产生的阻力会使浸取速度降低，所以，要进行细胞破碎。但是，如果为了将溶质提取出来，而磨碎破坏全部细胞壁，这也是不实际的，因为，这样将会使一些相对分子质量比较大的组分也被浸取出来，造成了溶质精制的困难。

浸取操作主要包括不溶性固体中所含的溶质在溶剂中溶解的过程和分离残渣与浸取液的过程。在最后一个过程中，不溶性固体与浸取液往往不能分离完全。因此，为了回收浸取后残渣中吸附的溶质，通常还需进行反复洗涤操作。

浸取设备按其操作方式可分为间歇式、半连续和连续式。按固体原料的处理方法,可分为固定床、移动床和分散接触式。按溶剂和固体原料接触的方式,可分为多级接触型和微分接触型。

一、多级间歇逆流浸取器

这种工艺是从单级接触间歇式改进而来的。它主要是建立在使用相同量的溶剂浸取,溶剂分成几次浸取所得的结果比一次浸取的效果好的基础上。该工艺应用了许多间歇浸取器所组成的浸取器组,被浸取物先加入第一级,经浸取后再送到第二级,依次类推。如图9-8所示。这种浸取器组最初应用于制糖工业中,其后在丹宁和药物的提取中也使用。在制糖工业中,从甜菜中提取糖,应用封闭型的槽,用71~77℃的热水来提取糖。在槽内完全充满液体时,流体串联流过各槽。采用这种方法,可以从含糖18%的甜菜中提取糖,糖的收率为95%~98%,最终浸取液的浓度达12%。

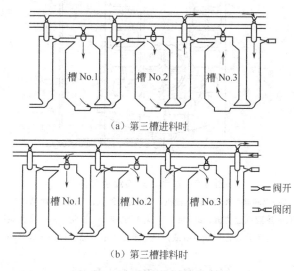

图 9-8 浸取器组的原理

多级间歇浸取工艺适宜于颗粒较细的物料浸取。浸取设备一般采用带有搅拌装置的道尔型增稠器,浸余物用隔膜泵从上一级输送到下一级。

二、移动床式连续浸取器

移动床式连续浸取器,如图9-9所示。它是一种斗式浸取器,由多个悬挂于环行链上的吊斗组成。当链轮转动时,吊斗以顺时针方向循环回转。在浸取器左侧的吊斗向上移动时,新的溶剂喷洒在近顶部的吊斗上,此处吊斗中的豆饼差不多已经浸取完全而没有多少油了。溶剂从此处的吊斗中通过饼渣淋入下面的吊斗。因此,它与移动的固定床以逆流接触,溶剂与豆油组成的溶液,层层下流后最后到达浸取器的底部左面的溶液池A中,由泵将半浓液送到半浓液储槽。在浸取器右侧的吊斗向下移动时,在顶部加料斗内加入一定量的固体物料。半浓液储槽内的溶液再喷淋装有新物料的斗中,此时斗内固体物料与溶液以顺流状接触,右侧的浓溶液最后聚集于底部的另一池B中,浓溶液从B池经另一泵排出。

移动床式浸取器是一种连续操作的浸提器,它适宜于粒径较大的固体物料,如榨油后的渣饼,用溶剂浸取其残留部分。

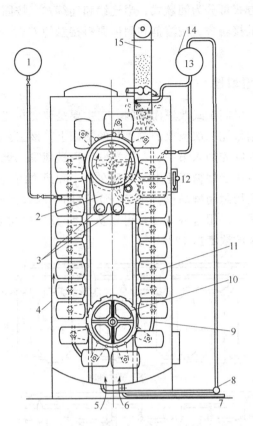

图 9-9 移动床式连续浸取器

1—纯溶剂；2—出料斗；3—螺旋运输机；4—密闭外壳；5—溶液池 A；6—溶液池 B；
7—粗油溶液到过滤机；8—泵；9—环行链；10—链轮；11—多孔旋链；
12—启动装置；13—半浓液；14—来自半浓液储槽；15—加料斗

第三节 超临界萃取

超临界萃取是近 20 年来发展起来的一种新型的萃取分离技术。这类技术利用超临界流体作为萃取剂，从液体或固体中萃取出待分离的组分。与萃取和浸取操作相比较，它们同是加入溶剂，在不同的相之间完成传质分离。不同的是，超临界萃取中所用的溶剂是超临界状态下的流体，该流体具有气体和液体之间的性质，且对许多物质均有很强的溶解能力，分离速度远比液体溶剂萃取快，可以实现高效的分离过程。

一、超临界流体的性质

超临界流体最重要的物理性质是密度、黏度和扩散系数，见表 9-2。

表 9-2 超临界流体、气体、液体的性质比较

性　质	液体	超临界流体	气　体
密度/(g/cm^3)	1	$0.1 \sim 0.5$	10^{-3}
黏度/(Pa·s)	10^{-3}	$10^{-4} \sim 10^{-5}$	10^{-5}
扩散系数/(cm^2/s)	10^{-5}	10^{-3}	10^{-1}

超临界流体的性质介于气液两相之间,主要表现在:有近似于气体的流动行为,黏度小、传质系数大,但其密度大,溶解度也比气相大得多,又表现出一定的液体行为。此外,介电常数、极化率和分子行为与气液两相均有着明显的差别。

作为超临界萃取的溶剂可以分为非极性和极性溶剂两种。表9-3列出了一些常用超临界萃取剂的临界温度和临界压力。表中最后五个萃取剂为极性萃取剂,由于极性和氢键的缘故,具有较高的临界温度和临界压力。

表9-3 一些常用超临界萃取剂的临界性质

萃取剂	临界温度/K	临界压力/Pa	临界密度/(g/cm³)
二氧化碳	304.1	73.8	0.469
氙	289.7	58.4	1.109
乙烷	305.4	48.8	0.203
乙烯	282.4	50.4	0.215
丙烷	369.8	42.5	0.217
丙烯	364.9	46.0	0.232
环己烷	553.5	40.7	0.273
苯	562.2	48.9	0.302
甲苯	591.8	41.0	0.292
对二甲苯	616.2	35.1	0.280
三氟氯烷	302.0	38.4	0.579
氟三氯烷	471.2	44.1	0.554
甲醇	512.6	80.9	0.272
乙醇	513.9	61.4	0.276
己丙醇	508.3	47.6	0.273
氨	405.5	113.5	0.235
水	647.3	221.2	0.315

在常用的超临界流体萃取剂中,非极性的二氧化碳应用最为广泛。这主要是由于二氧化碳的临界点较低,特别是临界温度接近常温,并且无毒无味、稳定性好、价格低廉、无残留。图9-10为CO_2的p-V-T相图,图中饱和蒸汽曲线和饱和液体曲线包围的区域为气液共存区。从图中可以看出,在临界点附近的超临界状态下等温线的斜度平缓,即温度或压力的微小变化就会引起密度发生很大的变化。另外,随压力升高,超临界流体密度增大,接近液体的密度。所以改变过程的温度或压力可实现萃取分离的目的。

二、超临界萃取的过程特征

① 超临界流体萃取一般选用化学性质稳定,无腐蚀性,其临界温度不过高或过低的物质做萃取剂,这类分离技术特别适宜于提取或精制热敏

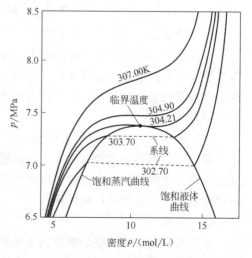

图9-10 CO_2的p-V-T相图

性、易氧化物质。

② 超临界流体萃取剂具有良好的溶解能力和选择性，且溶解能力随压力增加而增大。降低超临界相的密度可以将其包含的溶质凝析出来，过程无相变。

③ 由于超临界流体兼有液体和气体的特性，其萃取效率一般要高于液体溶剂萃取。

④ 选用无毒性的超临界流体（如 CO_2）做萃取剂，不会引起被萃取物质的污染，可以用于医药、食品等工业。

⑤ 超临界流体萃取属于高压技术范围，相平衡关系较为复杂，需要有与此相适应的设备，且设备费和安全要求高，需要大量溶剂循环，连续化生产较困难。

三、超临界萃取的典型过程及应用实例

1. 超临界萃取的典型过程

超临界萃取的典型过程是由萃取阶段和分离阶段组合而成。在萃取阶段，超临界流体将所需组分从原料中提取出来。在分离阶段，通过变化某个参数或其他方法，使萃取组分从超临界流体中分离出来，并使萃取剂循环使用。根据分离方法的不同，可以把超临界萃取的典型过程分为三种：等温法、等压法和吸附法，如图 9-11 所示。

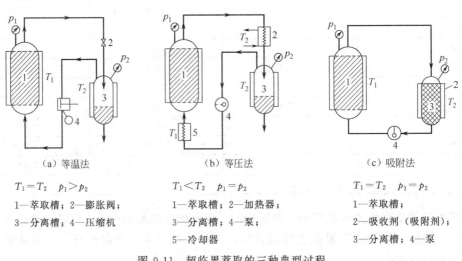

(a) 等温法　　　　　　　　(b) 等压法　　　　　　　　(c) 吸附法

$T_1=T_2$　$p_1>p_2$　　　　$T_1<T_2$　$p_1=p_2$　　　　$T_1=T_2$　$p_1=p_2$

1—萃取槽；2—膨胀阀；　　1—萃取槽；2—加热器；　　1—萃取槽；
3—分离槽；4—压缩机　　　3—分离槽；4—泵；　　　　2—吸收剂（吸附剂）；
　　　　　　　　　　　　　5—冷却器　　　　　　　　3—分离槽；4—泵

图 9-11　超临界萃取的三种典型过程

(1) 等温法

等温法是超临界萃取中应用最为方便的一种流程。它是通过变化压力而使萃取组分从超临界流体中分离出来。如图 9-11（a）所示，萃取了溶质的超临界流体经过膨胀阀后压力下降，其溶质的溶解度下降。溶质析出由分离槽底部取出，充当萃取剂的气体则经压缩机送回萃取槽循环使用。

(2) 等压法

等压法是利用温度的变化来实现溶质与萃取剂的分离。如图 9-11（b）所示，萃取了溶质的超临界流体经加热升温使萃取剂与溶质分离，由分离槽下方取出溶质。作为萃取剂的气体经降温升压后送回萃取槽使用。

(3) 吸附法

吸附法则是采用可吸附溶质而不吸附萃取剂的吸附剂使两者分离。如图 9-11（c）所示。萃取剂气体经压缩后循环使用。这种方法通常可用于利用超临界流体萃取产物中的杂质以纯

化产品的工艺过程中。

2. 超临界萃取的应用实例

超临界流体萃取是具有特殊优势的分离技术。近年来，在炼油、食品、医药等工业中已得到广泛应用。这里简要介绍几类应用研究情况。

(1) 天然产物中有效成分的分离提取

将超临界流体萃取应用于天然产物中有效成分的提取，咖啡豆中提取咖啡因是十分典型的应用范例。咖啡因存在于咖啡、茶等天然产物中。医药中用作利尿剂和强心剂。将浸泡过的生咖啡豆置于压力容器中，其间不断有 CO_2 循环通过，操作温度为 70~90℃，压力为 16~20MPa，密度为 0.4~0.65g/cm³。咖啡豆中的咖啡因逐渐被 CO_2 提取出来。带有咖啡因的 CO_2 用水洗涤，咖啡因转入水相，CO_2 循环使用。水经脱气后，可用蒸馏的方法回收其中的咖啡因。这类工艺的分离阶段也可以用活性炭吸附取代水洗涤见图 9-12。

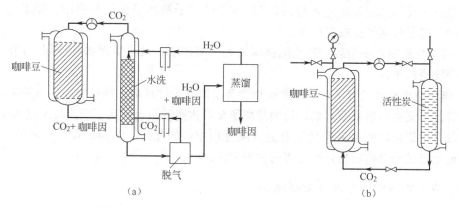

图 9-12 用 CO_2 从咖啡豆中脱除咖啡因的工艺流程

CO_2 是一种很理想的萃取剂，它不仅不会在生理上引起问题，而且对咖啡因有极好的选择性。经 CO_2 处理后的咖啡豆除了提取咖啡因外，其他芳香物质并不损失，CO_2 也不会残留于咖啡豆中。

对于其他一些天然产物的超临界萃取工艺也进行了大量的应用研究工作，如从酒花及胡椒等物料中提取香味成分和香精等。利用超临界 CO_2 流体在温度为 40~80℃，压力为 $(80～610)\times 10^5$ Pa 条件下，从大豆中提取香油，其质量与用己烷浸取的产物质量相同。按中试结果计算，超临界萃取的成本仅为己烷法的 2/3。

(2) 超临界 CO_2 处理食品原料

制作酒的原料米或面中的脂质含量对酒的质量的影响很大。将各种精米和面用超临界 CO_2 进行脱脂，能除去 30% 左右的粗脂质。处理后的米和面酿造出来的酒色度降低，与提高白酒质量有关的乙酸异戊酯和异戊醇的含量提高，而与质量成反比关系的紫外吸收波降低。利用仪器分析和品尝实验都证明，经这类处理，白酒的质量有显著提高。

(3) 超临界萃取在生化工程中的应用

由于超临界萃取毒性低、温度低、溶氧好的特点，十分适合生化产品的分离和提取。用超临界 CO_2 萃取氨基酸、从单细胞蛋白游离物中提取脂类等研究显示了这方面的优势。在制取各种抗生素等药品时，常常使用丙酮、甲醇等有机溶剂。最终则利用真空干燥法脱除这些溶剂。如果利用低温超临界流体进行干燥，就可以在较短的时间内很容易地达到溶剂的允许值以下，同时可避免在真空干燥时的药效降低和颜色变坏等问题。

此外，超临界萃取在反应工程、高聚物分离等其他领域也开始显示出自己的特点和优势。

第四节　离子交换分离原理及设备

离子交换分离是利用带有可交换离子（阴离子或阳离子）的不溶性固体与溶液中带有同种电荷的离子之间置换离子而使溶液得以分离的单元操作。含有可交换离子的不溶性固体称为离子交换剂，其中带有可交换阳离子的交换剂称为阳离子交换剂，带有可交换阴离子的称为阴离子交换剂。

离子交换分离技术与其他分离技术相比具有如下特点。

① 离子交换操作技术是一种液-固非均相扩散传质过程，所处理的溶液一般为水溶液。

② 离子交换是水溶液中的被分离组分与离子交换剂中可交换离子进行离子置换反应的过程，且离子交换反应是定量进行的，即 1mol 的离子被离子交换剂吸附，就必然有 1mol 的另一同性离子从离子交换剂中释放出来。

③ 离子交换剂在使用后，其性能逐渐消失，需经酸、碱再生而恢复使用，同时也将被分离组分洗脱出来。

④ 离子交换技术具有优异的分离选择性和很高的浓缩倍数，操作方便，效果突出。

随着离子交换剂的不断开发，特别是离子交换树脂的出现使离子交换技术进入了飞速发展的阶段，很快推广到许多现代工业的分离过程中，如化工、医药、食品、环境保护等方面，目前也已成为生物制品提纯分离的主要方法之一。

一、离子交换树脂及其分离原理

离子交换树脂是一种带有可交换离子的不溶性固体，它具有一定的空间网络结构，在与水溶液接触时，就与溶液中的离子进行交换，即其中可交换离子由溶液中的同性离子取代。不溶性固体骨架在这一交换中不发生任何化学变化。因离子交换反应一般是可逆的，在一定条件下被交换的离子可以解吸，使离子交换树脂恢复到原来的离子式，所以，离子交换树脂通过交换和再生可以反复使用。按照可交换的反离子是酸性基团或碱性基团，离子交换树脂可分为阳离子交换树脂和阴离子交换树脂两类。又根据酸性基团或碱性基团酸、碱性强弱的不同，离子交换树脂又分为强酸性的、弱酸性的、强碱性的、弱碱性的。

1. 交换机理

一般认为离子交换过程是按化学摩尔质量关系进行的，且交换过程是可逆的，最后达到平衡，平衡状态和过程的方向相反。因此，离子交换过程可以看作可逆多相反应。但和一般多相化学反应不同，当发生交换时，树脂体积常发生改变，因而引起溶剂分子的转移。设有一粒树脂放在溶液中，发生下列交换反应

$$A^+ + RB = RA + B^+$$

不论溶液的运动情况如何，在树脂表面上始终存在着一层薄膜，离子交换借助分子扩散通过薄膜，如图 9-13 所示。

显然，溶液流动越剧烈，薄膜的厚度越小，则液体主体的浓度越均匀一致。一般说来，树脂的交换容量和颗粒大小无关，因此，在树脂表面和内部都具有交换作用，和所有多相化学反应一样，离子交换过程包括五个步骤：

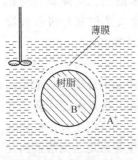

图 9-13　离子交换过程

① A^+ 自溶液中扩散到树脂表面；
② A^+ 从树脂表面再扩散到树脂内部的活动中心；
③ A^+ 在活动中心发生交换反应；
④ 解吸离子 B^+ 自树脂内部的活动中心扩散到树脂表面；
⑤ B^+ 从树脂表面扩散到溶液中。

其交换速率受最慢一步所控制。根据电荷中性原则，步骤①和⑤同时发生且速率相等。即有 1mol A^+ 经薄膜扩散到达颗粒表面，同时必有 1mol B^+ 以相反方向从颗粒表面扩散到溶液中，同样②和④同时发生，方向相反，速率相等。因此离子交换过程实际上只有三步：外部扩散、内部扩散和离子交换反应。离子间的交换反应速率一般很快，甚至难以测定，大多数情况下交换反应不是控制步骤，而是趋向于内扩散控制。相反，液体流速慢，浓度大，颗粒小，吸附强，越是趋向于外扩散控制。

2. 离子交换的选择性

离子交换树脂的选择性是离子交换树脂对不同反离子亲和力强弱的差异。一般来说，离子和树脂间亲和力越大，就越容易吸附。对无机离子而言，离子水合半径越小，这种亲和力越大，也就越容易吸附，这是因为离子在水溶液中都要和水分子发生水合作用形成水化离子。在常温下的稀溶液中，离子交换的选择性与化合价呈现明显的规律性：离子的化合价越高，就越容易被吸附。离子交换反应受 pH 的影响也很大，对强酸、强碱树脂，任何 pH 下都可进行交换反应，而弱酸、弱碱树脂的交换反应则分别在偏碱性、偏酸性或中性溶液中进行。对凝胶性树脂来说，交联度大，结构紧密，膨胀度小，促进吸附量增加；相反，交联度小，结构松弛，膨胀度大，吸附量减少。另外，离子交换反应是在树脂内外部的活性基上进行的，因此要求树脂有一定的孔道，以便离子的进出。离子交换树脂在水和非水体系中的行为是不同的，有机溶剂的存在会使树脂脱水收缩、结构紧密，降低吸附有机离子的能力，而相对提高吸附无机离子的能力。可见，有机溶剂的存在不利于有机离子的吸附。利用这个特性，常在洗涤剂中加入适当有机溶剂以洗脱有机物质。

二、离子交换设备

1. 离子交换设备的特点和分类

工业上的离子交换过程一般包括：原料液中的离子与固体离子交换剂中可交换离子间的离子置换反应，饱和的离子交换剂用再生液再生并循环使用等步骤。为了使离子交换过程得以高效进行，离子交换设备应具有如下特点。

① 由于离子交换是液-固非均相传质过程，为了进行有效的传质，溶液与离子交换剂之间应接触良好。

② 离子交换设备应具有适宜的结构，来保证离子交换剂在设备内有足够的停留时间以达到饱和并能与溶液之间进行有效的分离。

③ 控制离子交换剂用量以及水相流速，尽量缩短溶液在设备中的停留时间，并保持较高的分离组分的回收率，使设备结构紧凑，降低设备投资费用。

④ 在连续逆流离子交换过程中，能够精确测量和控制离子交换剂的投入量及转移速率。

⑤ 饱和的离子交换剂用酸碱再生后，离子交换剂与洗脱液能进行有效的分离。设备具有一定的防腐能力。

⑥ 由于离子交换剂价格较贵，操作过程中能够尽量减少或避免树脂的磨损与破碎。

目前，已投产工业规模应用的离子交换设备种类很多，设计各异。按结构类型分有罐式、塔式和后槽式；按操作方式分有间歇式、周期式和连续式；按两相接触方式分有固定床、移动床和流化床。而流化床又分为液流流化床、气流流化床、搅拌流化床；固定床又分为单床、多床、复床、混合床、正流操作型与反流操作型以及重力流动型和加压流动型等。

2. 离子交换设备

(1) 间歇操作的搅拌槽

搅拌槽是带有多孔支撑板的筒形容器，离子交换树脂置于支撑板上，间歇操作。操作过程如下。

① 交换，将液体放入槽中，通气搅拌，使溶液与树脂均匀混合，进行交换反应，待过程接近平衡时，停止搅拌，将溶液排出。

② 再生，将再生液放入，通气搅拌，进行再生反应，待再生完全，将再生废液排出。

③ 清洗，通入清水，搅拌，洗去树脂中存留的再生液。然后进行另一循环操作。

这种设备结构简单，操作方便，但反应后的排出液与反应终了时饱和了的欲分离的反离子的树脂接触，分离效果较差，适用于小规模、分离要求不高的场合。

(2) 固定床

固定床离子交换设备通常为高径比不大（$H/D=2\sim5$）的圆柱形设备，具有圆形和椭圆形的顶和底，其结构见图9-14。离子交换剂处于静止状态，原料液由设备上部引入，通常树脂处理后的水由底部排出。经过一定时间运行后，树脂饱和失效，需进行再生处理。

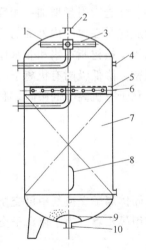 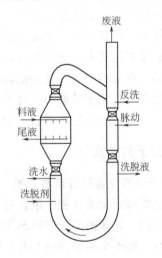

图9-14　固定床离子交换设备　　　　图9-15　希金斯离子交换设备
1—壳体；2—排气孔；3—上水分布装置；4—树脂卸料口；5—压胀层；6—中排液管；7—树脂层；8—视镜；9—下水分布装置；10—出水管

固定床离子交换设备的优点是：结构简单，操作方便，树脂磨损少，适宜于处理澄清料液。

缺点是：由于吸附、反洗、洗脱（再生）等操作步骤在同一设备内进行，管线复杂，阀门多；不适合于处理悬浮液；树脂利用率比较低，交换操作的速度较慢；虽然操作费用低，但投资费用高。

(3) 移动床

移动床离子交换设备的结构形式很多,主要特点是离子交换树脂在交换、反洗、再生、清洗等过程中定期移动。下面介绍两种生产中常用的设备。

① 希金斯连续离子交换设备。这种设备为加长的垂直环形结构,环形结构由交换段、洗脱段、脉冲段组成。见图 9-15。操作包括运行(液体流动)和树脂转移两个步骤。在运行阶段,环路中的全部阀门都关闭。树脂在各区内处于固定床状态,分别通入原料水、反洗水、再生液和清洗水,同时进行交换、交换后树脂的清洗、树脂再生和再生树脂的清洗等过程,这个过程通常经历几分钟。然后转到树脂移动阶段,此时停止溶液进入,打开四个控制阀门,依靠在脉动柱中脉动阀通入液体的作用使树脂按反时针方向沿系统移动一段,即将交换区中已饱和的一部分树脂送入反洗区,反洗区已清洗的部分树脂送入再生区,再生区已再生好的部分树脂送入清洗区,清洗区内已清洗好的部分树脂重新送入交换区,这个过程一般经历几秒钟。接着又为运行阶段,如此循环操作。从操作特点看,这种装置为半连续操作。

该设备的优点是:树脂用量少,只为固定床的 15%;树脂利用率高、设备生产能力大;操作速度高,废液少,费用低。缺点是:树脂在环行设备中的转移通过高压水力脉冲作用实现,各段间阀门开启频繁,结构复杂,树脂容易破碎,不适用于处理悬浮液和矿浆。

② Avco 连续移动床离子交换设备。Avco 连续移动床离子交换设备,结构见图 9-16。这种设备的主体由反应区(交换与再生)、清洗区和驱动区构成。树脂连续地从上而下移动,在再生区、清洗区和交换区中分别与再生液、清洗水和原料水接触。树脂的连续移动靠两个驱动器来实现。在初始驱动区,依靠驱动器泵送处理后的水的作用使树脂向下移动。而在二级驱动区,则用泵送原料水驱使树脂移动,循环进入上端。

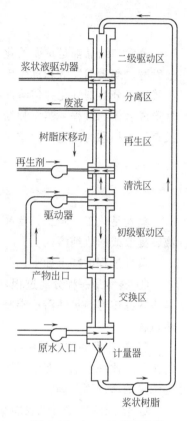

图 9-16　Avco 连续移动床离子交换设备

这种设备的特点是实现了真正的连续操作,所以其性能较希金斯设备更为优越,树脂利用率高,再生效率高,但技术上难度较大。

思 考 题

1. 多级逆流萃取流程的萃取机理是什么?
2. 萃取设备有哪些?简述它们的结构和应用特点。
3. 浸取和萃取在操作上有和异同点?
4. 超临界流体有何特点?举例说明超临界萃取的应用。
5. 离子交换树脂常用的有哪几种?交换机理是什么?
6. 离子交换设备有哪些?简述它们的结构和应用特点。
7. 色谱分离的分离原理是什么?
8. 简述逆流移动床的分离原理。

第十章 蒸发和结晶设备

蒸发和结晶都是重要的化工单元操作,在生物工业中用来提取和精致发酵产品。如氨基酸发酵、酶制剂发酵和抗生素发酵的提取与精制等。蒸发是将含非挥发性物质的稀溶液加热沸腾使部分溶剂气化并使溶液得到浓缩的过程。结晶是指物质从液态(溶液和熔融体)或蒸气形成晶体的过程。蒸发和结晶显著的区别是,蒸发只移走部分溶剂使溶液浓度增大,溶质没有发生相态的变化,而结晶过程存在相态的变化。

第一节 蒸发设备

蒸发是化工、轻工、食品、医药等工业中常用的一个单元操作。蒸发的目的是:浓缩溶液、提取或回收纯溶剂。

蒸发过程的特点如下。

① 蒸发是一种分离过程,可使溶液中的溶质与溶剂得到部分分离,但溶剂与溶质分离是靠热源传递热量使溶液沸腾气化。溶剂的气化速率取决于传热速率,因此把蒸发归属于传热过程。

② 被蒸发的物料是由挥发性溶剂和不挥发性溶质组成的溶液。在相同的温度下,溶液的蒸气压比纯溶剂的蒸气压要小。在相同的压力下,溶液的沸点比纯溶剂的沸点高,且一般随浓度的增加而升高。

③ 溶剂的气化要吸收能量,热源耗量很大。如何充分利用能量和降低能耗,是蒸发操作的一个十分重要的课题。

④ 由于被蒸发溶液的种类和性质不同,蒸发过程所需的设备和操作方式也随之有很大的差异。

蒸发过程按加热方式分为直接加热和间接加热两种;按操作压力分为常压蒸发、真空蒸发和加压蒸发;按操作方式分为间歇操作和连续操作;按蒸发器的级数分为单效蒸发和多效蒸发,单效蒸发装置中只有一个蒸发器,蒸发时产生的二次蒸汽直接进入冷凝器而不再次利用。而多效蒸发是将几个蒸发器串联操作,使蒸汽的热能得到多次利用。

完成蒸发过程的设备统称为蒸发设备或蒸发器,它与一般的传热设备并无本质区别。但蒸发过程中,一方面要加热使溶液沸腾气化,另一方面要把气化产生的蒸气(二次蒸汽)不断移走,这两项任务均由蒸发器完成,蒸发器由加热室和气-液分离室两部分组成。由于生物工业中大部分产物是热敏性物质,这些物质要求在低温或短时间受热的条件下浓缩。因此,生物工业中常采用薄膜蒸发器,在减压的情况下,让溶液在蒸发器的加热表面以很薄的液层流过,溶液很快受热升温、气化、浓缩,浓缩液迅速离开加热表面。薄膜蒸发浓缩时间很短,一般为几秒到几十秒。因受热时间短,能保证产品质量。下面介绍生物工业中常用的几种薄膜式蒸发设备

一、管式薄膜蒸发器

这类蒸发器的特点是，溶液通过加热管一次即达到所要求的浓度。在加热管中液体多呈膜状流动，故又称为膜式蒸发器，因而可以克服循环型蒸发器的缺点，并适于热敏性物料的蒸发，但其设计和操作要求较高。

1. 升膜式蒸发器

升膜式蒸发器如图 10-1 所示，是由很长的加热管束所组成，管束装在外壳中，实际上就是一台立式固定管板换热器。它适用于蒸发量较大及有热敏性和易生泡沫的溶液，其黏度不大于 50mPa·s；而不适用于有结晶析出或易结垢的物料。

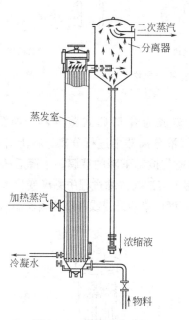

图 10-1 升膜式蒸发器

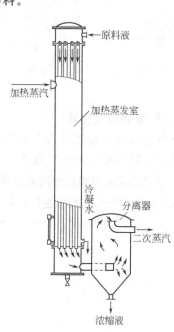

图 10-2 降膜式蒸发器

在加热器中，加热蒸汽在管外，物料由蒸发器底部进入加热管，受热沸腾迅速气化。蒸气在管内高速上升。料液则被上升的蒸气所带动，沿管壁成膜状上升，并继续蒸发。气液在顶部分离室内分离。浓缩液由分离室底部排出。二次蒸汽由分离室顶部逸出。

为了有效地形成升膜，上升的二次蒸汽速度必须维持高速。常压下加热管出口处的二次蒸气速度一般为 20~50m/s，减压下可达 100~160m/s。

对于加热管子的直径、长度选择要适当。管径不宜过大，一般为 25~80mm，管长与管径的比值一般为 $L/D=100~500$，这样才能使加热面供应足够成膜的气速。事实上由于蒸气流量和流速随加热管上升而增加，因此管径越大，则管子需要越长。但长管加热器结构较复杂，壳体应考虑热胀冷缩的应力对结构的影响，需采用浮头管板或在壳体上加膨胀圈。

2. 降膜式蒸发器

降膜式蒸发器的加热室可以是单根套管，或由管束及外壳组成，如图 10-2 所示。在降膜式蒸发器中，原料液是由加热室顶部加入，在重力作用下沿管内壁成膜状下降，到加热室底部成为被浓缩的产品。在每根加热管的顶部必须设置降膜分配器，以保证液体成膜状沿管内壁下降。如图 10-3 所示为四种较常用的形式，图 10-3 (a) 的导流管为一有螺旋形沟槽的圆柱体；图 10-3 (b) 的导流棒下部是圆锥体，此圆锥体的底面向内凹，以免沿锥体斜面流下的液体再向中央聚集；图 10-3 (c) 所示的分布器是靠齿缝使液体沿加热管内壁成膜状流下；图 10-3 (d) 所示为旋液式分布装置，用于强制循环降膜蒸发器中，料液用泵打入分布装置，因为料液由切线方向进入加热管内，产生强烈旋流，可以减薄边界层的厚度，提高传热系数。布膜装置的好坏影响传热效果，如液体分布不均，则一部分管壁会形成干壁现象。单程降膜式蒸发器也同样适用于热敏性物料，而不适用于易结晶、结垢或黏度很大的物料。

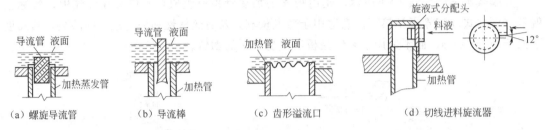

（a）螺旋导流管　　（b）导流棒　　（c）齿形溢流口　　（d）切线进料旋流器

图 10-3　降膜蒸发器的各种分配器

3. 升-降膜式蒸发器

将升膜蒸发器和降膜蒸发器装在一个外壳中，就成为升-降膜式蒸发器，如图 10-4 所示。料液先经升膜管再经降膜管，气液混合物进入气液分离器中进行分离。在上升途中生成的蒸气不仅能帮助降膜途中的液体再分配，而且能加速与搅动下降的液膜。下降后的气液混合物进入外设的离心分离器中进行分离。这种蒸发器常用于溶液在浓缩过程中黏度变化大，或者厂房高度有一定限制的情况。因为升-降膜式蒸发器的总高度比单独升膜或降膜式蒸发器的高度低。

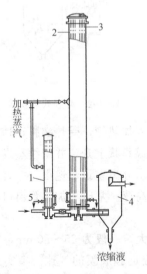
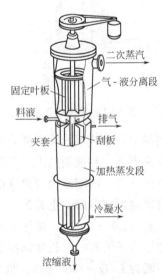

图 10-4　升-降膜式蒸发器　　　　图 10-5　刮板式薄膜蒸发器
1—预热室；2—升膜加热室；3—降膜加热室；
4—分离室；5—凝液排出口

二、刮板式薄膜蒸发器

刮板式薄膜蒸发器的结构如图 10-5 所示，加热管为一粗圆管，中下部外侧为加热蒸汽夹套，内部装有可旋转的搅拌刮片，刮片端部与加热管内壁的间隙固定为 0.75~1.5mm。

料液由蒸发器上部的进料口沿切线方向进入器内,被刮片带动旋转,在加热管内壁上形成旋转下降的液膜,在此过程中溶液被蒸发浓缩,浓缩液由底部排出,二次蒸汽上升至顶部经分离进入冷凝器。

刮板式薄膜蒸发器的优点是,依靠外力强制溶液成膜下流,溶液停留时间短,适合于处理高黏度、易结晶或容易结垢的物料;如设计得当,有时可直接获得固体产品。缺点是,结构较复杂,制造安装要求高,动力消耗大,但传热面积却不大(一般只 $3\sim4m^2$,最大约 $20m^2$),因而处理量较小。

三、离心式薄膜蒸发器

离心式薄膜蒸发器的结构见图 10-6。离心式薄膜蒸发器是一种具有旋转的空心碟片的蒸发器,料液在碟片上形成 $0.1\sim1mm$ 厚的薄膜,由于离心力作用,加热时间仅 1min 左右。物料经过过滤器,进入可维持一定液面的储槽,由螺杆泵将料液输送至蒸发器,由喷嘴将料液喷在离心盘背面,并在离心力的作用下使其形成薄膜。离心转鼓的夹层内,通入加热蒸汽。浓缩液在通过膨胀式冷却器时,冷却为成品,由浓缩液泵排出。二次蒸汽经板式冷凝器冷凝,再经真空泵排出。

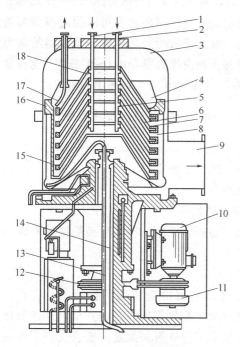

图 10-6 离心薄膜蒸发器结构

1—清洗管;2—进料管;3—蒸发器外壳;4—浓缩液槽;
5—物料喷嘴;6—上碟片;7—下碟片;8—蒸汽通道;
9—二次蒸汽排出管;10—马达;11—液力联轴器;
12—皮带轮;13—排冷凝水管;14—进蒸汽管;
15—浓缩液通道;16—离心盘;
17—浓缩液吸管;18—清洗喷嘴

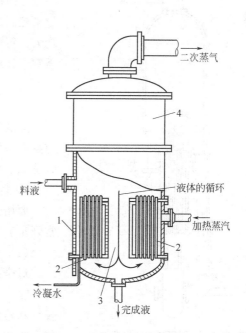

图 10-7 中央循环管式蒸发器
1—外壳;2—加热室;3—中央循环管;4—蒸发室

四、循环式蒸发器

循环式蒸发器是将溶液在加热管中进行多次蒸发的装置,有自然循环式和强制循环式两种。自然循环式蒸发器，溶液因被加热而产生密度差形成自然循环，而强制循环式蒸发器传热系数比自然循环式大、循环速度高。下面介绍两种工业生产中常用的循环式蒸发器。

1. 中央循环管式蒸发器

中央循环管式蒸发器又称为标准式蒸发器，是应用较广的一种蒸发器，如图 10-7 所示。其下部加热室相当于垂直安装的固定管板式列管换热器，但其中心管直径远大于其余管子的直径，称为中央循环管，其周围的加热管称为沸腾管，管内溶液受热沸腾大量气化，形成气液混合物并随气泡向上运动。中央循环管的截面积约为沸腾管总截面积的 40%～100%，此处对单位体积溶液的传热面积比沸腾管小得多，因此，其中溶液的气化程度低，气液混合物的密度要比沸腾管内大得多，因而导致分离室中的溶液由中央循环管中下降、从各沸腾管上升的自然循环流动，以提高传热效果。这种蒸发器的优点是：结构简单、制造方便、操作可靠、投资费用较小。缺点是：溶液的循环速度较低，（一般在 0.5m/s 以下），传热系数较低，清洗和维修不方便。

2. 强制循环式蒸发器

如图 10-8 所示为强制循环式蒸发器的结构，在循环管下部设置一个循环泵，通过外加机械能迫使溶液以较高的速度（一般可达 1.5～5.0m/s）沿一定方向循环流动。溶液的循环速度可以通过调节泵的流量来控制。显然，由此带来的问题是这类蒸发器的动力消耗大，每 $1m^2$ 传热面积消耗功率为 0.4～0.8kW。这种蒸发器宜于处理高黏度、易结垢或有结晶析出的溶液。

五、蒸发浓缩设备的操作要点及注意事项

蒸发浓缩设备是蒸发系统的一部分，设备的操作必须与蒸发系统协调一致。下面简单介绍蒸发系统操作的基本方法和操作注意事项。

1. 蒸发系统的原始开车

原始开车包括检查、洗净、空试、接受物料和转入正常开车。

（1）检查

对全系统按流程全面检查和确认各设备、管道、阀门、法兰和各种计量、测量等仪表是否齐全。并按照技术规程和检修安装技术文件等有关规定，检查安装质量是否符合工艺要求。

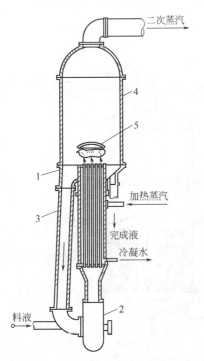

图 10-8 强制循环式蒸发器结构
1—加热管；2—循环泵；3—循环管；
4—蒸发室；5—除沫器

（2）洗净

由于安装和检修后的设备、管道内比较脏，开车前必须用自来水或较清洁的工业用水清洗。清洗步骤可按系统或单体设备分段进行。洗净后的用水必须彻底排净。

（3）试车

对机械传动设备和电气设备均应进行空载和加压试车。

（4）接受物料

准备工作就绪后，可按操作法规定接受物料。

(5) 正常开车（开车应各段蒸发器逐步开车）

① 向蒸发器中缓慢引入加热蒸汽，打开蒸发器惰性气体放空阀，排出空气等惰性气体。

② 将蒸发器的溶液下流管的液封内注满水。

③ 冷凝器加足够的冷却水。

④ 溶液储槽准备接受溶液。

⑤ 向蒸发器加溶液，缓慢提真空，逐渐加负荷，调节蒸汽和冷却水量。

2. 蒸发系统停车

蒸发系统停车是指逐台蒸发器停车，卸压和卸物料力求彻底，防止溶液系统结晶。

① 将各段溶液槽液位降到最低，停止蒸发器运转。

② 蒸发器加水洗涤。排放系统内溶液并加蒸汽吹除，蒸发系统停车。

③ 系统内冷凝液全部排入蒸汽冷凝液槽，无液面时，停止外送。

④ 停掉真空系统。

⑤ 洗涤、置换、吹除完毕，切断冷却水和低压蒸汽与外界总管的联系。

⑥ 装有溶液的各储槽出口阀门挂上明显的禁动标志。

3. 正常操作及操作注意事项

正常开车后，应从以下几个方面加以控制。

① 加强蒸发后溶液浓度的控制。

② 蒸发蒸汽中夹带的产品溶液量的控制。为避免蒸汽流速增加而引起损失量增加，应掌握和控制以下几个方面。

　a. 真空度不应控制过高。

　b. 降低真空度不应该用降低真空度的方法进行调节，而应该用减少惰性气体排出的方法来进行控制。

　c. 要及时消除蒸发器、分离器及蒸汽管线的漏真空现象。

　d. 蒸发器不应该超负荷运行。

　e. 经常根据加入蒸发器的溶液浓度适当调节蒸发器的负荷量。

③ 新鲜加热蒸汽和冷却水用量的控制。

④ 加强溶液泵的正常操作。

⑤ 真空泵的正常操作。

第二节 结 晶 设 备

结晶过程有液-液结晶、熔融结晶、升华结晶和沉淀四大类，其中液-液结晶是工业中常用的结晶过程，本节重点讨论这类结晶。

相对于其他化工分离操作，结晶过程有以下特点。

① 能从杂质含量相当多的溶液或多组分的熔融混合物中，分离出高纯或超纯的晶体。

② 对于许多难分离的混合物系，例如同分异构体混合物、共沸物，热敏性物系等，使用其他分离方法难以奏效，而适用于结晶。

③ 结晶与精馏、吸收等分离方法相比，能耗低，因结晶热一般仅为蒸发潜热的 1/3～1/10。又由于可在较低的温度下进行，对设备材质要求较低，操作相对安全。一般无有毒或废气逸出，有利于环境保护。

④ 结晶是一个很复杂的分离操作,它是多相、多组分的传热-传质过程。也涉及表面反应过程,尚有晶体粒度及粒度分布问题,结晶过程设备种类繁多。

一、结晶原理与起晶方法

1. 结晶基本原理

固体从形状上分有晶体和非晶体两种,食盐、蔗糖都是晶体,而木炭、橡胶等为非晶体。晶体物质和非晶体物质的区别在于它们的内部结构中的质点元素(原子、离子、分子)的排列方式互不相同,前者是质点元素做三维有序排列,后者是无规则排列。当有效成分从液相中呈固体析出时,若环境和控制条件不同,可以得到不同形状的晶体,也可能是非晶体。如在条件变化缓慢时,溶质分子具有足够的时间进行排列,有利于晶体的形成,相反,当条件变化剧烈,强迫快速析出,溶质分子来不及排列析出,结果形成非晶体。

按晶格空间结构,可把晶体简单地分为立方晶系、四方晶系、六方晶系、正交晶系等。而结晶体的形态可以是单一晶系,也可以是两种晶系的过渡体。通常只有同类分子或离子才能进行有规律的排列,故结晶过程有高度的选择性,结晶溶液中大部分晶体会留在母液中,再通过过滤、洗涤等就可得到纯度高的晶体。但是,结晶过程是复杂的,有时会出现晶体大小不一,形状各异,甚至形成晶簇等现象。另外,若结晶时有水合现象,则所得晶体中有一定的溶剂分子,称为结晶水。不仅影响晶体的形状,也影响晶体的性质。如味精的晶体是带有一个结晶水的棱柱形八面体晶体。

溶液的结晶过程一般分为三个阶段:即过饱和溶液的形成、晶核的形成和晶体的成长阶段。因此,为了进行结晶,必须先使溶液达到过饱和后,过量的溶质才会以固体的形态结晶出来。因为固体溶质从溶液中析出,需要一个推动力,这个推动力是一种浓度差,也就是溶液的过饱和度;晶体的产生最初是形成极细小的晶核,然后这些晶核再成长为一定大小形状的晶体。

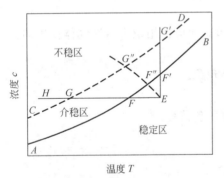

图 10-9 超溶解度曲线及介稳区

当溶液浓度恰好等于溶质的溶解度时,称为饱和溶液。此时,溶质的溶解度与结晶速度相等,尚不能使晶体析出。当浓度超过饱和浓度达到一定的过饱和程度时,才可能析出晶体。如图 10-9 所示,溶解度与温度的关系可以用饱和曲线 AB 来表示,开始有晶核形成的过饱和浓度与温度的关系用过饱和曲线 CD 来表示。这两条曲线将浓度-温度图分为三个区域。

(1) 稳定区 (AB 线以下的区域)

在此区中溶液尚未达到饱和,不可能产生晶核。

(2) 介稳区 (AB 与 CD 之间的区域)

在该区不会自发产生晶核,但如果向溶液中加入晶体,能诱导结晶产生,晶体也能生长,这种加入的晶体称为晶种。

(3) 不稳定区 (CD 线以上的区域)

在此区域中,溶液能自发地产生晶核和进行结晶。

此外,大量的研究工作证实,一个特定物系只有一条确定的溶解度曲线,但超溶解度曲线的位置受到很多因素的影响,例如有无搅拌、搅拌强度的大小、有无晶种、晶种大小与多寡、冷却速度快慢等，因此，超溶解度曲线应是一簇曲线，为表示这一特点，CD 线用虚线表示。

图中 E 代表一个欲结晶物系，分别使用冷却法、蒸发法和绝热蒸发法进行结晶，所经途径应为 EFH、$EF'G'$ 和 $EF''G''$。

工业结晶过程要避免自发成核，才能保证得到平均粒度大的结晶产品。只有尽量控制在介稳区内结晶才能达到这个目的。所以，只有按工业结晶条件测出的超溶解度曲线和介稳区才更有实用价值。

2. 工业生产中常用的起晶方法

结晶是工业发酵生产中发酵产品提纯的有效方法之一。它具有成本较低、设备简单、操作方便等特点。因此，在大规模生产中广泛应用。结晶的首要条件是过饱和，创造过饱和条件下结晶在工业生产中常用的方法是：自然起晶法、刺激起晶法和晶种起晶法三种，现介绍如下。

（1）自然起晶法

在一定温度下使溶液蒸发进入不稳定区形成晶核，当生成的晶核的数量符合要求时，加入稀溶液使溶液浓度降低至介稳区，使之不生成新的晶核，溶质即在晶核的表面长大。这是一种古老的起晶方法，因为它要求过饱和浓度高、蒸发时间长，且具有蒸汽消耗多，不易控制，同时还可能造成溶液色泽加深等现象，现已很少使用。

（2）刺激起晶法

将溶液蒸发至介稳区后，将其加以冷却，进入不稳定区，此时即有一定的晶核形成，由于晶核形成使溶液浓度降低，随即将其控制在介稳区的养晶区使晶体生长。味精和柠檬酸结晶都可采用先在蒸发器中浓缩至一定浓度后再放入冷却器中搅拌结晶的方法。

（3）晶种起晶法

将溶液蒸发或冷却到介稳区的较低浓度，投入一定量和一定大小的晶种，使溶液中的过饱和溶质在所加的晶种表面上长大。晶种起晶法是普遍采用的方法，如掌握得当可获得均匀整齐的晶体。

现以冷却结晶为例比较加晶种与不加晶种以及冷却速度快慢对结晶的影响，见图 10-10。

快速冷却不加晶种的情况见图 10-10（a），溶解度迅速穿过介稳区达到过饱和曲线，即发生自然结晶现象，大量细晶从溶液中析出，溶液很快下降到饱和曲线。由于没有充分的养晶时间，所以小结晶无法长大，所得晶体尺寸细小。缓慢冷却不加晶种的情况见图 10-10（b），虽然结晶速度比图 10-10（a）的情况慢，但能较精确地控制晶粒的生长，所得晶体尺寸也较大，这是一种常见的刺激起晶法。为了缩短操作周期，对饱和溶液开始可缓慢冷却，当浓度下降到养晶区时即可加快冷却速度使晶体生长较快。图 10-10（c）为快速冷却加晶种的情况，溶液很快变成过饱和，在晶种生长的同时，又生成大量细晶核，因此，所得到的产品大小不整齐。缓慢冷却加晶种的情况见图 10-10（d），整个操作过程始终将浓度控制

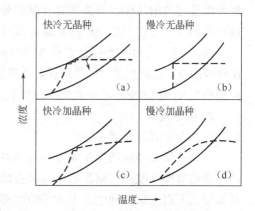

图 10-10　冷却结晶几种方法比较

在介稳区，溶质在晶种上生长的速度完全被冷却速度所控制，没有自然晶核析出，晶体能有规则地按一定尺寸生长，产品整齐完好。目前很多大规模生产都是采用这种方法。

二、结晶设备

1. 结晶设备的类型、特点

结晶设备按改变溶液浓度的方法分为移除部分溶剂（蒸发）结晶器，不移除部分溶剂（冷却）结晶器及其他结晶器。

在移除部分溶剂的结晶器中，溶剂的过饱和系借助于一部分溶剂在沸点时的蒸发或在低于沸点时的气化而达到，适用于溶解度随温度的降低变化不大的物质的结晶，例如 NaCl、KCl 等。

在不移除溶剂的结晶器中，采用冷却降温的方法使溶剂达到过饱和而起晶（自然起晶或晶种起晶），并持续冷却，以维持溶液一定的过饱和度进行育晶。此类设备适用于溶解度随温度的降低而显著降低的物质的结晶。

按照具体操作情况，又可将移除部分溶剂的结晶器分为蒸发式、真空（绝热蒸发）式和气化式。不移除溶剂的结晶器则多为水冷却式或冷冻盐水冷却式。

此外，结晶器按操作方式可分为间歇操作式和连续操作式，以及搅拌式和不搅拌式等。间歇式结晶设备结构比较简单，结晶质量好，结晶收集率高，操作控制比较方便；但设备利用率较低，操作劳动强度大。连续结晶设备结构比较复杂，所得的晶体颗粒较细小，操作控制比较困难，消耗动力大，但设备利用率高，生产能力大，工艺参数稳定。

2. 结晶设备的选择

在结晶操作中应根据所处理物系的性质、希望得到晶体产品的粒度及粒度分布范围、生产能力的大小，设备费用和操作费用等因素综合考虑来选择设备。下面介绍一般性的选择原则。

① 物系的溶解度与温度之间的关系是选择结晶器时首先考虑的重要因素。要结晶的溶质不外乎两大类，第一类是温度降低时溶质的溶解度下降幅度大，第二类是温度降低时溶质的溶解度下降幅度很小或者具有一个逆溶解度变化。对于第二类溶质，通常需用蒸发式结晶器，对某些具体物质也可用盐析式结晶器。对于第一类溶质，可选用冷却式结晶器或真空式结晶器。

② 结晶产品的形状、粒度及粒度分布范围对结晶器的选择有重要影响。要想生产颗粒较大而且均匀的晶体，可选择具有粒度分级作用或产品能分级排出的混合结晶器。这类结晶器生产的晶体也便于后续处理，最后获得的结晶产品也较纯。

③ 费用和占地大小也是需要考虑的重要因素。一般来说，连续操作的结晶器要比间歇操作的经济些，尤其产量大时是这样，如果生产速度大，用连续操作较好。蒸发式和真空式虽然需要相当大的顶部空间，但在同样产量下，它们所占地的面积比冷却槽式结晶器小得多。

3. 结晶设备

(1) 冷却式结晶器

冷却式结晶器有间接接触冷却结晶器和直接接触冷却结晶器。间接接触冷却结晶器常用的有结晶敞槽和搅拌式结晶器；直接接触冷却结晶器有回转结晶器、淋洒式结晶器、湿壁结晶器等。下面介绍几种生产中常用的冷却结晶器。

① 搅拌槽结晶器。图 10-11 和图 10-12 是冷却式搅拌槽结晶器的基本结构，其中图 10-11

为夹套冷却式，图10-12为外部循环冷却式，此外还有槽内蛇管冷却式。搅拌槽结晶器结构简单，设备造价低。夹套冷却结晶器的冷却比表面积较小，结晶速度较低，不适于大规模结晶操作。另外，因为结晶器壁的温度最低，溶液过饱和度最大，所以器壁上容易形成晶垢，影响传热效率。为消除晶垢的影响，槽内常设有除晶垢装置。外部循环式冷却结晶器通过外部热交换器冷却，由于强制循环，溶液高速流过热交换器表面，通过热交换器的溶液温差较小，热交换器表面不易形成晶垢，交换效率较高。

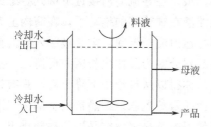

图 10-11 夹套冷却式搅拌槽结晶器

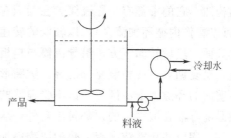

图 10-12 外部循环冷却式搅拌槽结晶器

② 回转结晶器。这是一种连续操作直接接触冷却结晶器，以空气为冷却剂，构造也很简单。它的主体为一回转的圆筒，略呈倾斜，待结晶的溶液与空气在筒内逆向流过，筒内装有挡板，将溶液升举并淋洒于冷空气中，以扩展冷却表面。溶液从入口到出口之间的路程中可被冷却到的温度比大气温度略高几度。这种结晶器的产率受到大气温度的限制。

如图10-13所示，这种结晶器有八种标准尺寸，长度为4～12.5m，直径为0.6～1.9m，相应的处理量为400～3300L/h，相应的冷却能力为58615～628020J/h，驱动结晶器的功率为4kW，风机的功率为4kW。这种结晶器操作简单，仅仅偶然需要调节一下进料量。由于液体在设备中的滞留量的体积很小，设备的启、停很迅速，可以间断地工作而其经济效能不发生变化，在停车时无冻结之虑。它所产生的晶粒较细，粒度约为0.5mm，但离心分离并不困难。

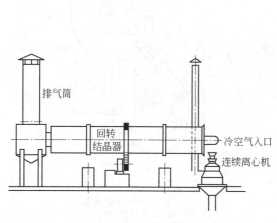

图 10-13 回转结晶器

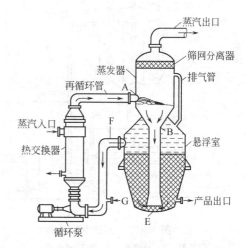

图 10-14 Krystal-Oslo 型常压蒸发结晶器
A—闪蒸区入口；B—介稳区入口；E—床层区入口；
F—循环流出口；G—结晶料液入口

（2）蒸发式结晶器

① Krystal-Oslo 结晶器。蒸发结晶器由结晶器主体、蒸发室和外部加热器构成。如图10-14所示是一种常用的Krystal-Oslo型常压蒸发结晶器。溶液经外部循环加热后送入蒸

发室蒸发浓缩,达到过饱和状态,通过中心导管下降到结晶生长槽中,大颗粒结晶发生沉降,从底部排出产品晶浆。因此,Krystal-Oslo 结晶器也具有结晶分级能力。将蒸发室与真空泵相连,可进行真空绝热蒸发。与常压蒸发结晶器相比,真空蒸发结晶设备不设加热设备,进料为预热的溶液,蒸发室中发生绝热蒸发。因此,在蒸发浓缩的同时,溶液温度下降,操作效率更高。

② DTB 型结晶器。如图 10-15 所示为 DTB (draf tube & baffled crystallizer) 型结晶器的结构图。它的中部有一导流筒,在四周有一圆筒形挡板,在导流筒内接近下端处有螺旋桨(也可以看作内循环轴流泵),以较低的转速旋转。悬浮液在螺旋桨的推动下,在筒内上升至液体表面,然后转向下方,沿导流筒与挡板之间的环行通道流至器底,重又被吸入导流筒的下端,反复循环,使料液充分混合。圆筒形挡板将结晶器分割为晶体生长区和澄清区。挡板与器壁间的环隙为澄清区,该区不受搅拌的影响,使晶体得以从母液中沉降分离,只有过量的微晶随母液在澄清区的顶部排出器外,从而实现对微晶量的控制。结晶器的上部为气液分离空间,用以防止雾沫夹带。热的浓物料加至导流筒的下方,晶浆由结晶器的底部排出。为了使所产生的晶体具有更均匀的粒度分布,即具有更小的变异系数,这种形式的结晶器有时还在下部设置淘洗腿。

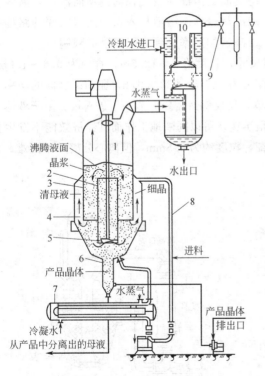
图 10-15 DTB 型结晶器
1—结晶器;2—导流管;3—环形挡板;4—澄清区;
5—螺旋桨;6—淘洗腿;7—加垫器;8—循环管;
9—喷射真空泵;10—大气冷凝器

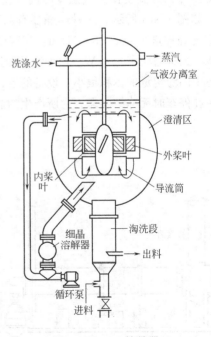
图 10-16 DP 结晶器

DTB 型结晶器由于设置了导流筒,形成了循环通道,只需要很低的压力差(约 $9.81 \times 10^2 \sim 1.96 \times 10^3 $ Pa)就能推动内循环过程,保持各截面上物料具有较高的流速,晶浆密度可达 30%~40%(质量分数)。对于真空冷却法和蒸发法结晶,沸腾液体的表面层是产生过饱和趋势最强烈的区域,在此区域中存在着进入不稳定区而大量产生晶核的危险。导流筒则把大量高浓度的晶浆直接送到溶液上层,使表层中随时存在着大量的晶体,从而有效地消耗不断产生的过饱和度,使之只能处在较低的水平。避免了在此区域中因过饱和度过高而产生大量的晶核,同时也大大降低了沸腾液面处的内壁面上结挂晶疤的速率。

③ DP 结晶器。DP 结晶器即双螺旋桨（Double-propeller）结晶器,如图 10-16 所示。DP 结晶器是对 DTB 结晶器的改良,内设两个同轴螺旋桨。其中之一与 DTB 型一样,设在导流管内,驱动流体向上流动,而另一个螺旋桨比前者大一倍,设在导流管与钟罩形挡板之间,驱动液体向下流动。由于是双螺旋桨驱动流体内循环,所以在低转速下即可获得较好的搅拌循环效果,功耗较 DTB 结晶器低,有利于降低结晶的机械破碎。但 DP 结晶器的缺点是大螺旋桨要求动平衡性能好、精度高,制造复杂。

思 考 题

1. 什么是蒸发？有何特点？
2. 升膜式蒸发器和降膜式蒸发器的区别在哪里？
3. 蒸发系统停车的操作步骤是什么？
4. 蒸发操作过程中如何控制蒸汽流速增加引起的损失量增加？
5. 简述结晶的基本原理。
6. 工业发酵中起晶方法有哪几种？
7. 结晶设备有哪些、结构和特点如何？
8. DP 和 DTB 结晶器相比有何优点？

第十一章 干燥设备

干燥是利用热能除去固体物料中湿分（水分或其他溶剂）的单元操作。干燥可以使物料湿分降低到规定的范围内，便于物料的包装、运输和储存。

干燥通常为生产过程的最后工序，因此往往与产品的质量密切相关，干燥方法的选择对于保证产品的质量至关重要，生物工业中常用的干燥方法有对流干燥（气流干燥、喷雾干燥和流化床干燥）、冷冻干燥、真空干燥、微波干燥、红外干燥等。

第一节 固体物料干燥机理及生物工业产品干燥的特点

在生物工业生产过程中，很多原材料、半成品和成品中含有水分，除去水分的过程称为"去湿"。去湿的方法有以下三类：

① 机械去湿法，即通过过滤、压榨、抽吸和离心等方法除去水分，这些方法适用于水分无需完全除尽的情况；

② 物理化学去湿法，即用吸湿性材料如石灰、无水氯化钙等吸收水分，这种方法只适用于小批量固体物料的去湿，或用于除去气体中的水分；

③ 热能去湿法，即借热能使水分从物料中汽化排出。

在以上三种方法中，通过加热使湿物料中的水分汽化排出的操作统称为固体干燥。在生物工业中，大部分产品都需要干燥，这不仅便于包装、运输及进一步的加工处理，更重要的是生物产品在干燥情况下较为稳定，便于储藏。

由于生物产品种类繁多，成品要求各不相同，生产中需要采用不同类型的干燥设备。生物工业常用的干燥设备有：真空干燥器、冷冻干燥器、气流干燥器、喷雾干燥器、沸腾床干燥器以及红外干燥器和微波干燥器等。

一、固体物料干燥机理

1. 湿物料中的水分

（1）水分和物料的结合方式

在湿物料中，按照与固体的结合方式存在以下四种水分。

① 化学结合水分，指以分子或者离子方式与固体物料分子结合并形成结晶体的水分。这类水分的除去一般不属于干燥的范畴。

② 吸附水分，指吸附在物料表面的水分，它的性质和纯态水相同，非常容易用干燥的方法除去。

③ 毛细管水分，指多孔性物料细小孔隙中所含有的水分，这类水分除去的难度取决于水分所在的孔隙的大小，大孔隙的水分容易除去，小孔隙的水分由于毛细作用较强，较难除去。

④ 溶胀水分，指渗透到生物细胞壁内的水分，这类水分也比较难于除去。

(2) 平衡水分和自由水分

湿物料每单位质量中所含水分的总量称为总水分，或者湿含量。在一定的干燥条件下，无法将总水分全部除去，总有一部分存在于物料中，这部分不能除去的水分称为平衡水分。平衡水分的大小与干燥条件有关，比如物料的性质，空气的相对湿度和温度等。总水分和平衡水分之差称为自由水分，自由水分可以在一定的干燥条件下除去。

(3) 结合水分和非结合水分

结合水分指存在于物料内部与物料呈吸附状态的水分，它和物料间存在一定的结合力，因此较难除去。非结合水分指存在于物料表面或物料中较大空隙中的水分，它与物料间没有任何作用，只做机械混合，是容易除去的水分。

2. 干燥机理

干燥由两个基本过程构成，一是传热过程，即热由外部传给湿物料，使其温度升高；二是传质过程，即物料内部的水分向表面扩散并在表面汽化离开。这两个过程同时进行，方向相反。可见干燥过程是一个传质和传热相结合的过程。

干燥的传质又由两个过程组成，一是湿物料内部的水分向固体表面的扩散过程，另一个是水分在表面汽化的过程，当前者小于后者时，干燥的速率取决于水分向固体表面扩散的速率，称为内部扩散控制干燥过程，反之，干燥的速率取决于水分在表面汽化的速率，称为表面汽化控制干燥过程。

当一个干燥过程是表面汽化控制时，只有改善外部干燥条件，如提高空气温度，降低空气湿度，增加空气与物料间的接触，提高真空干燥的真空度等，才能提高干燥速率。当干燥为内部扩散控制时，必须改善干燥内部条件，如减小物料颗粒直径，提高干燥温度等，才能改善干燥过程。

对于一个具体的干燥过程，如果干燥条件恒定，在开始阶段，由于物料湿含量比较高，表面全部为游离水分，干燥过程为表面汽化控制，此时，干燥速率取决于表面汽化速率并保持不变，因此，这一阶段常称为恒速干燥阶段。随着干燥的进行，物体的湿含量逐渐降低，当湿含量降低到某一点时，物料表面游离水分已经很少，剩下的主要是结合水分，干燥转入内部扩散控制阶段，水分除去越来越难，干燥速率越来越低，这一阶段称为降速干燥阶段。

图 11-1 为恒定干燥条件下干燥速率随时间的变化情况，其中 D-C 为干燥的预热阶段，干燥速率在短时间内升高。C-B 为恒速干燥阶段，干燥速率基本保持不变。B-A 为降速干燥阶段，干燥速率急速下降，C_0 为干燥最终湿含量。

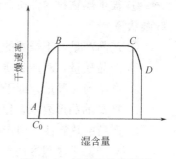

图 11-1 恒定干燥条件下干燥速率-时间曲线

3. 影响干燥速率的因素

(1) 物料的性质

物料性质是影响干燥速率的主要因素。有些物料在干燥的降速阶段，表面水分迅速汽化形成结块或龟裂现象，因此需要采取一定的措施防止，尤其是对生物产品。有些物料在干燥过程中表面汽化速率总是小于内部扩散速率，所以增加表面汽化速率能够提高干燥速率。

(2) 干燥介质的性质和流速

干燥介质的流速越大，湿物料表面汽化阻力越小，因此干燥速率越大。干燥介质的温度越高，干燥速率越高。但是，温度不能过高，要考虑干燥物料的热稳定性，否则将导致固体物料升华或分解。此外，干燥介质的相对湿度也影响干燥速率，相对湿度越低，越有利干燥。

（3）干燥介质与物料的接触情况

物料堆放在干燥器内静止不动将大大延长干燥所需要的时间。若使物料悬浮在干燥介质中，促使物料颗粒彼此分开并不停跳动，可大大改善干燥速率，提高干燥效率。

（4）压力

干燥器内压力的大小与物料的汽化速率成反比，真空干燥器的应用就是为了使物料的水分在较低的温度下就能够很快汽化，因此，适合热敏物质的干燥。

二、生物工业产品干燥的特点

① 多数生物产品对热的稳定性较差，比如一般蛋白酶在 45～50℃左右就开始失活，因此生物产品的干燥一般在较低的温度下进行。比如冷冻干燥，减压干燥等。

② 生物产品的干燥时间不能太长，否则也容易变质失活。因此，很多生物产品使用气流和喷雾干燥等方式进行。

③ 生物产品要求十分纯净，尤其是生物制药产品，要求不能混入任何异物，因此，生物产品的干燥很多都是在密封的环境中进行，很多生物产品在无菌室内干燥，与产品接触的任何干燥介质，如热空气，都要进行严格的过滤。

④ 很多生物产品在干燥时容易结团，因此干燥时需要采取一些措施，比如经常翻动等。

⑤ 生物产品很多比较贵重，因此需要尽量减少干燥过程中物料的损失。

总之，生物产品的干燥有其特殊性，要根据实际物料的性质、产品要求、生产规模的大小以及是否经济合理等方面综合考虑，选择最佳的干燥工艺和设备。

三、干燥设备的选型原则

不同的干燥设备有不同的适应性和局限性。选择时需要考虑下列因素。

① 被干燥物料的性质及形态，如粉状、颗粒状、溶液状、浆状、膏糊状、块状、片状、纤维状等。

② 产品产量，干燥器的处理能力需要满足生产要求。

③ 产品质量，对产品质量方面的要求包括四个方面：

a. 产品的含湿量，即干燥后能达到规定的含湿程度；

b. 产品的晶形要求，比如有的产品要求干燥后保持结晶光泽和晶形不变；

c. 产品的热敏性，即产品所能承受的最高温度；

d. 对产品干净程度的要求，尤其对生物医药产品，需要干燥器不能污染产品。

④ 能量消耗，要求设备热效率和干燥效率高，同时与之配套的输送机械动力消耗低。

⑤ 干燥速率快，效率高，这样可以减少设备尺寸，缩短干燥时间。

⑥ 操作控制方便，劳动条件好。

以上各项实际上反映了经济上既要减少设备投资又要降低燃料、动力等经常性费用的要求。实际选择时，应当首先根据湿物料的形态、特性、处理量以及工艺要求进行选择，然后再结合热源、载热体种类的限制以及安装设备的场地等问题选出几种可用的干燥器，并考虑所选干燥器是否适合生物产品的特点，最后，通过对所选干燥器的基建费用和操作费用进行经济衡算，将参选的干燥器进行比较，确定一种最适用的类型。表 11-1 是干燥设备选型参考表，供干燥设备选型时参考。

表 11-1 干燥设备选型参考表

加热方式	干燥器	物料							
		溶液	泥浆	膏糊状	粒径100目以下	粒径100目以上	特殊性状	薄膜状	片状
		萃取液、无机盐	碱、洗涤剂	沉淀物、滤饼	离心机滤饼	结晶体、纤维	填料、陶瓷	薄膜、玻璃	薄片
对流	气流	5	3	3	4	1	5	5	5
	流化床	5	3	3	4	1	5	5	5
	喷雾	1	1	4	5	5	5	5	5
	转筒	5	5	3	1	1	5	5	5
	箱式	5	4	1	1	1	1	5	1
传导	耙式真空	4	1	1	1	1	5	5	5
	滚筒	1	1	4	4	5	5	4	5
	冷冻	2	2	2	2	2	5	5	5
辐射	红外线	2	2	2	2	2	1	1	1
介电	微波	2	2	2	2	1	2	2	3

注：1—适合；2—经费许可时适合；3—特定条件下适合；4—适当条件下适合；5—不适合。

第二节 非绝热干燥设备

干燥过程根据系统进出口焓的变化通常分为绝热干燥过程（等焓干燥过程）和非绝热干燥过程（非等焓干燥过程）。符合下列条件的干燥过程称为绝热干燥过程。

① 在物料进出干燥器期间，不向干燥器补充热量。
② 干燥器的热损失可以忽略不计。
③ 物料进出干燥器时的焓相等。

在实际干燥生产中，等焓过程难于完全实现，故又称为理想干燥过程。但是，在干燥器绝热性能良好，又不向干燥器中补充热量，且物料进出干燥器温度十分接近的情况下，可以近似地认为是绝热干燥过程，按照绝热干燥过程处理。与此相反，在干燥过程中系统的焓发生了变化，称为非绝热干燥过程（非等焓干燥过程），非绝热干燥过程可以分为以下几种情况。

① 不向干燥器补充热量，物料进出干燥器的焓差发生了明显的改变。
② 向干燥器补充的热量比热损失及物料带走的热量之和还要大。
③ 向干燥器中补充的热量足够大，能够使干燥过程在等温下进行，但进出干燥器物料的焓发生了明显的改变。

本节讨论非绝热干燥设备，包括真空箱式干燥器、带式真空干燥器和耙式真空干燥器。

一、真空箱式干燥器

真空箱式干燥器又称真空干燥箱，实际上是一个密封的空间，里面有支架可以放置各种托盘,干燥物料均匀地铺放在托盘里。真空干燥箱内部有加热装置,一般是电加热器,或以热水、蒸汽为介质的蛇管、夹套等。有时,加热蛇管也可作为托盘支架使用。真空干燥箱有接口与真空泵相连,干燥时,汽化的物料被真空泵连续不断地抽走,以维持适当的真空度。可以使用的真空泵有多种,包括水力喷射器、蒸汽喷射器和水环式真空泵等。干燥箱和真空泵之间装有冷凝器,冷凝干燥出的水分,以降低真空泵负荷。一般干燥室内压力可维持 9.3×10^4 Pa(700mmHg) 以上,根据使用真空泵的种类而变。真空箱式干燥器外形有圆形和方形,外面有真空表、温度表和温度调节设定装置等。

真空箱式干燥器只能间歇操作,干燥时,先将要干燥的物料均匀放入托盘中,再将托盘放入干燥器内的支架上,关紧箱门,打开真空泵,待箱内真空达到一定程度时打开加热装置,并维持一定的温度。干燥完毕时,一定要先将真空泵与干燥箱连接的真空管阀门关闭,然后缓慢放气,取出物料,最后关闭真空泵。如果先关闭真空泵,真空箱内的负压就可能将冷凝器内或真空泵里的液体倒吸回干燥器中,不仅造成产品污染,而且可能损害真空泵。

二、带式真空干燥器

真空箱式干燥器的缺点是物料在干燥过程中处于静止状态,无法翻动或移动,因此干燥时间长,尤其是在干燥后期。带式真空干燥器在这方面进行了改善,如图 11-2 所示,在一个密封的真空干燥室内,有两个滚筒带动不锈钢料带。加热时物料置于不锈钢料带上,在滚筒的带动下缓慢移动,两个滚筒一个用来加热,另一个用来冷却,在不锈钢料带上下的辐射加热器也可以同时加热。黏稠的湿物料涂加在下方的不锈钢带上,在滚筒的带动下,通过辐射加热器和滚筒加热器,当到达冷却滚筒时,物料干燥完毕,冷却后由刮刀刮下,经真空密封装置从干燥器内卸出。

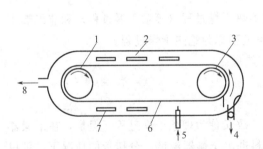

图 11-2 带式真空干燥器
1—加热滚筒;2—真空室;3—冷却滚筒;
4—产品出口;5—原料进口;6—不锈钢带;
7—辐射加热器;8—至真空系统

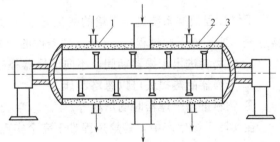

图 11-3 耙式真空干燥器
1—外壳;2—夹套;3—耙式搅拌

带式真空干燥器主要用于黏稠的浆状物料的干燥。可以进行连续干燥操作。

三、耙式真空干燥器

耙式真空干燥器相当于在一个卧式筒状真空干燥箱内增加了一个水平搅拌装置,这个搅拌装置带有很多叶片,在干燥过程中像一个耙子不断翻动物料,因此,称为耙式真空干燥器。如图 11-3 所示,湿物料经上部装入后密封,打开真空装置,向夹套内通入蒸汽或者热水加热，在耙式搅拌的不停搅拌下，物料中的湿分不断挥发并通过真空系统排出。干燥结束后，切断真空，停止加热，通过放气阀门使干燥器与大气接通，然后将物料由底部卸料口卸出。这种干燥器由于带有搅拌装置，干燥速率较高，对物料的适应能力强，但只能用于间歇操作。

第三节 绝热干燥设备

如上节所述，实际上不存在完全的绝热干燥过程，但是，如果干燥器的保温性能良好，在干燥器物料进出口范围内没有任何热量输入，且物料进出干燥器温度基本相等的情况下可以近似地认为是绝热干燥过程。本节所介绍的干燥器都属于这种近似的绝热干燥器。

一、气流干燥原理及设备

气流干燥是指将颗粒状的湿物料加入到流动的热空气中进行迅速干燥的一种方法，其基本原理是：固体湿物料在高温快速流动的热空气作用下，均匀分散成悬浮状态，从而增大了物料与热空气的接触面积，强化了热交换作用，使得物料仅在几秒钟内（1～5s）达到干燥要求。四环素类抗生素大多采用气流干燥方法。

常用的气流干燥器有两种，一种是长管式气流干燥器，另一种是旋风式气流干燥器。

长管式气流干燥器如图11-4所示，它的主要部分是一根长为几米至十几米的垂直管，物料和热空气在管的下端进入。热空气在进入前分别经过过滤器和预热器，物料则经加料漏斗由螺旋加料器加入。在干燥管内，湿物料在热风的带动下自下而上，经过充分的接触得到干燥后，进入旋风分离器。物料与热空气的接触时间与干燥管的长度有关，干燥管越长，接触时间越长。完成干燥的物料在旋风分离器中与热空气和挥发的湿分分离，经过锁气器由出料口卸出。锁气器起着隔离气体的作用。在长管式气流干燥器中，热空气既是干燥介质，又起固体输送作用，其上升速度应大于物料颗粒的自由沉降速度，这样，物料才能够以空气流速和自由沉降速度的差速上升。鼓风机产生热空气气流，它的位置可以设在头部、中部或尾部，其对应的干燥过程分为正压操作、负压操作、先正压后负压三种类型。

长管式气流干燥器的干燥管较长，对房屋建筑、操作运行和设备检修等都带来不便，因此，很多生物工厂采用旋风式气流干燥器。旋风式气流干燥器干燥原理与长管式基本相同，如图11-5所示，它用一个略带锥度的圆筒形筒身3，称为旋风式干燥器，代替长管式气流干燥器中的长管。干燥时，气体经空气预热器进入，固体由加料器加入与热空气混合，在此处，热空气夹带着湿物料以切线方向进入干燥器，沿干燥器的内壁以螺旋线的方式向下至底部后再折向中央排

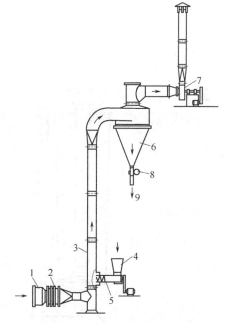

图11-4 长管式气流干燥器
1—空气过滤器；2—预热器；3—干燥管；
4—加料斗；5—螺旋加料器；
6—旋风分离器；7—风机；
8—锁气器；9—产品出口

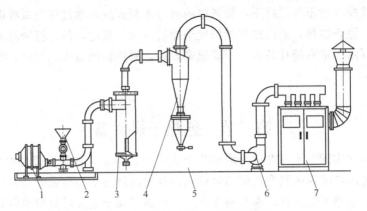

图 11-5 旋风式气流干燥器装置

1—空气预热器；2—加料器；3—旋风式干燥器；4—旋风除尘器；5—储料斗；6—鼓风机；7—带式除尘器

气管口，然后进入旋风分离器，气固在此分离，固体向下进入储料斗，气体由风机鼓入袋式除尘器将剩余的固体物料过滤后放空。

旋风式气流干燥器结构如图 11-6 所示，在中央，有一根管道插入到圆筒的底部作为出口，称为中央排气管。旋风式干燥器一般用不锈钢管制成，要求内壁光滑，筒身处必要时可附有蒸汽夹套，外面要有较好的保温层。物料在进入干燥器后受到三个力：气流对物料的携带力，物料旋转引起的离心力和物料自身重力。在这三个力的作用下，物料做螺旋下降运动，物料粒子周围的气体呈高度湍流状态，提高了传热效果。另外，旋转运动使物料粒子碰撞粉碎，增大了传热面积，强化了干燥过程，缩短了干燥时间。物料在干燥器内停留时间一般是 1～1.5s，压力降为 490～687Pa。

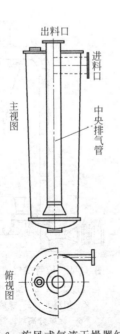

图 11-6 旋风式气流干燥器结构

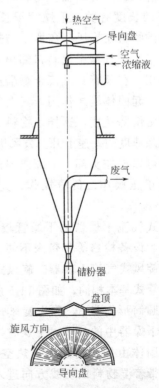

图 11-7 喷雾干燥器结构

二、喷雾干燥原理及设备

喷雾干燥的原理：用雾化器将溶液、乳浊液、悬浊液（含水量50％以上）喷成微小雾滴分散于热气流中，在液滴下降过程中水分迅速蒸发，从而完成干燥过程。由于大量雾状液滴形成的蒸发面积非常大，约 $100\sim600m^2/kg$，物料干燥时间很短，一般在数秒至数十秒之间。因此非常适用于热敏物料的干燥，尤其是生物产品的干燥。

喷雾干燥器结构如图 11-7 所示，为塔型结构，上部是圆筒形，下部为圆锥形，筒径一般在 1～10m 之间，圆筒部分高径比在 1.3～1.6。筒身材料用不锈钢制作，内壁要求十分光滑，以减少粉末粘壁。上部圆筒的直径应大于顶部喷嘴能够喷出的最大雾距直径，高度应保证雾滴下降至干燥器底部前产品能够达到规定的湿分含量。喷雾干燥器的顶部有一个热空气分布盘，又称导向盘，由几十片以一定角度倾斜的叶片组成（见图 11-7 下部），它的作用是使进入的热空气以一定的方向旋转，旋转的方向与雾滴旋转方向相反，从而降低喷雾直径避免粘壁现象。

雾化器（喷嘴）是喷雾干燥器的关键部件，它关系到喷雾器的经济技术指标、产品质量等。理想的雾化器要求喷雾粒子均匀、结构简单、操作方便、产量大、能耗低，并能控制雾滴的大小和数量。常用的雾化器有三种形式：离心式，压力式（机械式），气流式。如图 11-8 所示，离心式雾化器（a）的原理是将料液送入一高速旋转的离心盘中央，离心盘上有放射性叶片，液体受离心力的作用被加速，到达周边后被高速甩出，拉成液膜并获得雾化。为了雾化均匀，要求离心盘有很高的圆周速度，一般不能低于 60m/s，通常为 90～140m/s。离心式雾化器适用处理含有较多固体的物料。在压力式雾化器（b）中，泵将料浆高压打入喷嘴，料浆以 $(20\sim200)\times10^5Pa$ 的压力从切线方向进入螺旋室内形成高速旋转，当旋转的液体从喷出口喷出时，因压力急速下降，静压能转变为动能，速度相应大增，结果使料液形成空心锥形液膜，液膜伸长形成细丝，细丝断裂形成雾滴。这种喷雾器的优点是生产能力大，耗能少，应用最为广泛。气流式雾化器是利用高速气流对液膜产生摩擦分裂作用把液滴拉成细雾。高速气流一般采用 0.15～0.5MPa（表压）的压缩空气，当它以很高的速度（一般为 200～300m/s，有时甚至达到超声速）从喷嘴喷出时，液体的流速并不大（约 2m/s），因此，气流和液流之间存在着非常高的相对速度而产生强烈摩擦，液体被拉成很多细丝，细丝很快断裂形成球状小雾滴。气流式喷雾器结构简单，但消耗动力较大，一般应用

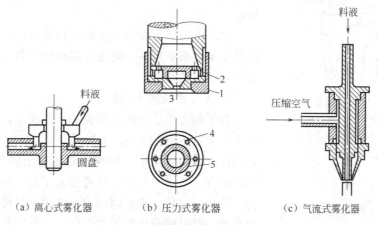

(a) 离心式雾化器　　(b) 压力式雾化器　　(c) 气流式雾化器

图 11-8　常用喷雾器基本形式

1—外套；2—圆板；3—螺旋室；4—小孔；5—喷出口

于喷液量较小的规模生产，处理量为每小时 100L 以下。

使用喷雾干燥器干燥时，热空气从顶部进入，经导向盘后呈旋转状向下，液固混合物从上部进入雾化器变成雾状向下降落。在降落的过程中液滴与热空气接触，湿分迅速蒸发，至底部含湿量达到要求，被收集在储粉器中。气体则由废气口导出，进入后续的气固分离装置进一步收集固体产品。后续的气固分离装置一般是旋风分离器或袋式捕尘器。

喷雾干燥器的优点如下。
① 干燥速率快，时间短，特别适合热敏性物料的干燥。
② 干燥后所得产品多为松脆的空心颗粒或粉末，溶解性能好。
③ 操作稳定，能实现连续自动化生产，改善了劳动条件。
④ 可由低浓度料液直接获得干燥产品，因而省去了蒸发、结晶分离等操作。
缺点是设备体积庞大，基建费用高，热效率低，能耗大。

三、流化床干燥原理及设备

流化床干燥器又称为沸腾床干燥器，它是利用热空气流（或者其他高温气体）使湿物料颗粒呈沸腾悬浮状态从而实现快速干燥。

在沸腾干燥时，向上流动的热空气托起粉状湿物料，热空气的流速既不能太大，太大就将物料带出干燥器，也不能太小，否则不能托起物料颗粒，而是保持在两者之间，使物料和气体形成一种沸动的流化状态。在流化状态下，颗粒与气体之间的接触面积很大，传热效果较好，干燥器内各处温度均匀，易于控制，不易发生物料过热现象。控制沸腾时间就可以控制物料和热空气的接触时间，从而可以使物料终点水分达到非常低的要求。

沸腾床干燥器有很多形式，常用的具有代表性的有三种：单层圆筒式沸腾床干燥器，多层沸腾床干燥器和卧式多室沸腾床干燥器。下面分别介绍。

1. 单层圆筒式沸腾床干燥器

该干燥器的结构如图 11-9 所示，在圆筒体底部有一个气体分布板，分布板以上构成了沸腾室。物料从侧面上部加料口加入，空气由风机鼓入，通过加热器进入干燥器，再通过气体分布板向上托起物料颗粒形成沸腾床，最后，气体从顶部经过旋风分离器排出。

单层沸腾床干燥器优点是结构简单，生产能力大。缺点是干燥效果不很好，适用于间歇生产和处理量大而干燥要求不严格的场合。

2. 多层沸腾床干燥器

为了解决单层干燥器存在的上述缺点，发展了多层沸腾床干燥器，结构如图 11-10 所示，热空气由底部鼓入，物料由上部加入上层沸腾床，首先在上层形成沸腾状态，然后经过上下层之间的溢流管进入下层。热空气则由底部向上依次通过各层在顶部排出。这样，气固在沸腾床内逆流运动，每层形成单独的沸腾床，因此物料在干燥器内停留时间均匀，热效率高，产品质量较稳定，适合于降速干

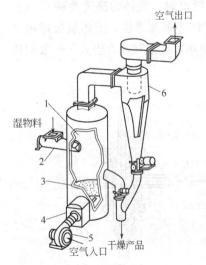

图 11-9 单层圆筒式沸腾床干燥器
1—沸腾室；2—进料室；3—分布板；
4—加热器；5—风机；6—旋风分离器

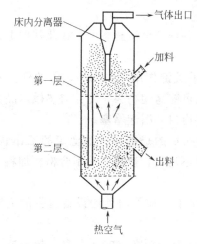

图 11-10 多层沸腾床干燥器

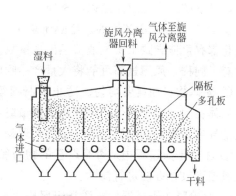

图 11-11 卧式多室沸腾床干燥器

燥段较长或者产品含水量较低的物料。

该干燥器的缺点是：对溢流管要求较严格，既要求物料能定量地均匀落入下层，又要防止热气流在溢流管内短路。有时操作不当造成溢流管被堵导致无法下料。

3. 卧式多室沸腾床干燥器

该干燥器外形为矩形箱式，如图 11-11 所示，矩形箱内部用竖向隔板分成几个小室，隔板与多孔板之间有一定的距离，使小室下面相通。湿物料从进料口加入后依次通过各室，最后变为干料经排出堰排出。热空气从各室下面的进气孔进入，向上与物料形成流化床，最后从出气口排出，进入到外面的旋风分离器，从旋风分离器分离下来的固体回流到干燥器内继续干燥，气体经过粉尘收集装置后排空。由于各室下面有进气孔，热空气可以独立引入，分别调节温度和流速，以达到最优控制。该沸腾床干燥器的优点是压力降比多层沸腾床低，床层高度低，没有堵塞问题，物料适应性广，操作比较稳定。缺点是热效率比较低。

4. 沸腾床干燥器使用条件

并不是所有物料都适合使用沸腾床干燥，选用沸腾床干燥物料需要考虑以下条件。

① 干燥物料的粒度最好介于 30～60μm 之间，粒度太小容易被气流带走，太大不易被流化。

② 若几种物料混合干燥，则要求物料的密度接近。否则，密度小的物料容易被气流带走，同时它们的干燥速率也会受到影响。

③ 含水量过高且易黏结成团的物料一般不适用。

④ 对产品外观要求严格的物料一般不适用。

四、绝热干燥设备的操作和注意事项

绝热干燥设备大部分是通过各种形式的气固接触使固体中的水分迅速蒸发达到干燥目的，因此，绝热设备的操作首先涉及热气体和湿物料。

一般情况下，在干燥开始时，应首先开通气体，然后开通热源预热，调节气体到要求的温度和速度并稳定后，再逐渐加入固体物料，尤其是对气流干燥器和沸腾床干燥器。这样做的好处是干燥系统能够比较顺利地由开始状态过渡到稳定状态。如果先加入固体物料，气体在开始通入时会遇到很大阻力，不能尽快进入稳定状态。

同样的道理，在干燥结束时，应当首先停止固体物料的加入，然后，用气流将干燥器内剩余物料吹出，再关闭热源，停止鼓风。

不管何种设备，在操作时首先确保安全操作，牢记各种安全注意事项。在此基础上，绝热干燥设备的操作还应注意以下事项。

① 注意观察风压和风温。绝热干燥中，热气流起着关键作用，风压和风温的任何不正常变化都有可能导致干燥失败甚至出现事故。风温过高可能烤煳物料，尤其对热敏产品更应当注意。同样，风压过高可能将大量产品吹向固体物料出口，引起堵塞。

② 固体物料加料要均匀。防止断断续续。这样做的目的是维持一个稳定的工作状态。如果固体物料加入不均匀，将导致干燥最终产品含水量不均匀，造成产品不合格。加料不均匀也能导致系统局部温度过高产生煳化现象。

③ 注意干燥过程中是否有严重的物料粘壁现象，如有，应及时使用设备自带的清除粘壁工具或者其他办法进行清除。

④ 对沸腾床干燥器，要注意床层压力波动，正常范围一般在±30%左右，超过这个范围应及时检查原因。

⑤ 要经常用仪器或其他听音装置检查设备内气体和颗粒流动声音，注意干燥器内部情况。如果出现设备和支架明显晃动时，应及时查出原因。

⑥ 各种设备有其特殊的操作要求，同一种设备干燥不同的物料操作也不尽相同，因此，在掌握基本原理的同时，应牢记工厂内对各种设备的工艺和操作条件，熟读设备使用说明书。

第四节 冷冻干燥及其他干燥设备

一、冷冻干燥原理及设备

冷冻干燥也称升华干燥，是将湿物料置于较低的温度下（-10~-15℃）冻成固态，然后将其环境抽为高度真空（133~0.1Pa），湿物料内的水分不经液态直接升华为气体被真空泵抽走，留下干燥的物体。冷冻干燥特别适合生物产品的干燥，如蛋白质类的热敏性物质等。

冷冻干燥设备大致由四部分组成，即，冷冻部分、真空部分、水汽去除部分和加热部分，下面分别介绍。

1. 冷冻部分

冷冻部分由制冷机组成，常用的制冷机有三种：蒸汽压缩式制冷机、蒸汽喷射式制冷机和吸收式制冷机，其中，蒸汽压缩式制冷机是应用最广泛的一种，故本节重点介绍。

压缩式制冷机的原理如图 11-12 所示，制冷剂一般是氨、氟里昂、二氧化碳等，在制冷温度下是气态的，经压缩机 3 压缩为液态，温度升高，进入冷凝器 4，在这里与环境交换热量，温度降低，经膨胀阀 1 后，压力急速下降进入蒸发器 2。在蒸发器 2 内，由于压力下降，制冷剂迅速气化，吸收大量热量，将冷冻室内温度降低，然后进入压缩机 3 进行下一个循环。就这样，制冷剂在蒸发器内取出热量，经过循环，在冷凝器内将热量交换给环境，达到制冷效果。

2. 真空部分

冷冻干燥时干燥箱内的压力应为冻结物料饱和蒸气压的 1/12~1/14，一般情况下，干燥

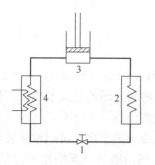
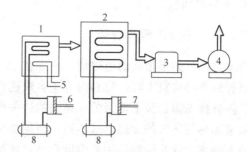

图 11-12 冷冻部分原理图
1—膨胀阀；2—蒸发器；
3—压缩机；4—冷凝器

图 11-13 冷冻干燥系统
1—干燥器；2—冷冻器；3—前置真空泵；4—后置真空泵；
5—加热装置；6,7—冷冻压缩机；8—制冷剂储罐

箱内的绝对压力约为 13～1.3Pa，质量较好的机械泵可达到最高真空约为 0.13Pa，国产 2X 型旋片式真空泵的极限真空可达 0.067Pa，可用于冷冻干燥。在实际操作中，可在高真空泵出口串联一组粗真空泵以提高真空度，也可以采用多级蒸汽喷射泵。使用多级蒸汽喷射泵可直接排出从物料中挥发的湿气，不需要冷凝器，但是喷射泵工作不稳定，耗能大，噪声高。

3. 水汽去除部分

冷冻干燥时，从物料升华出来的水汽一般情况下不能直接进入真空泵，需要用冷凝器将其冷凝下来。冷凝器一般使用列管式、螺旋管式或夹套式换热器，冷却介质可使用低温空气或乙二醇。一般冷却介质在冷凝器的管程或夹套内流动，水汽则在管外或夹套外壁冻结成霜。除此之外，也可用甘油、无水氯化钙、活性氧化铝、硅胶等化学或物理吸水剂除去水汽，适用于小型装置。

4. 加热部分和干燥室

水汽升华也需要热量，如果不提供热量，物料温度将降低，无法进一步升华。为升华提供热量的办法有夹层加热板加热、辐射加热及微波加热等。加热板传导加热剂为热水或者油类，加热温度应以不使冻结物溶化为宜。

干燥室一般为箱式，干燥室的门上一般有视镜，可以随时观察干燥室内情况。干燥室要求严格密封，否则，很难达到要求的真空度。

以上四部分结合在一起，构成冷冻干燥系统，如图 11-13 所示，待干物料放置在冷冻干燥箱内，其中的水分在低温下升华为气体进入冷冻器，在这里，水汽凝结为冰。干燥器内的真空则由两级真空泵保持。冷冻器和干燥器内的低温分别由两个冷冻机维持。

在实际应用中，商业厂家常将以上系统结合在一台机器里，制成冷冻干燥机（冻干机）出售。

（1）冷冻干燥的优点

① 整个干燥过程处于低温状态，蛋白质等生物物质不会发生变性，无氧化以及其他化学反应，因此，特别适合生物产品的干燥。

② 冷干后产品疏松、易溶，含水量低，易长期保存。

③ 冷干后物料的天然组织和结构不会被破坏，适合菌种的保藏。

（2）冷冻干燥的缺点

① 设备投资大，动力消耗高。

② 干燥时间较长。

二、微波干燥原理及设备

微波是一种频率很高的电磁波,范围在 300～300000MHz,波长范围是 1～0.001m。当微波照射到含湿物料上时,物料内分子会快速震动,从而在物料内部产生大量热量,使温度升高,湿分挥发而达到干燥目的。微波的这一作用也称为微波加热。

微波加热与传统的加热方式不同,传统加热方法利用热传导的原理,将热量从被加热物外部传入内部,逐步使物体中心温度升高,要使中心部位达到所需的温度需要一定的时间,导热性较差的物体所需时间就更长。而微波加热利用微波穿透物体内部,里外同时加热,避免了传统加热时间长、加热不太均匀,需上下翻动以及劳动强度大的缺点,有其独特的优势。

广义地说,一切利用微波作为加热源的干燥设备都是微波干燥设备。显然,微波干燥设备有很多种,但它们基本上是由直流电源、微波管、传输线或波导、微波炉及冷却系统等几个部分组成,如图 11-14 所示。

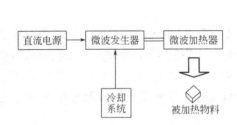

图 11-14 微波加热干燥系统

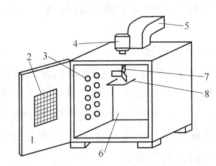

图 11-15 微波箱干燥器结构示意图
1—门;2—观察窗;3—排湿孔;4—搅拌电动机;
5—波导(传输线);6—腔体;7—搅拌叶;8—反射板

微波发生器的主要部件是微波管,它将直流电源提供的高压转换成微波,微波通过传输线或波导传输到微波炉,对物料进行加热干燥。冷却系统用于对微波发生器产生的热量进行冷却。冷却方式通常为水冷或风冷。微波加热器可以采用多种形式,图 11-15 是箱式微波加热器,由矩形谐振腔体 6、输入波导 5、反射板 8、搅拌叶 7 等组成。被干燥的物料放在谐振腔内的支撑底板上,汽化的湿分通过风机由排湿孔 3 排出。

微波干燥不仅适用于含水物质,也适用于许多含有有机溶剂、无机盐类等生物产品。

除了上述箱式微波干燥器外,工业上应用的微波干燥器还有其他很多形式,如隧道式微波干燥设备,其原理与前面介绍基本相同,由于篇幅的关系不再详细解释。

微波干燥的优点如下。

① 干燥速率快,一般只需传统干燥方法的 1%～10% 的时间。

② 干燥均匀,产品质量好。由于微波干燥从物料内部加热,所以,即便物料的颗粒形状很复杂,也不会引起"外焦内生"现象。

③ 有一定的选择性。微波加热干燥与物料的性质密切相关,介电常数高的物料,容易被微波干燥。由于水的介电常数特别高,对含水物料干燥时,水分比干物料吸收热量大得多,温度也高很多,很容易蒸发。而物料本身吸收热量少,不容易引起过热,因此能保持原

有的特色，对提高产品质量有好处。

④ 热效率高，一般可高达80%。

缺点是：耗电量大，干燥费用高，设备也比较贵。

三、红外干燥原理及设备

红外线也是一种电磁波，它的波长介于可见光和微波之间，为 $0.77\sim1000\mu m$。在红外波长段内，一般把 $0.77\sim3.0\mu m$ 称作近红外区，$3.0\sim30.00\mu m$ 称为中红外区，$30.00\sim1000\mu m$ 称作远红外区。

当红外线照射到被干燥的物料时，若红外线的发射频率与被干燥物料中分子的运动频率相匹配，将使物料分子强烈振动，引起温度升高，进而汽化水分子达到干燥目的。红外线越强，物料吸收红外线的能力越大，物料和红外光源之间的距离越短，干燥的速率越快。由于远红外线的频率与许多高分子及水等物质分子的固有频率相匹配，能够激发它们的强烈共振，工业生产上常采用远红外光干燥物料。

一般来说，利用红外线作为热源的干燥设备为红外干燥设备。红外干燥设备的核心装置是红外辐射器。红外辐射器按照所消耗能量的种类可分为电热式和非电热式。非电热式红外线辐射器利用高温产生红外线，电热式红外线辐射器则通过电阻体把电能转变成热能，使辐射层保持足够的温度向外辐射远红外线，因此又称为电热式远红外辐射器。

电热式远红外辐射器按照电热体将热能传给远红外辐射层是否经过中间传热介质，分为旁热式辐射器和直热式辐射器。

在旁热式辐射器中，电热体的热能经过中间介质传给远红外辐射层，使其温度升高向外辐射红外线。旁热式辐射器根据外形又可分为灯式、管式、板式等几种，如图11-16所示。

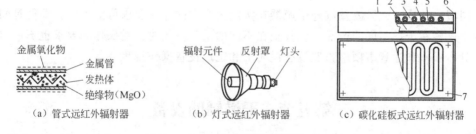

图 11-16 各种旁热式远红外辐射器

1—远红外辐射层；2—绝热填料层；3—碳化硅板或石英砂板；4—电阻线；
5—石棉板；6—外壳；7—安装孔

灯式远红外辐射器［见图11-16（b）］由辐射元件和反射罩组成，辐射元件置于反射罩的焦点上，发射出的红外线大部分经反射罩汇聚成平行线向外射出。这种红外辐射器装配简单，布置容易。

管式远红外辐射器［见图11-16（a）］是一根无缝钢管，在其内部有一根旋绕的电阻线（发热体），在电阻线与管壁间的空隙中填满压实具有良好导热性和绝缘性的结晶体氧化镁粉末，管外面用等离子喷涂一层远红外涂料。为了提高效率，一般在管式辐射器后面加一个抛物面反射器。这种辐射器的体积小、坚固耐用、放火防爆、安装维护简单，但其辐射面上温度分布不均匀。

板式远红外辐射器［见图 11-16（c）］类似一个薄箱体，内部有电阻线铺在石棉板上，在电阻线与电阻线之间有石英砂或碳化硅板相隔。在石棉板的下面填满绝缘性能良好的填料，以使热量集中到加热面。在辐射面涂有一层远红外涂料。这种远红外辐射器的特点是热传导好、省电、温度分布均匀，不需反射板，维修简单、易安装，能耐高温。

直热辐射器不使用中间传热介质，而是将远红外涂层直接覆盖在发热元件上，因此加热速度快、热效率高、省电、安装容易、元件简单、坚固耐用。其加热元件通常为金属线、片、网或者金属氧化物、碳棒等。形状同样有灯式、管式、板式等多种。

远红外涂料一般是金属元素的氧化物、碳化物、氮化物、硫化物、硼化物。如氧化锆、氧化铁、氧化钛、碳化硅等。

四、冷冻、微波和红外干燥操作注意事项

冷冻干燥的操作过程一般比微波和远红外干燥复杂。在进行冷冻干燥时，物料应先冷至 0℃，再放入干燥箱内，否则开始冷冻负荷将过大。然后，关闭干燥箱，打开制冷剂阀门，使物料急速冷却。冷却速度越快，水的结晶就越小，干燥后的产品就越疏松易溶。接着开启真空泵，小心控制真空阀慢慢降低干燥箱内的压力，当压力降至 6.67～4.00Pa 时，冻结物料中的水分将迅速升华。待绝大部分水分升华掉后，打开外界热量供给开关，使余下难以蒸发的少量水分升华，此时要注意温度的控制以防止物料熔融。为了防止蒸汽进入真空泵，冷凝器的温度必须低于干燥箱内的温度。

微波和红外线对人体都有一定程度的影响，尤其是微波可对人体造成伤害。因此，进行微波和红外干燥操作时，需要注意不要将身体任何部位暴露在微波或红外线之下。为此，在打开微波电源之前，应先将需要干燥的物料放到干燥器内。在进行干燥时，尽量不要靠近干燥箱以防微波泄漏伤害身体。当干燥完成后，应首先关掉微波电源，确认关闭后再将干燥物料取出。

不同型号的冷冻或微波及红外干燥器在实际生产中的操作要求可能不同，即便是同一种型号的干燥器在干燥不同的产品时，甚至在不同的工厂使用时，对操作的要求也不一定完全一样，具体操作和注意事项应参照设备说明书和工厂设备操作规程。

第五节　干燥辅助设备

为了完成干燥过程，干燥器的周围有很多辅助设备，它们是干燥过程不可缺少的部分。这些辅助设备包括空气、蒸汽过滤器、空气加热器、旋风除尘器、脉冲袋滤器、加料器、真空泵、冷凝器等。这些设备有的已经在前面的章节中有所介绍，有些在其他课程，如化工原理中有详细介绍，限于篇幅本章不再叙述。

一、空气加热器

空气加热器常用在绝热干燥设备中，空气加热器一般有电加热和蒸汽间接加热两种，电加热较简单且不常用，本章不再介绍。蒸汽间接加热器应用较为广泛，它们实际是排管散热器，排管上带有叶片或螺旋形翅片，排管的材质为钢或铜，在装置中往往由数组串联而成。

这种排管散热器已经标准化，可根据需要的温度、加热量和空气流速计算出换热面积，

然后选用标准型号。表 11-2 列出了部分标准的排管散热器型号、结构特点和适用范围。

表 11-2 部分标准排管散热器型号、结构特点和适用范围

散热器型号	结构特点	适用范围
SRZ 型	钢管带螺旋钢翅片	蒸汽或热水加热
SRL 型	钢管带铝翅片	蒸汽或热水加热
S 型	紫绕螺	蒸汽系统
B 型	紫旋翅	蒸汽或热水系统

S 型散热管呈 S 形，能补偿膨胀应力，适用于较高温度的空气加热。例如，SRZ 型用于空气加热，使用蒸汽压力一般为 $(2.94\sim58.9)\times10^4$ Pa，传热性能良好，空气通过阻力小。B 型为小型加热器，加热面积为 $1.5\sim13.13\text{m}^2$，适用于加热量较小的场合。

二、定量加料器

定量加料器是许多干燥装置不可缺少的重要辅助设备，用于向干燥器中加入物料，若选择使用不当，容易产生运转事故。定量加料器有很多种，包括螺旋加料器、旋转加料器、振动加料器和带式加料器等。其中，螺旋加料器和旋转加料器应用最多，本节主要介绍这两种加料器。

1. 旋转加料器

旋转加料器也称星形加料器，主要部件是一个星形叶轮，如图 11-17（a）所示，壳体内星形叶轮不断旋转，物料进入叶片与叶片之间的空间，借助叶轮的转动，使物料由上方进入，下方排出。旋转加料器的加料量可用带动星轮转动的变速电动机来调节。为了防止物料在入口处卡住，有些加料器在入口上方设有防卡舌板，舌板做成可拆卸的，用螺栓固定，可以调节。

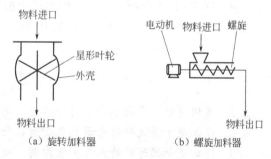

(a) 旋转加料器　　(b) 螺旋加料器

图 11-17 两种形式的定量加料器

旋转加料器常用于与外界有压差的干燥设备，不仅能用于加料，也可用于排料，同时达到锁气作用。在喷雾干燥中，常用于锥形塔底部成品物料排出、旋风除尘器出口排料、风送系统的加料等。优点如下：

① 能达到连续的排料和供料。
② 结构简单，运转维修方便。
③ 基本上能定量供料。
④ 供料的定量可用调节叶轮的转速实现，供料量与转速成正比。
⑤ 具有一定的气密性，适用于进出料有压差的设备进出料。
⑥ 出料或加料时不易引起物料破碎。

缺点是不能用于黏附物料。

2. 螺旋加料器

螺旋加料器的结构原理如图 11-17（b）所示，电动机带动螺旋旋转，将物料由进口推到干燥器内。螺旋加料器能够处理带有一定黏度的物料，气密性也比较好，能够用于有一定

压差的系统中。它的定量是靠电动机的转速来实现，有一定的定量精度，在一定范围内，加料量与转速成正比，能够实现连续供料。缺点是容易引起物料破损。

三、粉末捕集装置

在绝热干燥设备中，干燥废气中的粉末收集不仅影响干燥收率，而且涉及大气污染问题。常用的粉末捕集装置为旋风分离器和脉冲袋滤器。

旋风分离器结构简单，捕集效率高，常用于干燥器后的第一级粉末捕集。它的结构原理在化工原理中已有详细介绍，不再赘述。本节主要介绍脉冲袋滤器。

脉冲袋滤器一般作为粉尘收集的最后一级，可以将旋风分离器无法捕集下来的细小粉尘颗粒收集下来。它的结构如图11-18所示。在一个圆筒状罐中，吊装有很多滤袋（6），这些滤袋套在支撑网架上，滤袋的出口与净化气体出口相连。带尘气体从底部进入袋滤器，向上通过滤袋后气体和粉尘分开，粉尘附着在滤袋外面，气体通过净化气体出口排出。滤袋上端的吹管喷嘴3在电磁阀4的控制下周期性地向滤袋吹入压缩空气，将滤袋外面附着的粉尘抖落。粉尘向下通过星形出料阀8卸出。

脉冲滤袋器的特点是经久耐用，过滤效率高，能过滤99%以上的粉尘，维护管理方便。脉冲袋滤器已经标准化，定型产品型号为MC，脉冲控制装置分气动（符号Q）和电动（符号D）两种。

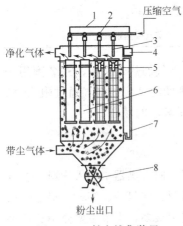

图11-18 粉末捕集装置
1—电器配线；2—电磁阀；
3—吹管喷嘴；4—定时器；
5—吹气口；6—滤袋；
7—测压计；8—星形出料阀

思 考 题

1. 名词解释：平衡水分，自由水分，结合水分，非结合水分。
2. 什么是干燥过程的表面气化控制，处于表面气化控制时如何提高干燥速率？
3. 什么是干燥过程的内部扩散控制，处于内部扩散控制时如何提高干燥速率？
4. 生物制品的干燥有何特点？请举例说明。
5. 使用真空箱式干燥器时操作上应注意哪些事项？
6. 常用的气流干燥器有几种？请简单介绍它们的干燥原理。
7. 喷雾干燥器有何优点和缺点？
8. 常用的流化床干燥器有哪些，各有何特点，使用流化床干燥器有何限制条件？
9. 绝热干燥设备操作时应注意哪些事项？
10. 简述冷冻干燥、微波干燥、红外干燥的原理、特点及操作注意事项。

第十二章 空气净化除菌与调节设备

现代工业发酵绝大多数是利用好气性微生物进行纯种培养，从而获得目的产物。溶解氧是这些微生物生长和代谢必不可少的条件。工业上通常以空气作为氧源。但空气中含有各种各样的微生物，它们一旦随空气进入培养液，在适宜的条件下，就会迅速大量繁殖，干扰甚至破坏预定发酵的正常进行，甚至造成发酵彻底失败等严重事故。因此，通风发酵需要的空气必须是洁净无菌，并有一定的温度和压力的空气，这就要求对空气进行净化除菌和调节处理。

第一节 空气净化除菌的方法与原理

一、生物工业生产对空气质量的要求

1. 空气中微生物的分布

空气中经常可检查到一些细菌及其芽孢、酵母、霉菌和病毒。它们在空气中的含量随环境的不同而有很大的差异。一般干燥寒冷的北方空气含菌量较少，而潮湿温暖的南方空气含菌量较多；人口稠密的城市比人口稀少的农村空气含菌量多；地平面比高空的空气含菌量多。虽然各地空气中微生物的分布是随机的，但它们的数量级可以认为是 $10^3 \sim 10^4$ 个$/m^3$。

2. 生物工业生产对空气质量的要求

生物工业生产中，由于所用菌种的生产能力强弱、生长速度的快慢、发酵周期的长短、分泌物的性质、培养基的营养成分和pH的差异等，对所用空气的质量有不同的要求。如酵母培养过程，对空气无菌程度的要求就不如氨基酸、抗生素发酵那么严格。

生物工业生产所用的"无菌空气"，是指通过除菌处理使空气中含菌量降低到零或极低，从而使污染的可能性降至极小。一般按染菌概率为 10^{-3} 来计算，即1000次发酵周期所用的无菌空气只允许1次染菌。

二、空气净化除菌方法

空气除菌就是杀灭或除去空气中的微生物。空气除菌的方法很多，如辐射、化学药品和加热杀菌都是将有机体蛋白质变性而破坏其活力，从而杀灭空气中的微生物。而介质过滤和静电吸附方法则是利用分离方法将微生物粒子除去。

1. 热杀菌

热杀菌是一种有效的、可靠的杀菌方法。工业生产上常利用空气压缩时放出的热量进行加热保温杀菌。

2. 辐射杀菌

从理论上说，超声波、X射线、β射线、γ射线、紫外线等都能破坏蛋白质活性而起杀菌作用。但应用较广泛的还是紫外线，它的波长在253.7～265nm时杀菌效力最强，它的杀

菌能力与紫外线的强度成正比，与距离的平方成反比。紫外线通常用于无菌室等空气对流不大的环境下消毒杀菌。但杀菌效率低，杀菌时间长，一般要结合甲醛蒸气或苯酚喷雾等来保证无菌室的高度无菌。

3. 静电除菌

静电除尘法能除去空气中的水雾、油雾、尘埃和微生物等，且消耗能量小，空气压力损失小，设备也不大。但对设备维护和安全技术措施要求较高。常用于洁净工作台、洁净工作室所需无菌空气的预处理，再配合高效过滤器使用。

静电除尘是利用静电引力吸附带电粒子而达到除菌除尘目的。悬浮于空气中的微生物，其孢子大多带有不同的电荷，没有带电荷的微粒在进入高压静电场时都会被电离变成带电微粒，但对很小的微粒效率较低。

静电除菌设备，由于极板间距小，电压高，要求极板平直，安装间距均匀，才能保证电场电势均匀、除菌效果好及阻力小、耗电少的特点。但该方法一次性投资费用较大。

4. 过滤除菌

过滤除菌是目前生物工业生产中最常用、最经济的空气除菌方法，它采用定期灭菌的干燥介质来阻截流过的空气所含的微生物，从而获得无菌空气。常用的过滤介质按孔隙的大小可分成两大类：一类是介质间孔隙大于微生物，故必须有一定的厚度才能达到过滤除菌目的；而另一类是介质的孔隙小于微生物，空气通过介质，微生物就被截留于介质上，这称之为绝对过滤。前者有棉花、活性炭、玻璃纤维、有机合成纤维、烧结材料（烧结金属、烧结陶瓷、烧结塑料）等，后者有微孔超滤膜等。绝对过滤在生物工业生产上的应用逐渐增多，它可以除去 $0.2\mu m$ 左右的粒子，故可把细菌等微生物全部过滤除去。目前，已开发成功可除去 $0.01\mu m$ 微粒的高效绝对过滤器。

由于被过滤的空气中微生物的粒子很小，通常只有 $0.5\sim2\mu m$，而一般过滤介质的材料孔隙直径都比微粒直径大几倍到几十倍，因此过滤除菌机理比较复杂，下面将专门讨论。

三、介质过滤除菌机理

空气的过滤除菌原理与通常的过滤原理不一样，由于空气中气体引力较小，且微粒很小，常见悬浮于空气中的微生物粒子大小在 $0.5\sim2\mu m$，而空气过滤常用的过滤介质如棉花，它的纤维直径一般为 $16\sim20\mu m$，当充填系数为 8% 时，棉花纤维所形成网格的孔隙为 $20\sim50\mu m$。微粒随空气流通过滤层时，滤层纤维所形成的网格阻碍气流前进，使气流无数次改变运动速度和运动方向而绕过纤维前进，这些改变引起微粒对滤层纤维产生惯性冲击、拦截、重力沉降、布朗扩散、静电吸引等作用，从而把微粒滞留在纤维表面。

1. 惯性冲击滞留作用机理

惯性冲击滞留作用是空气过滤除菌的重要作用。当微粒随气流以一定的速度垂直向纤维方向运动时，空气受阻即改变运动方向，绕过纤维前进。而微粒由于它的运动惯性较大，未能及时改变运动方向，直冲到纤维表面，由于摩擦黏附，微粒就滞留在纤维表面，这称为惯性冲击滞留作用。空气流速是影响惯性冲击滞留效率的重要因素。空气流速下降，惯性冲击滞留效率也下降。滞留效率为零时的气流速度称为惯性冲击的临界速度。临界速度随纤维直径和微粒直径而变化。

2. 拦截滞留作用机理

气流速度下降到临界速度以下时，微粒就不能因惯性冲击而滞留在纤维上，捕集效率显著下降。但实践证明，随着气流速度的继续下降，纤维对微粒的捕集效率又有回升，说明有另一种机理在起作用，这就是拦截滞留作用机理。当微生物等微粒随低速气流慢慢靠近纤维时，微粒所在的主导气流受纤维所阻而改变流动方向，绕过纤维前进，并在纤维的周边形成一层边界滞流区。滞留区的气流速度更慢，进到滞留区的微粒慢慢靠近和接触纤维而被黏附滞留，称为拦截滞留作用。拦截滞留作用在气流速度低时才起作用。

3. 布朗扩散作用机理

直径很小的微粒在很慢的气流中能产生一种不规则的直线热运动，称为布朗扩散。布朗扩散的运动距离很短，在较大的气速或较大的纤维间隙中是不起作用的。但在很小的气流速度和较小的纤维间隙中却能使微粒靠近纤维而被黏附，称为布朗扩散作用机理。布朗扩散作用与微粒和纤维直径有关，并与气流速度成反比，在气流速度很小时，它是介质过滤除菌的重要作用之一。

4. 重力沉降作用机理

重力沉降是一个稳定的分离作用，当微粒所受的重力大于气流对它的拖带力时，微粒就沉降。重力沉降作用一般与拦截作用配合，在纤维的边界滞留区内，可提高拦截的捕集效率。

5. 静电吸附作用机理

干空气从非导体的物质表面流过时，由于摩擦作用，会产生诱导电荷，特别是用树脂处理过的纤维，尤其是一些合成纤维更为显著。悬浮在空气中的微生物微粒或由于本身带有不同的电荷、或由于产生的诱导电荷，使它们随气流通过介质表面时，受带异性电荷的介质所吸引而沉降，称为静电吸附作用机理。此外，表面吸附也归属这个范畴，如活性炭的大部分过滤效能应是表面吸附的作用。

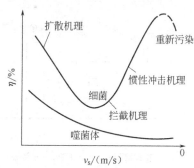

图 12-1 单纤维除菌效率与气流速度的关系

当空气流过介质时，惯性撞击、拦截、布朗扩散、重力沉降和静电吸附这五种机理同时在起作用。不过气流速度不同，起主要作用的机理也不同。当气流速度较大时，除菌效率随空气流速的增加而增加，这是由于惯性冲击起主要作用；当气流速度较小时，除菌效率随气流速度的增加而降低，这是由于扩散起主要作用；当气流速度中等时，可能是拦截起主要作用。如果空气流速很大，除菌效率却下降，则是由于已被捕集的微粒又被湍动的气流夹带返回到空气中。如图 12-1 所示为单纤维除菌效率与气流速度的关系，其中虚线段表示空气流速高时，会引起除菌效率的急速下降。

第二节 空气介质过滤除菌设备

一、空气介质过滤除菌流程

1. 对空气过滤除菌流程的要求

空气除菌流程是根据生物工业生产中对无菌空气的要求（无菌程度、空气压力、温度和湿度）和空气的性质，并结合采气环境的空气条件和所用除菌设备的特性而制定的。

对于风压要求低、输送距离短、无菌程度也不很高的无菌空气，可直接采用离心式鼓风机增压后经一、二级过滤除菌而制备。

要制备无菌程度高,且具有较高压力的空气,流程就复杂一些。需根据所在地的地理、气候环境和设备条件综合考虑。如在环境污染比较严重的地方,可改变吸风的条件,以吸取相对洁净的空气;在温暖潮湿的南方,可加强除水设施;在压缩机耗油严重的流程中则要加强消除油雾的污染等;空气被压缩后温度升高,需将其迅速冷却,空气冷却时形成的冷凝水雾,也应迅速除去。

要保证过滤器有较高的过滤效率,应维持一定的气流速度和不受油、水的干扰。气流速度可由操作来控制;不受油、水的干扰则要采用一系列冷却、分离、加热设备以保证空气的相对湿度在 50%~60% 时通过过滤器。下面介绍几个典型的空气除菌流程。

2. 空气过滤除菌流程

(1) 两级冷却、分离、加热的空气除菌流程

如图 12-2 所示,这是一个比较完善的空气除菌流程。其特点是:两次冷却、两次分离和适当加热。两次冷却、两次分离油水的主要优点是可节约冷却用水,油水分离比较完全,保证干过滤。压缩空气经第一次冷却后,大部分的水、油结成颗粒较大、浓度较高的雾粒,可用旋风分离器分离;第二次冷却,使空气进一步析出其中的油和水,形成较小的雾粒,可用丝网分离器分离。此时,空气的相对湿度还是 100%,可用加热的方法把空气的相对湿度降到 50%~60%。该流程可以适应各种气候条件,能充分分离空气中含有的水分,使空气在低的相对湿度下进入过滤器,过滤效率高。

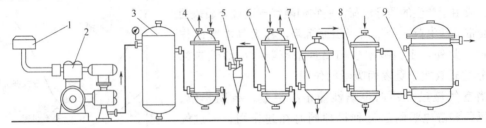

图 12-2 两极冷却、分离、加热的空气除菌流程
1—粗过滤器;2—空压机;3—储罐;4,6—冷却器;5—旋风分离器;7—丝网分离器;8—加热器;9—过滤器

(2) 冷热空气直接混合式空气除菌流程

该流程适应于中等湿含量的地区,特点是:可省去第二次冷却分离设备和空气再加热设备,流程简单,冷却水用量少,利用压缩空气的热量提高空气温度。压缩空气从储罐分成两部分流出,一部分进入冷却器,冷却到较低温度,经分离器分离水、油雾后与另一部分未处理的高温高压空气混合后进入过滤器过滤。空气的冷却温度和空气分配比的关系随吸取空气的参数而变化。

(3) 前置高效过滤除菌流程

前置高效过滤除菌流程如图 12-3 所示。该流程使空气先经中效、高效过滤后,进入空气压缩机。经前置高效过滤器后,空气的无菌程度已达 99.99%,再经冷却、分离和主过滤器过滤后,空气的无菌程度就更高。高效前置过滤器采用泡沫塑料(静电除菌)和超细纤维纸串联使用做过滤介质。

二、空气介质过滤除菌设备

1. 粗过滤器

粗过滤器是安装在空气压缩机前的过滤器,主要作用是捕集较大的灰尘颗粒,防止压缩

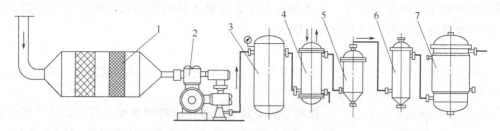

图 12-3　前置高效过滤空气除菌流程
1—高效过滤器；2—空气压缩机；3—储罐；4—冷却器；5—丝网分离器；6—加热器；7—过滤器

机受磨损，减轻总过滤器的负荷。粗过滤器的过滤效率要高，阻力要小，否则会增加空气压缩机的吸入负荷和降低空气压缩机的排气量。常用的有：布袋过滤器、填料式过滤器、油浴洗涤器和水雾除尘器等。布袋过滤器、填料式过滤器在前面的章节或相关课程已有叙述，这里主要介绍油浴洗涤器和水雾除尘器。

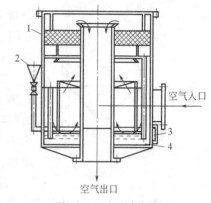

油浴洗涤器结构如图 12-4 所示。空气进入装置后鼓泡通过油箱中的油层，空气中的微粒被油黏附而逐渐沉降于油箱底部而除去。经过油浴的空气会带有油雾，需要经过百叶窗式的圆盘，分离较大粒油雾，再经气液过滤网分离小颗粒油雾后，由中心管吸入压缩机。

水雾除尘器工作原理：空气从设备底部进入，与上部喷下的水雾逆流接触，将空气中的灰尘、微生物微粒

图 12-4　油浴洗涤器
1—滤网；2—加油斗；3—油镜；4—油层

黏附于水中而沉降，从底部与水一起排出。带有微细水雾的洁净空气经上部过滤网过滤后进入压缩机。经洗涤后的空气可除去大部分大颗粒微粒和小部分微小粒子。

2. 空气压缩机

生物工业生产中常用的空气是压力为 0.2～0.3MPa 的低压压缩空气，提供大量低压空气最理想的设备是涡轮式空气压缩机，但往复式空气压缩机还是广泛应用于生物工业中。

涡轮式空气压缩机由电动机直接带动涡轮旋转，靠涡轮高速旋转时产生的"空穴"现象吸入空气，空气在涡轮的带动下获得较高的离心力，然后通过固定的导轮和涡轮形机壳，使其部分动能转变为静压后输出。涡轮式空气压缩机具有输气量大，输出空气压力稳定，效率高，设备紧凑，占地面积小，无易损部件，获得的空气不带油雾等优点。因此，是很理想的生物工业生产的供气设备。

往复式空气压缩机是靠活塞在汽缸内的往复运动而将空气抽吸和压出的，因此出口压力不稳定，且汽缸内要加入润滑活塞用的润滑油，易使空气中带进油雾，导致传热系数降低，给空气冷却带来困难；如果油雾的冷却分离不干净，进入过滤器后又会堵塞过滤介质的纤维间隙，增大空气压力损失；它黏附在纤维表面，能成为微生物微粒穿透滤层的途径，降低过滤效率，严重时会浸润介质而破坏过滤效果。因此改善油雾的污染是一个重要问题。当然最好是选用涡轮式空气压缩机或无油润滑的往复式压缩机，都可以解决油污的污染。

3. 空气储罐

空气储罐的作用是消除压缩机排出空气量的脉冲，维持稳定的空气压力，同时也可以利

用重力沉降作用分离部分油雾。大多数情况下，储罐紧接着压缩机安装。空气储罐结构简单，是一个装有安全阀、压力表的空罐壳体。

4. 气液分离器

气液分离器能分离空气中被冷凝成雾状的水雾和油雾粒子。其形式很多，常用的有填料分离器。

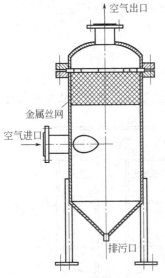

图 12-5 填料分离器

填料分离器是利用各种填料如焦炭、活性炭、瓷环、金属丝网、塑料丝网等的惯性拦截作用分离空气中的水雾或油雾，其结构如图 12-5 所示。分离效率随表面积增大而增大。丝网的表面间隙小，可除去小至 $5\mu m$ 的雾状微粒，分离效率可达 98%～99%，且阻力损失不大，但对于雾沫浓度很大的场合，会堵塞孔隙而增大阻力损失。旋风分离器在化工原理已有详细介绍，这里不再赘述。

5. 空气冷却器

空气冷却用的热交换器种类很多，常用的类型有立式列管式热交换器、沉浸式热交换器、喷淋式热交换器等。由于空气的给热系数很低，一般只有 $420 kJ/(m^2 \cdot h \cdot ℃)$，设计时应采用适当的措施来提高它的给热系数，否则将会大大增加传热面积。

提高空气给热系数的最好办法是增加空气的流速，当选择列管式热交换器时，若水质条件许可（杂质少，不容易形成积垢），可安排空气走管内，做成多管程流动，提高空气流速。若水质条件不允许，空气走管外时，也要采用多加挡板的办法使其在壳内做多壳程流动，提高空气流速。

6. 空气过滤器

(1) 空气过滤除菌的对数穿透定律

过滤除菌效率就是滤层所滤去的微粒数与原空气所含微粒数的比值，它是衡量过滤设备过滤效能的指标，即

$$\eta = \frac{N_1 - N_2}{N_1} = 1 - \frac{N_2}{N_1} \tag{12-1}$$

式中　N_1——过滤前空气中微粒含量，个/m^3；

　　　N_2——过滤后空气中微粒含量，个/m^3。

把过滤前后空气中微粒浓度的比值，即穿透滤层的微粒浓度 N_2 与原微粒浓度 N_1 的比值，称为穿透率。

实践证明，空气过滤器的过滤除菌效率主要与微粒的大小、过滤介质的种类和纤维直径、介质的填充密度、滤层厚度以及通过的气流速度等因素有关。如假定：

① 流经过滤介质的每一纤维的空气流态并不因其他邻近纤维的存在而受影响；

② 空气中的微粒与纤维表面接触后即被吸附，不再被气流卷起带走；

③ 过滤器的过滤效率与空气中微粒的浓度无关；

④ 空气中微粒在滤层中的递减均匀，即每一纤维薄层除去同样百分率的微粒数。

那么就可得出

$$\ln\left(\frac{N_2}{N_1}\right) = -KL \tag{12-2}$$

$$\frac{N_2}{N_1}=\mathrm{e}^{-KL}$$

式中　L——过滤介质层厚度，m；

K——过滤常数，1/m。

式（12-2）即为深层介质过滤除菌的对数穿透定律，它表示进入滤层的微粒浓度与穿透滤层的微粒浓度之值的对数是滤层厚度的函数。其常数 K 的值与多个因素有关，如纤维的种类、直径、填充密度，空气流速和空气中微粒的直径等。

（2）过滤介质

过滤介质是过滤除菌的关键，它的好坏不但影响到介质的消耗量、过滤的动力消耗、劳动强度、维护管理等，而且决定设备的结构、尺寸，还关系到运转过程的可靠性。生物工业生产中空气过滤除菌对介质的要求是吸附性强、阻力小、空气流量大、能耐干热。常用的过滤介质有棉花（未脱脂）、活性炭、玻璃纤维、超细玻璃纤维纸、化学纤维等。

① 棉花。棉花是传统的过滤介质，其质量随品种和种植条件不同差别较大。作为过滤介质时，最好选用纤维细长疏松的新鲜产品。装填时要分层均匀铺砌，最后要压紧，装填密度达到 $150\sim200\mathrm{kg/m^3}$ 为好。如果压不紧或是装填不均匀，会造成空气短路或介质翻动而丧失过滤效果。

② 玻璃纤维。作为散装充填过滤器的玻璃纤维，直径一般为 $8\sim19\mu\mathrm{m}$，充填系数一般采用 $6\%\sim10\%$。如果采用硅硼玻璃纤维，则可获得较细直径（$0.3\sim0.5\mu\mathrm{m}$）的高强度纤维，并可用其制成 $2\sim3\mathrm{mm}$ 厚的滤材，制成过滤器后可除去 $0.01\mu\mathrm{m}$ 的微粒，所以它可除去噬菌体和所有的微生物。

③ 活性炭。活性炭有非常大的比表面积，主要通过表面物理吸附作用截留微生物。一般采用直径 3mm、长 $5\sim10\mathrm{mm}$ 的圆柱状活性炭。其粒子间隙大，故对空气的阻力较小，仅为棉花的 1/12，但它的过滤效率比棉花要低得多。工厂都是将其夹装在两层棉花中间使用，以降低滤层阻力，用量为总过滤层的 $1/3\sim1/2$。

④ 超细玻璃纤维纸。超细玻璃纤维是利用质量较好的无碱玻璃，采用喷吹法制成的直径很小的纤维（直径为 $1\sim1.5\mu\mathrm{m}$）。由于纤维特别细小，故不宜散装充填，而采用造纸的方法做成 $0.25\sim1\mathrm{mm}$ 厚的纤维纸，这种纤维纸的密度为 $380\mathrm{kg/m^3}$（当厚度为 0.25mm 时，每 1kg 纸有 $20\mathrm{m^2}$ 过滤面积），它所形成的网格的孔隙为 $0.5\sim5\mu\mathrm{m}$，比棉花小 $10\sim15$ 倍，故它有较高的过滤效率。

超细玻璃纤维纸属于高速过滤介质。气流速度越高，效率越高。它虽然有较高的过滤效率，但强度很差，特别是受湿以后，强度大大下降。为增加强度可加入木浆纤维、加厚滤纸或用树脂处理。JU 型除菌滤纸，即在抄纸过程中加入适量的疏水剂处理，大大改善了抗湿性能，可以耐受油、水和蒸汽的反复加热杀菌，具有坚韧、不怕折叠、湿强度高等特点。同时具有更高的过滤效率（$0.3\mu\mathrm{m}$ 油雾测试达 99.999%）和较低的过滤阻力（不大于 450Pa）。

⑤ 石棉滤板。石棉滤板是采用 20% 纤维小而直的蓝石棉和 8% 纸浆纤维混合打浆抄制而成。由于纤维比较粗，间隙比较大，虽然滤板较厚（$3\sim5\mathrm{mm}$），但过滤效率还是比较低，只适宜用于分过滤器。其特点是湿强度较大，受潮时也不易穿孔或折断。能耐受蒸汽反复杀菌，使用时间较长。

⑥ 烧结材料过滤介质。烧结材料过滤介质种类很多，有烧结金属（蒙乃尔合金、青铜

等)、烧结陶瓷、烧结塑料等。制造时用这些材料微粒粉末加压成型后,处于熔点温度下黏结固定,但只是粉末表面熔融黏结而保持粒子间的间隙,形成了微孔通道,具有微孔过滤的作用。某些可熔于有机溶剂的塑料,也可采用溶剂黏结法制得。这种过滤介质,孔径一般为 $10\sim30\mu m$。

⑦ 新型过滤介质。随着科学技术的发展和严格发酵条件的需求,已研究出一些新的过滤介质,它的微孔直径只有 $0.1\sim0.22\mu m$,小于细菌直径,故菌体粒子不能通过,称之为绝对过滤。当然,所谓绝对过滤器也有两大类:一类是能除去全部微生物,但不能除去噬菌体;另一类可除去小至 $0.01\mu m$ 的微粒,故可滤除包括噬菌体在内的全部微生物。如英国的 DH(Domnick Huntev)公司研制的绝对空气过滤器,可100%地过滤除去 $0.01\mu m$ 以上的微粒,可耐121℃反复加热杀菌。

中国的空气绝对过滤技术也获得长足进步,如核工业净化过滤工程技术中心研制成功 JPF型聚偏二氟乙烯膜折叠式空气过滤器,具有国际先进水平。此外,该中心研制生产且已广泛应用的JLS型微孔烧结金属过滤器,以金属镍为材质,采用特殊粉末冶金技术制成,具有压降小、过滤效率高、耐蒸汽加热杀菌、使用寿命长等特点。

总之,过滤介质的性能还很不完善,有待进一步研究改进,研制出更多新的效率更高的过滤介质。要评价一种过滤介质是否优越,最主要是看它的过滤效率 η,而过滤效率 η 是过滤常数 K 和滤层厚度 L 的函数,K 值越大,滤层厚度 L 可越小;同时阻力降 Δp 越小越好,因此把 $KL/\Delta p$ 值作为过滤介质综合性能评价指标。

(3) 过滤器的结构

① 纤维介质深层过滤器。纤维介质深层过滤器结构如图12-6所示。是立式圆筒形,内部充填过滤介质,空气由下向上通过过滤介质,以达到除菌目的。纤维介质主要有棉花、玻璃纤维、超细玻璃纤维等。空气过滤器的尺寸主要包括直径 D 和有效滤层高度 L。其中,D 可由下式求出

$$D=\sqrt{\frac{4q_V}{\pi v_s}} \quad (12-3)$$

式中 q_V——空气流经过滤器时的体积流量,m^3/s;
v_s——空截面空气速度,m/s。

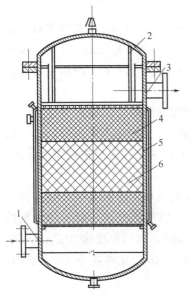

图12-6 纤维介质深层过滤器
1—进气口;2—压紧板;3—出气口;
4—纤维介质;5—换热器;6—活性炭

空截面空气速度一般取 $0.1\sim0.3m/s$,按操作工艺而定,原则是应使过滤器在较高过滤效率的气流速度区运行。

过滤器有效过滤介质高度 L 的决定,通常在实验数据的基础上,按对数穿透定律进行计算。但由于需要滤层厚,耗用棉花多,安装较困难,阻力损失很大,故工厂常用活性炭作为中间层,以改善这些因素。这本来是不符合计算要求的。通常总的高度中,上下棉花层厚度各为总过滤层的1/4~1/3,中间活性炭层占1/3~1/2。在铺棉花层之前,先在下孔板铺一层30~40目的金属丝网和织物(如麻布等),有助于空气均匀进入棉花过滤层。填充物按下面顺序安装:

孔板→铁丝网→麻布→棉花→麻布→活性炭→麻布→棉花→麻布→铁丝网→孔板

安装介质时要求紧密均匀,压紧一致。压紧装置有多种形式,可以在周边固定螺栓压

紧，也可以用中央螺栓压紧，也可以利用顶盖的密封螺栓压紧，其中顶盖压紧比较简便。有些工厂为了防止棉花受潮下沉后松动，在压紧装置上加装缓冲弹簧，弹簧的作用是在一定的位移范围内保持对孔板的一定压力。

在充填介质区间的过滤器圆筒外部通常装设夹套，其作用是在消毒时对过滤介质间接加热，对过滤器进行加热灭菌时，一般是自上而下通入 0.2～0.4MPa（表压）的干燥蒸汽，维持 45min，然后用压缩空气吹干备用。总过滤器约每月灭菌 1 次，而分过滤器则每批发酵前均进行灭菌。为了使总过滤器不间断地工作，对大规模生产应设一个备用的，可在灭菌时交替使用。

通常空气从圆筒下部切线方向通入，从上部切线方向排出，出口不宜安装在顶盖上，以免检修时拆装管道困难。过滤器上方应装有安全阀、压力表。罐底装有排污管。要经常检查空气冷却是否安全，过滤介质是否潮湿等情况。

② 平板式纤维纸分过滤器。这种过滤器适合充填薄层的过滤板或过滤纸，其结构如图 12-7 所示。它由罐体、顶盖、滤层、夹板和缓冲层构成，空气从罐体中部切线方向进入，空气中的水雾、油雾沉于底部，由排污管排出；空气经缓冲层通过下孔板经薄层介质过滤后，从上孔板进入顶盖排气孔排出。缓冲层可装填棉花、玻璃纤维或金属丝网等。用顶盖法兰压紧过滤孔板并用垫片密封，上下孔板用螺栓连接，以夹紧滤纸和密封周边。为了使气流均匀进入和通过过滤介质，上下孔板应先铺 30～40 目的金属丝网和织物（麻布），周边要加橡胶圈密封，切勿让空气走短路。过滤孔板的开孔大小一般为 5～10mm，孔中心距为 10～20mm。

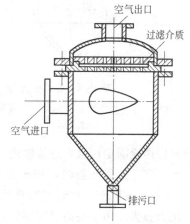

图 12-7 平板式纤维纸分过滤器

过滤器的直径可由过滤面积决定。过滤面积按通过过滤器的空气体积流量 $q_V(\text{m}^3/\text{s})$ 和空气流过该介质时的视过滤速度 $v_s(\text{m/s})$ 计算

$$D_{滤层} = \sqrt{\frac{4q_V}{\pi v_s}} \tag{12-4}$$

$$D_{过滤器} = (1.1 \sim 1.3) D_{滤层}$$

v_s 为通过过滤介质截面时的空气流速，超细纤维纸可取 1.0～1.5m/s，石棉过滤板取 0.8～1.0m/s。

③ 管式过滤器。平板式过滤器过滤面积局限于圆筒的截面积，当过滤面积要求较大时，则设备直径很大。若将过滤介质卷装在孔管上，如图 12-8 所示，这样，单位体积的过滤面积比平板式大得多，但卷装滤纸时要防止空气从纸缝走短路。这种过滤器的安装和检查比较困难。为了防止孔管密封的底部死角积水，封管底盖紧靠滤孔。

④ 折叠式低速过滤器。在一些要求过滤阻力很小而过滤效率比较高的场合，如洁净工作台、洁净工作室或自吸式发酵罐等，都需要低速过滤器以满足其低阻力损失的要求。超细玻璃纤维纸的过滤特性是气流速度越低、过滤效率越高，所以可设计一种过滤面积很大的过滤器，其滤框（滤芯）和过滤器结构如图 12-9 所示。为了能在较小的设备内装设很大的过滤面积，可将长长的滤纸折叠成瓦楞状，安装在楞条支撑的过滤框内，滤纸的周边用环氧树脂与滤框黏结密封。滤框有木制和铝制两种，需要反复杀菌的应采用铝制滤框。使用时把滤

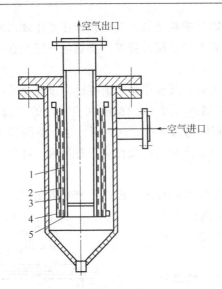
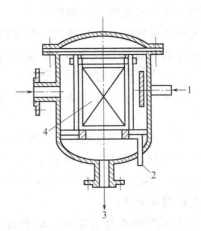

图 12-8 管式过滤器
1—铜丝网；2—试布；3—滤纸；
4—扎紧带；5—滤筒

图 12-9 折叠式低速过滤器
1—蒸汽进口；2—排废水；
3—空气出口；4—滤芯

框用螺栓固定压紧在过滤器内，全部用垫片密封。

在选择过滤器时，应根据需处理空气的体积流量和流速进行计算。一般选择流速在 0.025m/s 以下，这时空气通过的压力损失约为 200Pa。超细纤维易被微粒堵塞孔隙而增大压力损失。为了提高过滤器的过滤效率和延长使用寿命，一般都加设粗过滤设备，如静电除尘器和采用玻璃纤维或泡沫塑料做过滤介质的中效过滤器。这样，较大的微粒和部分小微粒被粗过滤器除去，以减少高效过滤器表面微粒的堆积和堵塞过滤网格现象。

这种过滤器的周边黏结部分，常会因黏结松脱而产生漏气，丧失过滤除菌效能，故要定期用烟雾法检查。

第三节 空气调节设备

生物工业生产对空气的要求，不仅要求空气具有一定的无菌度和压力，而且要求空气具有一定的温度和湿度，如通风固体曲的制备和麦芽的生产。此外，发酵车间和包装车间也对室内空气的温度和湿度有一定要求。也即空气在处理时，既要进行净化除菌操作，又要进行状态的调节。空气的温度调节比较简单，只需加设高效的加热或冷却设备，并保证换热面积，就可以控制适宜的温度，但湿度调节比温度调节要复杂得多，下面着重介绍空气的湿度调节。

一、空气增减湿的原理

1. 湿空气的性质

（1）湿度

湿空气中所含的水蒸气质量与所含的绝干空气质量之比，称为空气的湿度，也称湿含量，以 x 表示，单位为 kg(水蒸气)/kg(干空气)。

若湿空气中水蒸气的分压强等于该空气湿度下水的饱和蒸气压，这空气就称为被水蒸气所饱和，空气的饱和湿度用 x_s 表示。由于水的饱和蒸气压只与温度有关，故饱和湿度 x_s 决定于它的温度和总压。

（2）相对湿度

相对湿度（θ）是表示湿空气饱和程度的一个量，它是湿空气里水蒸气分压与同温度下水的饱和蒸气压之比（通常以分数表示）。

（3）热含量

湿空气的热含量（或简称焓）（I）就是其中绝干空气的热含量与水蒸气热含量之和。为了便于计算，以 1kg 绝干空气为基准，以 0℃ 为基温（起点），取 0℃ 时空气的热含量和液体水的热含量都为零，所以空气的热含量只计算其显热部分，而水蒸气的热含量则包括水在 0℃ 时的汽化潜热和水蒸气在 0℃ 以上的显热。

2. 空气增减湿的原理

空气的增湿和减湿过程都是空气与水两相之间进行传热与传质同时进行的过程。增湿是指增加空气的湿含量，减湿则是减少空气的湿含量。空气增湿机理，如图 12-10 所示，MN 是水与空气的两相界面，在界面上空气的湿含量为 x_i，空气主体湿含量为 x，湿球温度为 t_i，所以 x_i 就是 t_i 下饱和空气的湿含量。由于 x_i 大于 x，故在湿含量差 $\Delta x = x_i - x$ 的作用下，空气不断增湿，也就是说，在湿度差推动力的作用下，水分不断由两相界面扩散到空气中去，进行传质。与此同时也进行着传热过程。由于空气的温度高于水的温度，借助对流给热，空气把热量传给水，放出显热而使自身温度降低，水吸收空气的显热而温度升高。但此时，由于水分汽化后把潜热带到空气中，这部分热量的传递方向刚好与上述显热的传递方向相反。因此空气的这类增湿过程可近似看作等焓过程。另一部分显热则被水吸收，使水在空调中不断升温。所以空气调节中使用的水，应冷却后才能循环使用。

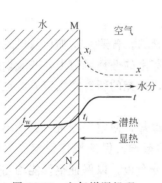

图 12-10 空气增湿机理

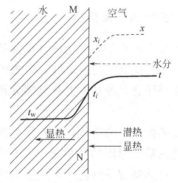

图 12-11 空气减湿机理

减湿过程与增温过程相反。如图 12-11 所示，空气的湿含量 x 超过了界面处的空气湿含量 x_i，与增湿过程比较，推动力是负值，所以水分扩散的方向，正好与增湿方向相反，空气的湿含量不断减少。空气中水分冷凝放出的潜热和空气降温的显热，通过对流给热传给水，变为水的显热，使水的温度升高。

二、空气增减湿的方法

1. 空气的增湿方法

① 往空气中通往直接蒸汽。当空气初温较低时，可按计算将一定数量的蒸汽直接加入空气中混合，使空气增湿。其结果是空气的湿含量增加了，但温度也随之升高。

在通风式发芽的空气调节中，通常要求进入喷淋室前的空气控制在 20℃ 左右。因此，当空气温度太低时，可以采用此方法，以达到既增湿又升温的目的。实践表明，1kg 水蒸气足以使 100m³ 空气提高 10℃。

② 喷水。使水以雾状喷入不饱和空气中使空气增湿。最常用的方法是将大量水喷洒于不饱和空气中，结果使部分水汽化后进入空气中，得到近乎饱和的湿空气，并使空气降温。

③ 空气混合增湿。使待增湿的空气与高湿含量的空气混合而增湿。这种把两种不同状态的空气混合的方法，可以得到未饱和空气、饱和空气或过饱和空气。

这种利用两种不同状态的空气进行混合的过程，在通风式发芽的空气调节中获得广泛应用。从麦层中出来的空气，湿含量高，把其中一部分循环，与补充的新鲜空气混合，再送入空调室重新循环使用，循环的空气量可高达 80%～90%。采用循环通气法，既可降低空调的运转费用，又便于调节空气中的二氧化碳含量。

2. 空气的减湿方法

① 喷淋低于该空气露点温度的冷水。欲达到空气冷却与减湿的调节目的，须向空气中喷洒温度比空气的露点还低的大量冷水，可使空气中水分冷凝析出，使空气减湿降温。减湿过程的潜热和显热流向都是由空气到水中，故减湿空调设备常需要装设更多的喷嘴，以增加喷水量，强化传热和传质作用。

② 使用热交换器把空气冷却至其露点温度以下。这样，原空气中的部分水汽，可冷凝析出排掉，使空气减湿。

③ 将空气压缩后，再冷却到初温，使空气中的水分部分凝集析出，使空气减湿。

④ 用吸收或吸附的方法除掉空气中的水汽，使空气减湿。

⑤ 给湿空气中通入干燥空气，使空气减湿。

三、空气调节设备

用于通风式发芽的空气调节设备基本上都是大同小异的。普遍采用加压鼓风式通风，鼓风机设在空气调节室的进口处，风机的进风口，接在发芽室的循环风道上，并装设新鲜空气管道，在循环通风的基础上补充部分新鲜空气。必要时，补充的新鲜空气应先经过净化除尘处理。

从鼓风机送出的空气，首先经过换热器进行加热或冷却，使空气在进入到喷淋室前，其温度保持在某一稳定的数值上，以避免外界环境变化的影响，保证操作稳定。空气经调温后，进入喷淋室增湿降温。在喷淋室的进口，装有空气分布板，以保证空气能均匀进入喷淋室内。而在喷淋室出口，则装设挡水板，以防止空气把喷淋水滴带走。空气分布板和挡水板，通常装设于大型卧式空调室中，而在小型立式空调室中多不使用。卧式和立式空调室是通风式发芽最基本的空调设备。

立式空调室如图 12-12 所示。在喷淋室的中间设有立式搁板，以便增加空气在喷淋室中的停留时间。并使喷淋时气水的运动方向分为两类：一类为逆喷，一类为顺喷。

立式空调室结构紧凑、占地面积小，多用于中小型制麦车间，而且多采用一个空调室配有一个发芽箱。

另一种空调室是卧式的，它的工作原理与立式的相同。卧式空调室是一个很大的长方体房间，如图 12-13 所示。鼓风机将空气送入空调室中，喷淋室装有若干排对喷的喷嘴，下方水池中装设一溢水管和循环管，水经冷却后可循环使用。卧式空调室生产能力大，多用于大

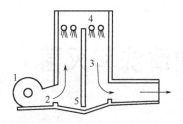
图 12-12 立式空调室
1—鼓风机；2—风道；3—喷淋室；
4—喷嘴；5—泄水池

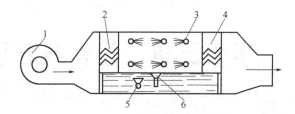
图 12-13 卧式空调室
1—风机；2—挡水板；3—喷嘴；4—挡水板；
5—循环管；6—溢流口

型制麦车间，而且常采用一个空调室供多个发芽箱使用。

思 考 题

1. 简述空气除菌的方法和在生物工业中的应用，并阐述深层介质过滤除菌机理。
2. 简述双冷却、双分离、加热的空气介质过滤除菌流程。
3. 空气深层过滤除菌的介质有哪些？各自有何特性？
4. 空气过滤器有哪些类型？简述其特点和生产适应性。
5. 简述纤维介质深层过滤器的结构。
6. 简述空气增减湿的原理、方法及卧式空调室的结构。

第十三章 设备与管道的清洗和灭菌

生物加工过程中使用的设备及管道都必须定期清洗与灭菌。生物工业加工设备和管道的清洁可以清除杂菌，使生产中潜在染菌的危险降至最小，这也有助于防止设备或管道污垢的生成。

实验研究及生产实践证明，若设备和管道不进行严格的清洗消毒，富含营养物质的残留发酵液易导致杂菌感染，这些杂菌会大量消耗营养基质和产物，使生产效率下降，杂菌及其代谢产物还会改变发酵液的物化特性，妨碍产物的分离纯化，更为严重的是杂菌可能直接以产物为基质，造成生产量锐减而导致发酵失败。当然，要杜绝杂菌污染，除做好设备、管路的清洗与杀菌外，还需对培养基进行彻底的灭菌，通气发酵还要把通入的空气进行过滤除菌处理，另外要使用不含杂菌的种液，尽量使用较粗放且生长速度较快的菌株。只有这样才可能将杂菌污染的危险性降至最小。

对于设备、管道，需要清除的污物种类随生产过程的不同而改变。

第一节 常用清洗剂、清洗方法及设备

一、生物工业常用清洗剂

工业用清洗剂绝大多数都是水溶液，生物工业及食品、制药等行业所用溶剂水水质要求较高，甚至在某些场合要使用去离子水，比如设备及管道的最后漂洗。

1. 清洗剂

理想的清洗剂应能溶解或分解有机物，分散固型物，具漂洗和多价螯合作用，而且还有一定的杀菌作用。但是至今仍未有一种单一的洗涤剂具有上述的所有性质，所以目前的清洗剂都是由碱或酸、表面活性剂、磷酸盐或螯合剂等复配而成。

① 碱和酸，烧碱溶液是很好的蛋白质和脂肪洗涤剂。硅酸钠是良好的水溶液分散剂，对积垢的分散十分有效。另外，磷酸三钠因为有良好的分散性和乳化性，使用也较普遍。在生物加工设备的清洗过程中，酸很少使用，只用于溶解碳酸盐积垢和某些金属盐积垢。

② 表面活性剂，为了有效发挥洗涤剂的作用，需添加表面活性剂以减小污垢的表面张力，使污垢物更易去除。表面活性剂可分成阴离子型、阳离子型、非离子型和两性型等类型，使用时按需清除的污脏物的类型选择不同的表面活性剂。表 13-1 列举了一些用于清洗罐或管道的典型清洗剂配方。

2. 消毒杀菌剂

生物工业设备通常用蒸汽加热杀菌，化学消毒杀菌剂在少数场合使用，比如需清洗的设备或管路不能耐受高温。

表 13-1　典型清洗剂配方

应用场合	罐 CIP 清洗系统用 /(g/L)	管道清洗用 /(g/L)	应用场合	罐 CIP 清洗系统用 /(g/L)	管道清洗用 /(g/L)
0.1mol/L NaOH	4.0		硅酸钠		0.4
磷酸三钠	0.2		碳酸钠		1.2
表面活性剂		0.1	硫酸钠		1.2
三聚磷酸钠		1.0			

最常用的化学消毒剂是次氯酸钠，近几年，二氧化氯逐渐取代次氯酸钠。虽然次氯酸溶液对许多金属包括不锈钢都有腐蚀作用，但在 pH＝8.0～10.5 的溶液中，及较低的温度下，用 50～200mg/L 的氯浓度并尽量缩短与设备的接触时间，可使腐蚀作用降到最小。季胺化合物消毒对设备的腐蚀性较小，但其消毒能力相对低得多。例如，某些假单胞菌就能受季铵盐而不被杀灭。

3. 特殊清洗试剂

在某些场合，需要把与有机物表面紧密结合的蛋白质分离洗脱出来，例如色谱分离柱树脂的处理。这些树脂易被烧碱等破坏。这时可使用尿素和氯化胍等化合物，但是需较高浓度。

二、设备、管路、阀门等的清洗

传统的设备清洗方法是将设备拆卸后进行人工或半机械法清洗。这种方法劳动强度大，效率低。现代化生产已普遍采用 CIP 清洗系统（在位清洗），使清洗过程达到自动化或半自动化。但有些特殊设备还需用人工清洗。

1. 管件和阀门

表 13-2 是典型的管件清洗操作程序。

表 13-2　管件清洗的操作程序

操作步骤	清洗时间/min	温　度	操作步骤	清洗时间/min	温　度
1. 清水漂洗	5～10	常温	4. 消毒剂处理	15～20	常温
2. 洗涤剂洗涤	15～20	常温～75℃	5. 清水漂洗	5～10	常温
3. 清水漂洗	5～10	常温			

通常，清洗过程容器中液流速度在 1.5m/s 即可获满意的清洗效果。清洗时间无需太长，过长也不会明显提高清洗效果。用洗涤剂清洗时不可用太高的温度，75℃应是最高操作温度，因在较高的温度下易导致残留糖分的焦糖化、蛋白质变性及酯的聚合等。在发酵或生物反应器过程完毕后应马上对设备、管路及管件等进行清洗，否则残留物干固后难以清洗去除。

设备清洗完毕后，应及时把洗水排干净再干燥后备用，避免设备内积水而导致微生物繁殖。

2. 罐的洗涤

对于小型罐，常用的方法是在罐内放入洗涤剂浸泡。对于大型罐，通常是在罐顶以一定的速度喷洒洗涤剂，通常使用的两类喷射洗涤设备为球形静止喷洒器和旋转式喷射器。球形静止喷洒器结构较简单，价格较低，可提供连续的表面喷射，即使有一两个喷孔被堵塞，对喷洗操作影响不大，还可自我清洗，但喷射压力不高，喷射距离有限，所以对器壁的冲洗主要是冲洗作用而非喷射冲击作用。而旋转式喷射器可在较低喷洗流速下获得较大的有效喷洒半径，且冲击洗涤速度也比喷洒球大得多，但喷嘴易发生堵塞，操作稳定性不及静止式喷洒球，也不能自我清洗，因有转动密封装置，故制造及维护技术要求较高，设备投资较大。

典型的罐清洗流程与管件的清洗类似。在罐或管路洗涤过程必须按规程操作，避免把有腐蚀性的洗涤剂淋洒到头或手等身体上。另外必须注意设备的热胀冷缩以及清洗过程中是否会产生真空，当加热洗涤后转为冷洗时会产生真空作用，故应在罐内装设真空泄压装置，以免损坏。

3. 生物加工下游过程设备的清洗

在细胞回收或液体除渣澄清中常使用的碟片式离心机，一般要用人工清洗才能获得较好的清洗效果。

色谱分离柱的清洗有其特殊性。通常，填充的 PHLC 介质对碱较敏感，不能耐受 NaOH 等碱性洗涤剂，这时可用硅酸钠代替。若色谱系统使用的是软性介质，则只能在低压力和流速下进行清洗。某些情况下（如在位冲洗）不能提供充足的清洗度时，应将填充基质卸下来再用洗涤剂浸泡洗涤。

对错流的微滤或超滤系统常使用 CIP 系统清洗。

4. 辅助设备的清洗

辅助设备的清洗是比较简单的，但也必须注意：

① 空气过滤器和液体过滤装置不易清洗干净，必要时需用人工进行清洗；

② 无论何种热交换设备，若是用于培养基的加热或冷却，换热面上的结垢或焦化是很难避免的，也不易清洗。适当提高介质流速对减少此问题非常有效。

三、CIP 清洗系统及设备

CIP 清洗系统有多种形式，传统上是一种一次性洗涤系统，即消毒剂只供使用一次即舍去。一次性使用系统适用于那些储存寿命短，易变质，不宜重复使用的消毒剂。一次性使用系统是较小型的固定的单元装置，其结构示意图如图 13-1 所示。它包括一个含有进水孔及水平探针的罐和一台离心泵用以驱动洁净的洗涤剂的循环利用，并设有一喷射口以通入加热蒸汽或添加经计量泵计量的洗涤剂。

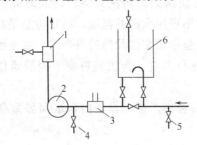

图 13-1　一次性使用的 CTP 清洗系统
1—过滤器；2—循环泵；3—喷射器；4—蒸汽进口；
5—排污阀；6—洗涤剂储罐

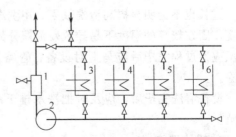

图 13-2　洗涤剂重复利用的 CTP 系统
1—过滤器；2—循环泵；3—初洗涤剂储罐；
4—已用洗涤剂；5—水罐；6—回收水储罐

若生产设备只用于生产单一产品，洗涤剂可重复利用，不仅节省洗涤剂用量，而且减少排污对环境的污染。洗涤剂重复利用CTP系统如图13-2所示。用循环回收水配置初洗涤液，可节省用水。配料罐内有换热蛇管，用以加热洗涤剂，用泵使洗涤剂循环。从储罐中心取样测量洗涤剂浓度以保证其正常值。需配置中和罐以备加酸中和碱性洗涤剂。

集一次性和循环使用于一体的混合系统是对罐和管道的CIP系统而设计的，由预定程式实行控制，如图13-3所示。该系统包含洗涤剂及水的回收罐，循环泵，过滤器等。预洗用水使用回收水，用完后可直接排放或储留一段时间以进行中间洗涤。洗涤剂可使用混合洗涤剂，如果需要，也可用化学洗涤剂。要确保洗涤温度在预定的范围内。洗涤剂及漂洗用水循环使用一定次数，当其所含的污脏物达到一定浓度后就不宜回收而需排放废弃。

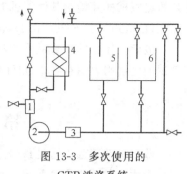

图 13-3　多次使用的
CTP洗涤系统

1—过滤器；2—循环泵；3—喷射器；
4—混合加热罐；5—洗涤剂罐；
6—回用水回收罐

四、清洁程度的确认

1. 清洁程度的检验

清洁程度检验系统和方法包括设备检验、操作检验和成效检验。

设备安装及操作期间的检验应是相应特定的，即处于手动状态。执行清洗程序时进行检验，验证设备不同部位残留的污脏物的去除、清洗程序的执行状况，然后分析这些地方污脏物的各种残留成分。

成效检验要求设备能完成他的设计任务，包括一次性或重复使用清洗操作系统。实验通常进行3次，要求设备每次均处于正常的操作状态并符合要求。

2. 表面清洁规范

无残留固体污脏物或垢层；在良好光线下无可见污染物，且在潮湿或干燥的状况下，表面均没有明显的气味；手摸表面，无明显的粗糙或滑溜感；把白纸印在表面后检查无不正常颜色；在排干水后表面无残留水迹；在波长340～380nm光线检查表面无荧光物质。

除上述检验外还应进行一些定量的检查，主要是检查蛋白质和细胞残留物。

蛋白质污脏物的检测方法：先用标准浓度蛋白质溶液把表面润湿后再干燥，置于某容器或管路中做试验表面。然后按工艺规程对含上述试验表面之容器或管路进行洗涤操作。洗涤过程结束后取出试验表面并把水甩干去掉，把硝化纤维纸压在表面上以吸收蛋白质残留，把消化纤维纸浸入考马斯亮蓝溶液后放入乙酸溶液中过夜，根据蓝色的深浅，确定蛋白质残留情况。

残留细胞的检验方法是：单位试验表面上涂布已知的微生物细胞并干燥，放入容器或管路中，然后按工艺规程执行清洗操作。清洗结束，把试验表面从罐或管路中取出并甩干水。把试验表面印在固体培养基上恒温培养，计算平面的残留活菌数。

除上述方法外，还可把已知数量的试验微生物细胞与污脏物混合涂在表面上，然后进行清洗操作。再在表面上涂上营养琼脂，培养后计算清洗前后的活菌即得清洗效果。此外，近年来发展起来的荧光测定法及ATP生物荧光法就更加快捷。

致热物质的检测也是必要的，传统试验方法是动物试验，通常往试验兔子体内注入一定量的热原试样并检测其体温的升高，再根据预先绘制的标准曲线查出其浓度。近年，出现了 LAL（Limulus amoebocyte lysate）检验法，可检出 10～7g/L 低浓度的内霉素。

最后，还必须检查最终漂洗结果，常用方法是将一滴酚酞试剂滴在漂洗过的样本表面，若试剂变红则表明存在 NaOH 残留。

第二节 设备及管路的灭菌

蒸汽加热灭菌方法是最普遍的杀菌方法，加热灭菌可把微生物细胞及孢子全部杀死。对于一个优良的蒸汽灭菌系统，加热时间和温度是最重要的两个参数，常用的经验数据，如表 13-3 所示。

表 13-3 蒸汽灭菌温度和时间（MRC 建议）

灭菌温度/℃	121	126	134
所需时间/min	15	10	3

实验室常用的三角瓶等玻璃仪器及小量的培养基灭菌常用 0.1MPa 的饱和蒸汽（表压）即 121℃下灭菌 15min。管路的灭菌，一般用 121℃、30min，而较小型的发酵罐约需 45min 若是大型而复杂的发酵系统则需 1h。系统越大，其热容量也越大，热量传递到其中的每一点所需的时间也就越长。对于普通的蒸汽灭菌设备，通常装设压力表指示饱和蒸汽的状况而没有温度表。饱和蒸汽的温度与压力的对应关系请查阅相关资料。

设备用蒸汽灭菌，通常选择 0.15～0.2MPa 的饱和蒸汽，这样即可较快使设备和管路达到所要求的灭菌温度，又使操作较安全。当然，对于大型设备和较长管路，可用压力稍高的蒸汽。此外，灭菌开始时，必须注意把设备和管路中存留的空气充分排尽，否则造成假压而实际灭菌温度达不到工艺要求。还必须注意，紧急排气的安全阀必须灵敏，泄气压力要准确。

对于哺乳动物细胞培养，蒸汽必须由特制的纯蒸汽发生器产生，并经不锈钢管道输送，因普通的钢制蒸汽设备有铁锈等杂质，可能污染产品或成为微生物的营养源。若用于大规模的抗体生产，所用的蒸汽发生器需使用 FDA 批准使用的锅炉。

为确保蒸汽加热灭菌高效、安全，应确保设备的所有部件均能耐受 130℃ 高温。为减少死角，尽可能采用焊接并把焊缝打磨光滑，要避免死角和缝隙。若管路死端无可避免，要保证死端的长度不大于管径的 6 倍，且应装置一蒸汽阀以用蒸汽灭菌。尽量避免在灭菌和非灭菌的空间只装设一个阀门，以保证安全。所有阀门均应利于清洗、维护和灭菌，最常用的是隔膜阀。设备的各部分均可分开灭菌，且需有独自的蒸汽进口阀。要保证所提供的灭菌蒸汽是饱和的且不带冷凝水，不含微粒或其他气体。蒸汽进口应装设在设备的最高位点，而在最低处装排冷凝水阀。管路配置应能彻底排除冷凝水，故管路需有一定斜度和装设排污阀门。

一、发酵罐及容器的灭菌

1. 发酵罐的灭菌

发酵罐是进行生化反应的场所，是生物工业生产中最重要的设备之一，无菌要求十分严格。除发酵罐外，一些容器也要求洁净无菌，如培养基储罐等。发酵罐或容器的灭菌都有一定的耐压耐温要求，要求能承受 0.15MPa 饱和蒸汽的灭菌。

罐夹套结构必须有排水、排气的设计，否则需要耗费长时间才可达到所需的灭菌温度，而且还可能存在冷点（死角）。

罐和容器在使用前必须进行耐压和气密性实验。检查方法是：保持温度不变，检查压强是否恒定，可用 30min 检查罐的压力是否改变来确定是否存在渗透。检测气压的压力表罐体连接管应尽量短，同时尽可能装置小蒸汽阀以确保灭菌彻底。使用一段时间后，可使用超声探测技术检查容器的缺陷，及时维护，以确保安全。

发酵罐及容器的蒸汽加热灭菌首先要进行容器的气密性实验，确认容器无渗漏后，打开所有的冷凝水排除阀，开启蒸汽阀，通气升温。达到一定的压力后，打开排气阀，把容器空气排净（对大型或结构复杂的罐和容器，可采用抽真空排气的方法）。当罐内压力和温度达到灭菌要求后，开始计算灭菌时间，当灭菌时间达到工艺规定的要求后，结束灭菌操作。要先关闭排污阀及排气阀，然后关蒸汽进口阀，以确保罐内蒸汽冷凝后不致形成真空而导致杂菌污染。灭菌蒸汽管路的安装较简单，蒸汽进口通常装在罐顶，冷凝水罐底排出。

2. 容器的排料系统蒸汽灭菌

罐和容器的排料口设在最低点，首先能彻底干净排出料液，同时便于清洗、排污及灭菌。罐排料管蒸汽灭菌管路配置如图 13-4 所示。罐内通气灭菌过程时，阀门 A、C 和 F 开启，阀门 B、D 和 F 关闭。此管路配置既可保证罐能正常通气加热灭菌又能使阀门 A、B 和 C 经受彻底的通气灭菌，杂菌要侵入，必须经过两个阀座才能进入罐中，这样的配管有利于罐系统的无菌保证。

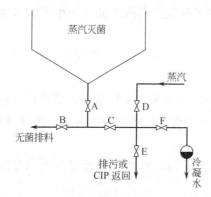

图 13-4　罐排料管蒸汽灭菌管路配置

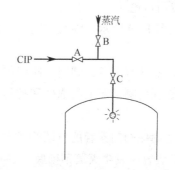

图 13-5　CIP 系统蒸汽灭菌管路配置

3. 罐的 CIP 清洗系统蒸汽杀菌配管

自动化清洗系统（CIP）蒸汽灭菌配管路配置如图 13-5 所示。

在蒸汽加热灭菌过程中，阀门 B 和 C 打开，阀 A 关闭，故整套清洗喷洒头装置均可经受彻底的蒸汽加热灭菌过程。

二、空气过滤器的灭菌

空气过滤器用来过滤除去空气中的微生物为生物生产过程提供无菌空气。空气过滤器主要有两大类，一种是纤维介质或带有微孔的金属、塑料等；另一种为膜式，现在膜式过滤器的应用越来越广。过滤器的杀菌主要是采用饱和干蒸汽。

图 13-6 是过滤器连同发酵罐同时加热灭菌的管路配置。这种配管较简单，可使过滤器和罐同时杀菌。但过滤器的空气室连接管方向相反，使空气室接头与冷凝水阀接口同时接在过滤器的杀菌进气一侧，这样一旦接头不严密就会导致发酵罐染菌。若将空气过滤器的进出

气口接头改换,并在进空气管道上加装蒸汽进出管,在操作过程中控制此蒸汽管的进气压力高于直接通入发酵罐的蒸汽压力 0.025MPa,可使蒸汽顺利通过管路和过滤介质,彻底加热灭菌,同时蒸汽冷凝水不会聚集于过滤器或管路中,保证杀菌安全性。其管路配置如图 13-7 所示。

若发酵过程需要更换空气过滤器,可把灭菌管路和阀门等改为如图 13-8 所示的配置。

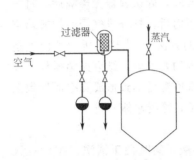
图 13-6 发酵罐空气过滤器的加热灭菌管路配置

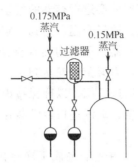
图 13-7 较理想的空气过滤器加热灭菌管路配置

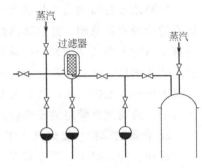
图 13-8 过滤器单独灭菌的管路配置

三、管路和阀门的灭菌

管道和阀门本身的彻底、安全灭菌是确保生物工程生产高效率和安全生产的重要一环。下面专门讨论。

如图 13-9 所示,隔膜式阀门是使用最为广泛的一种阀门,隔膜阀蒸汽加热灭菌有 3 种方法。

① 蒸汽直接通过阀门,阀门与管路均充满蒸汽,可保证灭菌彻底,这是最佳的方式。

② 利用隔膜阀上的取样和排污小阀门,通入蒸汽或放出蒸汽冷凝水,使隔膜两边充分灭菌。

③ 确保阀门接管的盲端管长与管径之比不大于 6 倍,且必须保证管内不积存冷凝水。这种方法容易发生灭菌不彻底。

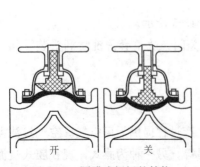
图 13-9 隔膜式阀门的结构

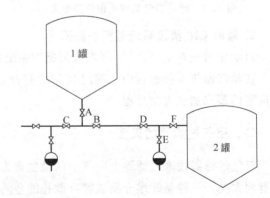
图 13-10 两个罐及连接管的蒸汽灭菌

在杀菌过程中每个罐及其管道尽可能分开灭菌,如图 13-10 所示。灭菌时,关闭阀 A 和 F,依次打开阀 E、D、B 和 C,最后开启蒸汽阀,通入蒸汽灭菌。灭菌结束,先关闭阀 E 然后关闭阀 C,阀 F 开启以免管路因蒸汽冷凝而产生真空后漏入污染物。此时便可打开阀 A

把罐 1 的培养基压送到罐 2。

当罐等设备及相关管路蒸汽加热灭菌尤其是空消时，系统内的冷凝水必须排掉，具体方法如下。

① 自由排放，通过冷凝水排放阀自由放出。排放时打开冷凝水排放阀，由于存在蒸气压，冷凝水自动排出。此法较难控制排放的冷凝水量，也可能使冷凝水聚集越来越多，或是蒸汽和冷凝水交替排出。故此法只用于实验室或其他特定的场合。

② 用汽水阀自动排放，汽水阀（水气分离器）是用于排除设备或管路的蒸汽冷凝水的专门设备。规格大小的确定需视蒸汽杀菌系统的压力和冷凝水量而选定，排除冷凝水量需根据杀菌开始时用汽高峰期计算。

③ 计算机自动控制排除冷凝水，利用计算机对冷凝水排放阀和排污阀进行自动控制。这特别适合于大型抗生素及酶制剂等生产工厂。

四、灭菌程度的检验

发酵设备的蒸汽杀菌过程及效果是否符合要求，需要有严格的检验方法。杀菌效果的检测通常有两种方式，一种是直接微生物培养法；另一种是杀菌蒸汽的温度和压力监控法。

直接微生物培养法，就是利用无菌的标准培养基进行培养检验，培养 7～10d，若培养基仍保持无菌，则设备的杀菌是十分成功和可靠的。这种检验方法十分接近实际，可检验灭菌是否彻底，同时也试验了空气过滤系统及设备、管路的严密性和维持无菌度的效能。但是，此法前后需十多天，且测试费用高。

杀菌蒸汽的温度和压力监控法，是设法确保所有被灭菌的设备、管路的每处均有足够的蒸汽压力（温度）和必需的灭菌时间。

思 考 题

1. 生物工业常用清洗剂和消毒杀菌剂有哪些？
2. 什么是 CIP 清洗系统，它有何优点？
3. 如何对清洗程度和灭菌效果进行检验？

第十四章 水处理与制冷系统及设备

生物工业生产需要大量的水，如酿造酒类、针剂药物等，其制品成分大部分是水。有些生物制品尽管以固体形式存在，如味精、柠檬酸等，但在其一系列的生产过程中都离不开水，从原料的清洗、浸渍、溶解、蒸煮、糖化、发酵、发酵过程中的冷却、分离到杀菌都需大量用水。水质的好坏直接影响制品质量，因此，生物工业用水必须进行严格的水质管理和必需的水处理。另外，某些生物制品的培养和处理过程还应在低温下进行，制冷则成为生产过程中不可缺少的重要组成部分。

第一节 水处理系统及设备

生物工业的水处理按目的可分为三个阶段：一是除去水中的固体悬浮物，沉降物和各种大分子有机物等，常采用过滤，沉降等方法；二是除去水中各种金属离子或其他离子，即水的软化或除盐；三是水的杀菌处理，利用氯、臭氧、紫外线等杀灭水中微生物，制得无菌纯水。

一、水的过滤

过滤是一系列过程的综合效应，包括筛滤、深层效应和静电吸附等。水中粒子直径大于过滤层的孔径时，离子被阻挡在过滤层的表面，称为表面过滤。而小于过滤层孔径的离子进入滤层深处，由于滤层孔隙弯曲，形状大小不断变化，最终使小粒子被截留，这种作用属深层过滤。过滤介质所带电荷与水中的离子的电荷相异，离子被吸附在介质表面，称静电吸附作用。

水的过滤实际包含两个过程，即过滤和冲洗，过滤为水的净化过程，冲洗是从过滤介质上冲洗掉污物，使之恢复过滤能力的过程。多数情况下，过滤和冲洗的水流方向相反。

水过滤介质应化学性能稳定，不溶于水，不产生有害和有毒物质。有足够的机械强度，不易破碎，有较高的含污能力。

目前用于水的过滤装置有砂滤棒过滤器、活性炭过滤器，中空纤维超滤装置等。

1. 砂滤棒过滤器

砂滤棒过滤器外壳是由铝合金铸成锅形的密闭容器，器内分上下两层，中间以孔板分开。若干根砂滤棒紧固于上，孔板上（下）为待滤水。其下（上）为砂滤水。操作时，水由泵打入容器内，在外压作用下，水通过砂滤棒的微小孔隙进入棒孔体内，水中离子则被截留在砂滤表面。滤出的水可达到基本无菌。砂滤棒（又称砂芯）系由硅藻土在高温下熔制成半圆的过滤介质，或由硬质玻璃烧结而成。国产砂滤棒过滤器规格如表14-1所示。

砂滤棒在使用前需要进行灭菌处理。用75%酒精注入砂滤棒内，堵住出水口震荡数分钟，凡与滤出水接触部分均用酒精擦洗。砂滤棒使用一段时间后，砂芯外壁逐渐挂垢而降低

表 14-1 国产砂滤棒过滤器规格

型　　号	规格高×直径×厚/mm	每台砂滤棒根数/(根/台)	压力为196kPa时的流量/(kg/h)
101型铝合金滤水器	800×500×20	101型滤棒19	1500
106型铝合金滤水器	450×320×10	106型滤棒12	800
112型铝合金滤水器	400×300×10	112型滤棒6	500
108型铝合金滤水器	320×260×10	108型滤棒7	250
单支压力滤水器	280×70×50	109型滤棒1	30

滤水能力,这时必须停机清洗,卸出砂芯,堵住滤芯出水口,浸泡在水中,用水砂纸轻轻擦去砂芯表面被污染层,至砂芯恢复原色,即可安装重新使用。砂滤棒过滤常用于水量较小,原水中含有少量固体粒子的场合。

2. 活性炭过滤器

用于水处理的活性炭微孔径为2～5nm,常用于离子交换法和电渗析法的前处理,可有效地保护离子交换树脂,防止树脂污染。

活性炭过滤器结构与一般机械过滤器相似(见图14-1),过滤器底部装填0.2～0.3m厚,粒径为1～4nm的石英砂层作为支撑层。石英砂上面铺装1.0～2.0m厚的活性炭层,操作时,水由顶部自然顺流下降过滤,由底部排出。表14-2列出了部分活性炭过滤器规格。

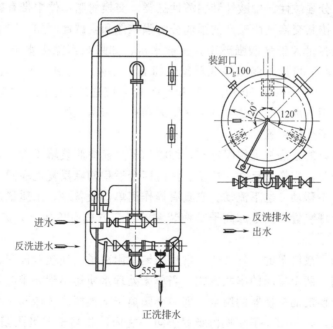

图 14-1 活性炭过滤器

表 14-2 部分活性炭过滤器规格

规格 φ/mm	处理水量/(m³/h)	活性炭		设备质量/kg
		层高/mm	质量/kg	
1500	17.7	2000	1765	2671
2000	31.4	2000	3140	4020
2500	49.0	2000	4900	6860
3000	70.0	2000	7065	9260

活性炭过滤器运行一段时间后，因截污量过多，暂时失去活性，需反洗再生，其步骤如下。

① 反洗。清水以 $8\sim10L/(m^2 \cdot s)$ 的反洗强度从底部进入，反洗时间 $15\sim20min$。

② 蒸汽吹洗。从底部通入 $0.3MPa$ 饱和蒸汽吹洗 $15\sim20min$。

③ 淋洗。用 $6\%\sim8\%$ NaOH 溶液（$40℃$）从顶部通入洗涤。洗涤量为活性炭体积的 $1.2\sim1.5$ 倍。

④ 正洗。原水至顶部通入，冲洗至出水符合规定水质要求。

中空纤维超滤装置是膜分离设备之一，它利用反渗透原理，能够截留水中盐类、颗粒、胶体、细菌及有机物等，可以达到分子级过滤。

二、水的软化

除去水中钙、镁离子的过程称为水的软化。除去水中所有阴、阳杂离子则称为水的脱盐。常用的方法有离子交换法、电渗析法、反渗透法等。

1. 离子交换装置

离子交换法是用离子交换剂和水中溶解的某些阴、阳离子发生交换。水的软化处理中常选用离子交换树脂。离子交换树脂本体中带有酸性交换基团的称阳离子交换树脂，按其交换基团酸性的弱强又分强酸性、中酸性和弱酸性三类。交换树脂本体中带有碱性交换基团的称阴离子交换树脂，按其交换基团碱性的强弱分为强碱性和弱碱性两类。同类型树脂中，弱酸弱碱型树脂的交换容量大于强酸强碱型。一般来讲，如果只需除去水中吸附性较强的离子（如 Ca^{2+}，Mg^{2+} 等），可选用弱酸性或弱碱性树脂。除去原水中吸附性能比较弱的阳离子（如 K^+，Na^+）或阴离子（如 HCO_3^-，$HSiO_4^-$）时，应选用强酸性或强碱性树脂。

目前用于水处理的离子交换装置分为固定床和连续床两大类。

(1) 固定床离子交换装置

水处理中最简单的方法是采用固定床，即将离子交换树脂装填于管柱式容器中，形成固定的树脂层。操作时，交换、反洗、再生、清洗四个过程间歇反复地在同一装置中进行，而离子交换树脂本身不移动，也不流动。它具有操作简单，设备少，水质稳定等优点，是最常用的离子交换水处理装置。固定床离子交换装置的组合方式有单床、多床、复床、混合床、多层床等。

单床是固定床中最简单的一种方式。常用的钠型阳离子交换装置即属这一方式。多床是同一种离子交换剂，两个单床的串联方式。当单床处理水质达不到要求时可采用多床。复床是两种不同离子交换剂的交换器的组合，即一个阳离子交换树脂单床与一个阴离子交换树脂单床串联。混合床是将阴阳离子交换树脂置于同一柱内，相当于多级阴阳离子柱串联起来。处理水质较高。多层床是在一个交换柱中装有两种树脂，上下分层不混合。

显然，上述五种固定床组合方式中，采用阴、阳两种树脂的装置可用于水的除盐，而只采用阳离子交换树脂的装置仅用于水的软化。

(2) 连续离子交换装置

固定床离子交换的缺点是树脂用量多而利用率低，操作不连续。为提高树脂利用率，20世纪60年代出现了连续式离子交换装置，有移动床和流动床两种。

移动床装置如图 14-2 所示，离子交换树脂装于交换塔中，原水从下部流入，软水从塔上部流出。交换一定时间（一般 $45\sim60min$）后停止交换，将交换塔中失效树脂送至再生塔还原，同时从清洗塔向交换塔上部补充相同量的已还原清洗的树脂。出水水质稳定，交换树脂及还原液的利用率比固定床高，其缺点是交换树脂磨损较大，耗电量较多。

流动床则是完全连续工作的，它在进行交换的同时不断从交换塔内向外输送失效的交换树脂，且又不断向交换塔内输送再生后的树脂。

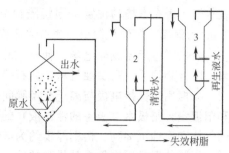

图 14-2 移动床离子交换装置
1—交换塔；2—清洗塔；3—再生塔

2. 电渗析装置

(1) 工作原理

电渗析装置是利用阴、阳离子交换膜对水中离子具有选择性和透过性的特点，在外加直流电场的作用下，使原水中阴、阳离子分别通过阴离子交换膜和阳离子交换膜迁移，从而达到除盐的目的。电渗析器工作原理如图 14-3 所示。

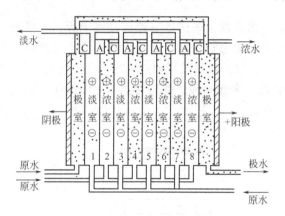

图 14-3 多层膜电渗析器工作原理

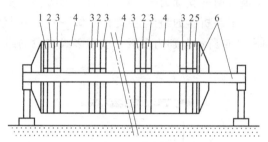

图 14-4 立式电渗析器装置
1—阳极室；2—导水板；3—压紧框；4—膜堆；
5—阴极室；6—压滤机式销紧装置

进入 1、3、5、7 室的离子，在电场作用下定向移动。阳离子移向阴极，透过阳膜进入 2、4、6、8 室。阴离子移向阳极，透过阴膜进入 2、4、6、8 室。因此，从第 1、3、5、7 室流出来的水中，阴、阳离子都会减少，成为淡水。而进入第 2、4、6、8 室的水中离子也要定向移动。阳离子要移向阴极，但受阴膜的阻挡而留在室内，阴离子要移向阳极，受阳膜的阻挡也留在室内。且第 1、3、5、7 室中的阴阳离子都要穿过膜进入水中，所以从第 2、4、6、8 室流出来的水中，阴阳离子数都比原水中的多，成为浓水。

(2) 电渗析器结构

电渗析器有立式和卧式两种。其基本部件均是由交换膜、隔板、电极、极框、压紧装置等组成（见图 14-4）。

离子交换膜是一种由具有离子交换性能的高分子材料制成的薄膜。按其透过性能分为阳离子交换膜和阴离子交换膜。能透过阳离子的叫阳离子交换膜，能透过阴离子的叫阴离子交换膜。目前常用的阳离子交换膜为磺酸基型，带负电荷，吸收水中的阳离子，并让其通过该膜，而阻止负离子的通过。阴离子为季铵基形，带正电荷，吸收水中的阴离子，并让其通过，而阻止正离子通过该膜。

隔板放在阴、阳膜之间，作为水流通道，隔板上有进水孔、出水孔、布水槽、流水槽及过水槽。因布水槽的位置不同将隔板分为淡水室隔板和浓水室隔板。隔板用厚度为 1.5~2mm 的聚氯乙烯硬板制成，也有采用橡胶材料的。

电极通电后形成外电场，使水层中的离子定向迁移。电极的质量直接影响电渗析的效果。阳极必须采用耐腐蚀材料，如石墨、铅、二氧化铅等；阴极多用不锈钢。

极框用来保持电极与离子交换膜间的距离，分别位于阴、阳极的内侧，从而构成阴极室和阳极室，是极水（极室的流出液）的通道。保持极水分布均匀，水流通畅，带走电极产生的气体和腐蚀沉淀物。极框厚度约为 5~7mm。

压紧装置是用来把交替排列的膜堆和极区压紧，使组装后不漏水，一般使用不锈钢板，用工字钢或槽钢固定四周，用分布均匀的螺杆紧固。

(3) 电渗析器的组装形式

电渗析器的组装方式取决于进水的水质和对出水的要求。一般说，要增加出水量，可将各组膜堆并联；要求提高出水水质，应将各组膜堆串联。在组装中，通常用"对"、"级"和"段"表示。

"对"是电渗析器中最基本的脱盐单位，由一张阳膜、一张浓（或淡）室隔板、一张阴膜、一张淡（或浓）室隔板组成。"级"是每对阴、阳电极之间的膜堆组成一级。具有同一水流方向的膜堆为一"段"，凡水流方向改变一次，段的数目就增加 1。

电渗析器的组装形式有一级一段、一级多段、多级一段、多级多段 4 种，如图 14-5、图 14-6 所示分别为多级一段和多级多段的组合方式。

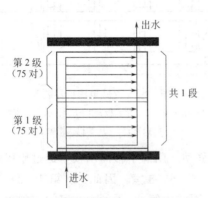

图 14-5　电渗析器多级一段并联组合

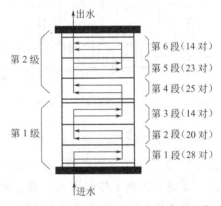

图 14-6　电渗析器多级多段串联组合

三、水的杀菌

水的杀菌方法很多，目前常用氯、臭氧及紫外线杀菌。

1. 氯杀菌

氯气进入水中可生成次氯酸，次氯酸具有强烈的氧化作用，可以破坏细胞内酶和细菌的生理机能使细菌死亡。中国水质标准规定，在管网末端自由性余氯保持在 0.1~0.2mg/L 之间。

常采用的氯杀菌试剂还有活性二氧化氯、漂白粉和次氯酸钠，其中前者具有杀菌能力强，水纯净，不增加水的硬度，杀菌效果好，使用方便等优点，但制备成本较高。

2. 臭氧杀菌

臭氧是一种强氧化剂，它能氧化水中的有机物，破坏微生物原生质，杀死微生物，亦能破坏微生物孢子和病毒，同时用作除去水臭、铁和锰及脱色，杀菌性能优于氯。在欧洲，臭氧已广泛用于水的杀菌，臭氧杀菌系统包括空气净化设备，臭氧发生器和臭氧加注设备。

空气经过净化、冷却、去湿，并干燥至使空气露点达到-45℃以下，通过15000V的高压放电或紫外光照射，可使部分氧聚合成臭氧。

臭氧在水中溶解度极小，为使臭氧与水充分混合，一般用喷射法加注臭氧，以增加与水的接触时间，另外水池应保持在一定高度。如图14-7所示为臭氧杀菌流程。

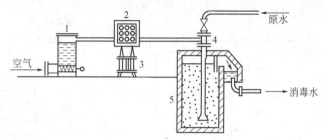

图 14-7　臭氧杀菌流程

1—空气净化降温干燥塔；2—臭氧发生器；3—变压器；4—喷射器；5—消毒水池

3. 紫外线杀菌

波长为200～295nm的紫外线有杀菌能力，能用来对水进行杀菌。

如图14-8所示为隔水套管式紫外灯杀菌装置。使用时，紫外灯悬挂在水面上，待杀菌的水以200mm厚的薄层缓慢通过照射区。也可将紫外灯沉浸在水中，水慢慢流过以灭菌。一般水上灭菌多采用低压汞灯，沉浸于水中采用高压汞灯，后者的杀菌效果高于前者。杀菌率可达97%以上。表14-3列出了部分紫外高压汞灯使用参数。

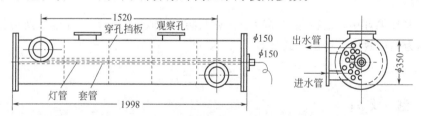

图 14-8　隔水套管式紫外灯杀菌装置

单位：mm

表 14-3　紫外高压汞灯使用参数

型号	水流量/(m³/h)	大肠菌数/(个/L)	细菌总数/(个/L)	最大照射半径/mm	最短照射时间/s
AKX-1	50	10～500	1500～12740	345	339
X-1	50	60～1320	50～2930	125	57
X-3	50	40～940	1000～3160	175	10.3

第二节　制冷系统及设备

生物工业中，有些加工过程需要在低温下进行，这就需要配置制冷系统。通常可采用单级压缩或双级压缩制冷系统。

一、压缩式制冷循环

压缩式制冷循环实质上是一种逆向卡诺循环，制冷过程包括压缩①、冷凝②、膨胀③、蒸发④四个阶段，其制冷循环如图14-9所示。系统中的制冷剂饱和蒸汽被压缩机吸入压缩，成为液体放出热量。液体制冷剂经膨胀阀，压力降低，部分液体吸热气化，使制冷剂温度降低，低温液体进入蒸发器吸收周围介质热量而气化，气体再进入压缩机被压缩，完成一个循环过程。为了使整个系统稳定循环，设置油分离器、储存罐、液氨分离器等附属设备。

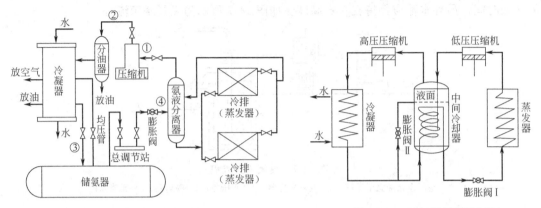

图14-9 单级压缩制冷循环　　　　图14-10 双级压缩制冷循环

当所需温度较低时，压缩机在高压缩比（压缩机出口压力 p_1 与进口压力 p_2 的比值）的条件下工作。此时若采用单级压缩制冷，压缩气体的温度较高，会引起运行上的困难。此时可采用双级压缩制冷，如图14-10所示。一般当压缩比 $p_1/p_2>8$ 时，采用双级压缩较为经济合理。对于氨压缩机，当蒸发温度在 -25°C 以下或冷凝压力大于 $12×10^5$ Pa 时，宜采用双级压缩制冷。

压缩式制冷循环中，制冷量（制冷剂在蒸发器中吸收的热量）与压缩机所消耗的机械功 L 的比值称为制冷效率，可由下式计算

$$\varepsilon = \frac{Q_0}{L} = \frac{T_0}{T-T_0} \tag{14-1}$$

式中　ε——制冷效率；
　　　Q_0——制冷量，kJ/h；
　　　L——压缩机所消耗的功，kJ/h；
　　　T_0——制冷剂在蒸发器内的蒸发温度，K；
　　　T——制冷剂在冷凝器内的冷凝温度，K。

制冷机的制冷量可用下式计算

$$Q_0 = Gq_0$$

式中　q_0——每1kg制冷剂的制冷量，kJ/kg；
　　　G——制冷剂在制冷机中的循环量，kJ/h。

则制冷机的理论功率 N_T(kW) 为

$$N_T = \frac{Q_0}{3600\varepsilon} \tag{14-2}$$

二、制冷剂及载冷剂

1. 制冷剂

制冷剂是制冷系统中用来吸取被冷却物质热量的介质。对制冷剂的要求是：沸点低，在

蒸发器内的蒸发压力应大于外界大气压；冷凝压力不超过 1.2～1.5MPa；单位体积产冷量应尽可能大；密度和黏度应尽可能小；导热和散热系数高；蒸发比容小，蒸发潜热大。制冷剂能与水互溶，对金属无腐蚀作用，化学性能稳定高温下不分解。无毒性、无窒息性及刺激作用，易于取得，价格低廉。

目前常用的制冷剂有氨和氟里昂。氨主要用于冷冻厂、制药厂、酵母厂及其他发酵工厂的制冷系统。F-12 及 F-22 多用于冰箱、空调机、双级压缩系统及冷库，氨是中温制冷剂，有毒性，并能燃烧和爆炸。但价格低廉，压力适中，单位体积制冷量大，不溶解于润滑油中，易溶于水，放热系数高，在管道中流动阻力小，因此被广泛应用。氟里昂制冷剂是饱和碳氢化合物的卤素衍生物的总称，种类繁多，性能各异，但有共同的特性，不易燃烧；绝热性能小，因而排气温度低；相对分子质量大，适用于离心式压缩机，但价格昂贵，放热系数低，单位体积制冷量小，因而制冷剂的循环量大。

2. 载冷剂

采用间接冷却方法进行制冷时，所用的低温介质称为载冷剂。载冷剂在制冷系统的蒸发器中被冷却，然后被泵送至冷却设备内，吸收热量后，返回蒸发器中。载冷剂必须冰点低，热容量大，对设备的腐蚀性小，且价格低廉。常采用的载冷剂有氯化钠、氯化钙水溶液，酒精和乙二醇等。氯化钠价格便宜，但对金属的腐蚀性较大。氯化钙溶液对金属的腐蚀性小。采用乙醇、乙二醇作为载冷剂可以避免腐蚀现象。纯酒精的凝固点为－117℃，当相对密度为 0.96578 时，凝固点为－12.2℃；相对密度为 0.86311 时，凝固点为－51.3℃。乙二醇的相对密度为 1.038 时，凝固点为－12.2℃，相对密度为 1.073 时，凝固点为－40℃。氯化钠水溶液适用于－16℃以上的蒸发温度，而氯化钙溶液可用于－50℃以上。

三、制冷系统设备

1. 制冷压缩机

体积型制冷压缩机有活塞式、滑片式和螺杆式。其中以活塞式制冷压缩机较多见，图 14-11 是活塞式压缩机工作原理。压缩机的进气活门装在活塞的顶部，利用曲轴连杆使活塞上下运动。当活塞向下运动时，装在安全板上的排气活门关闭，汽缸内的压力减小，其压力较吸器管中的压力为低，则吸气阀门被打开，低压管中的氨气进入汽缸中。当活塞向上运动时，汽缸内氨气压逐渐增大，吸气阀门自动关闭，随着活塞上移，气体压力大于冷凝器压力时，顶开安全板上的排气阀门，氨气被压入高压管路中。为了使汽缸冷却，在汽缸外部设有水套，当压缩机运行时，用水进行冷却。

压缩机在运行中，由于汽缸内存有余隙；吸气、排气时存在气阀阻力；汽缸壁与制冷剂之间发生热交换；压缩机运动部件发生摩擦；吸气阀，排气阀泄漏等都会使压缩机的实际吸气体积 V_P 小于理论体积 V_T，从而影响压缩机的产冷量，二者的比值称吸气系数，用"λ"表示，即

$$\lambda = \frac{V_P}{V_T} \tag{14-3}$$

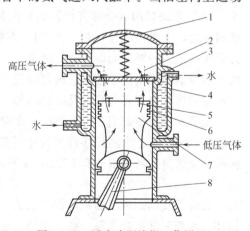

图 14-11 活塞式压缩机工作原理
1—上盖；2—排气阀门；3—样盖；4—水套；
5—吸气阀门；6—活塞环；7—活塞；8—连杆

对于大型立式氨压缩机，$\lambda=0.81\sim0.92$，冷凝温度越低，λ 越大；蒸发温度越低，则 λ 越小。高速（720r/min）多缸制冷压缩机的 λ 可用以下经验公式计算

$$\lambda=0.94-0.085\left[\left(\frac{p_1}{p_0}\right)^{\frac{1}{n}}-1\right] \tag{14-4}$$

式中　p_1——冷凝压力，Pa；

　　　p_0——蒸发压力，Pa；

　　　n——多变压缩指数，对于氨 $n=1.28$；F-12，$n=1.13$；F-22，$n=1.18$。

2. 冷凝器

冷凝器的作用是使高温高压过热气体冷却，冷凝成高压氨液，并将热量传递给周围介质。冷凝器有卧式冷凝器、立式冷凝器、套管冷凝器、外喷淋蛇管冷凝器等。

氨卧式冷凝器常分为双程列管式换热器。传热系数 $K=700\sim900W/(m^2\cdot℃)$，单位热负荷 $q_F=3500\sim4100W/m^2$，单位面积冷却水用量 $W_F=0.5\sim0.9m^3/(m^2\cdot h)$，最高工作压力 20×10^5Pa，冷却水用量少，可以装在室内，操作方便，但水管清洗不方便，只适用于水质较好地区。氨立式壳管冷凝器应用较广，系一钢板圆柱壳体，两端焊有管板各一块；壳体内部有 $\phi5mm\times3mm$ 或 $\phi3mm\times3mm$ 的无缝钢管与管板固定。冷却水自顶部进入储水箱，经分水器沿管子内壁顺流而下，形成膜状分布在管内表面；可用河水冷却而不易堵塞。氨气则自壳体下部引出。冷凝器上有氨气进口、氨液出口、安全阀、放空阀、放油阀、压力表、均压管和混合气体出口等。传质系数 K、单位热负荷 q_F 与卧式冷凝器相近。冷却水用量 $W_F=1.0\sim1.7m^3/(m^2\cdot h)$，最高工作压力 20×10^5Pa，立式冷凝器占地面积小，清洗列管方便，可安装在室外，但用水量较大。常用的立式冷凝器有 LN-20、35、50、75、100、125、150、250m^2 传热面积，LNA-35～LNA-300m^2 传热面积等。

喷淋蛇管冷凝器由盘管组成，盘管上装设 V 形配水槽，常安装在露天或屋顶上，传热系数 $K=600\sim800W/(m^2\cdot℃)$，单位热负荷 $q_F=3000\sim3500W/m^2$，用水量 $W_F=0.8\sim1.0m^3/(m^2\cdot h)$，这种冷凝器的优点是结构简单，用水量少，但占地面积大，较少使用。

3. 膨胀阀与蒸发器

膨胀阀又称节流阀，高压液氨通过膨胀阀，压力急剧下降，体积迅速膨胀，气化吸热，使其本身的温度降低到需要的低温，再送入蒸发器。常用的手动阀有针形阀（公称直径较小）和 V 形缺口阀（公称直径较大）两种，螺纹有细牙，阀门开启度较小，阀孔有一定形状和结构，一般开启为 1/8～1/4 周，不超过一周。手动膨胀阀按公称直径的大小选用。热力膨胀阀是一种能自动调节液体流量的节流膨胀阀，它是利用蒸发器出口处蒸汽的过热度来调节制冷剂的流量。小型氟里昂制冷机（电冰箱）多采用热力膨胀阀。

常用的蒸发器有立管式及卧式两种，另外尚有冷却空气的蒸发器。

立管式蒸发器如图 14-12 所示，分别由 2～8 个单位蒸发器组成，每个单位蒸发器由上下两支水平总管、中间焊接许多直立短管制成，有 $10m^2$、$15m^2$、$20m^2$ 及 $40m^2$ 等几种蒸发面积。立式蒸发器的型号有 LZ-20—LZ-300 型，其蒸发面积有 $20m^2$、$30m^2$、$40m^2$、$60m^2$、$90m^2$、$120m^2$、$200m^2$、$240m^2$、$320m^2$ 等。整个蒸发器有输液总管、回气总管、氨液分离器、集油器及远距离液面指示器等接头。蒸发器里装有搅拌器以维持流速，使载冷剂在箱内循环。水箱下部有排水管，底及四周有绝热层。传热系数 $K=500\sim600W/(m^2\cdot℃)$，单位热负荷 $q_F=2300\sim2900W/m^2$。

立管中氨的循环路线如图 14-13 所示。氨液自上部通过导液管进入蒸发器，导液管插入

第十四章 水处理与制冷系统及设备

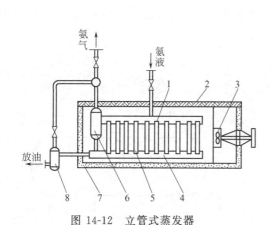

图 14-12 立管式蒸发器
1—上总管；2—木板盖；3—搅拌器；4—下总管；5—直立短管；
6—氨液分离器；7—软木；8—集油箱

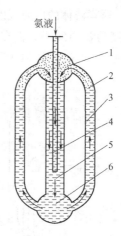

图 14-13 立管中制冷剂氨的循环路线
1—上总管；2—液面；3—直立细管；
4—导液管；5—直立粗管；6—下总管

直立粗管中，保证液体先进入下总管、再进入立管，立管中液位几乎达到上总管。由于细管的相对传热面大，保证了制冷剂的循环，从而提高了蒸发器的传热效果。

卧式壳管式蒸发器的结构与卧式壳管式冷凝器相似。

4. 油氨分离器

油氨分离器的作用是除去压缩后氨气中携带的油雾。油氨分离器有洗涤式、填料式等。洗涤式是惯性型分离器，如图 14-14 所示。其原理是利用油氨的密度不同，在突然改变流速和方向时，由于油的密度较氨大而下降聚集在底部。

通常在压缩机和油氨分离器之间的管路内，氨气流速为 12~20m/s。而进入油氨分离器后的流速为 0.8~1.0m/s。一般油氨分离器的直径比高压进气管径大 4~5 倍。这种分离器有 YF-40、YF-50、YF-70、YF-80、YF-100、YF-125、YF-150、YF-200 等。型号数字表示氨气进口管径。为了提高分离效果，在油氨分离器内设有伞形挡板，并保持一定的氨液液位，压缩后的氨气通入油氨分离器的氨液内，进行洗涤降温，分离效率可达 95%。

5. 储氨罐

储氨罐的作用是储存和供应制冷系统的液氨，使系统各设备内有均衡的氨液量，以保证压缩机的正常运转。

高压储氨罐与冷凝器的排液管、均压管连接，常用的卧式储氨罐是一个由圆柱形钢板壳体及封头焊接而成的容器，

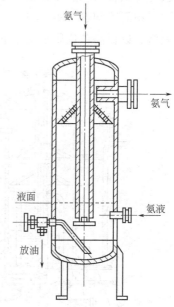

图 14-14 油氨分离器

装有液氨出口管、放空气管、安全阀、放油阀、排污阀、液位镜、压力表等。容器的容纳量，一般为每小时制冷循环量的 1/3~1/2，氨液装入量不应超过容量的 80%。

6. 气液分离器

气液分离器的作用是维持压缩机的干冲程，同时将送入冷却排管（蒸发器）液体内的气体分出，以提高制冷效率。一般气液分离器安装在较高位置，高出冷却排管 0.5~2m，最好高出

1～2m，这样液体的压力可以克服管路阻力而流入冷却管内，气体在冷却排管至气液分离器的运动速度为8～12m/s，而在气液分离器的运动速度为0.5～0.8m/s。气液分离器有立式和卧式两种（见图14-15、图14-16），高径比$H/D=3～4$。

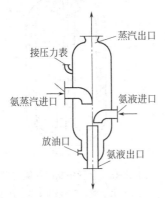

图 14-15 立式氨液分离器

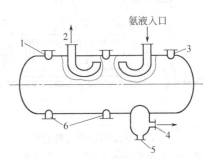

图 14-16 卧式氨液分离器

1,6—均压管；2—排液回汽管；3—接压力表；
4—放油管；5—排液管（氨液出口）

7. 中间冷却器

中间冷却器在双级制冷系统中的主要作用是冷却低压级压缩机所排出的过热蒸汽，使过热蒸汽冷却到中压下的饱和气体状态，此外，还可借中间冷却器内氨液与盘管的热交换，使去冷却设备的氨液在膨胀阀之前得到冷却。

中间冷却器如图14-17所示，容器内设有盘管，利用低温的氨液冷却来自高压储罐内的氨液，以提高单位质量制冷量。用浮球阀控制，使液面比蒸汽管高150～200mm。平衡孔使

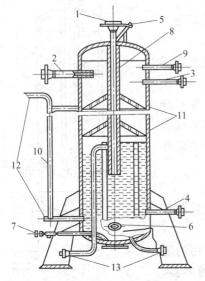

图 14-17 中间冷却器

1—低压机来的进汽口；2—去高压机的出汽口；3—气体均压管；4—液体均压管；5—氨液进口；6—排液管接头；7—放油管接头；8—平衡孔；9—压力表接头；10—液面指示器；11—伞形多孔挡板；12—远距离液面指示器接头；13—高压氨液进、出口接头

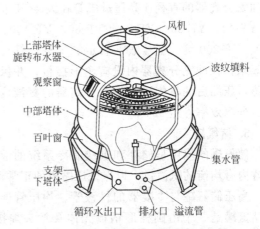

图 14-18 点波式机械通风填料冷却塔

容器内的压力与进气管内的压力平衡，防止氨液倒流至低压压缩机的排气管。氨气进入管上焊有闪型挡板，用以分离进入高压压缩机氨气中夹带的氨液和润滑油。氨气在中间冷却器内空隙（进气管和容器壁之间隙）的流速应不超过 0.5m/s。

8. 水冷却装置

水冷却装置的作用是冷却由氨冷凝器排出的循环水。水冷却装置有三种类型：喷水池、自然通风冷却塔、机械通风冷却塔。图 14-18 为点波式机械通风填料冷却塔。塔中部放置斜波填料，上部安装旋转式布水器。塔顶有轴流风机，风机的轴、尾部和接线盒用环氧树脂密封，避免电动机受潮。

思 考 题

1. 生物工业的水处理需要经过几个步骤，需要哪些主要设备。
2. 在低温加工过程中，何时需采用双级压缩制冷系统。
3. 简述制冷压缩机的工作原理。

第十五章　生物工业生产中设备操作安全常识

在生物设备操作注意事项中，安全问题应处于首位。这里所说的安全包含以下内容。

1. 操作者的个人生命安全

在生物工业生产中不仅大量使用易燃、易爆、有毒、有害物质和大量电器设备，而且经常涉及有害微生物，如各种病毒等。因此，操作者在使用设备的过程中实际上面临着很大危险，如果操作不当，很容易发生燃烧、爆炸、中毒等事故，严重危害操作者人身安全。

2. 国家和公司财产安全

在生产中发生任何事故不仅威胁个人生命安全，而且会对国家和公司的财产造成重大损失，不仅包括设备、原料和产品等直接损失，而其还包括由于生产中断造成的间接损失，这些间接损失也许比直接损失更大、更持久。

3. 社会和公众安全

生物工业涉及很多有害生物，正常生产中这些有害生物被严格限制在设备中，但是，一旦发生事故，这些有害生物就可能流向社会并大量繁殖，给社会，甚至全世界，造成不可估量的危害。

因此，生物设备的安全操作是学习生物设备的一项重要内容，操作者必须始终坚持"安全第一、预防为主"的方针，除掌握一般的设备操作安全常识外，还应仔细阅读具体设备的使用说明，严格按照设备说明和公司的所有规章制度进行操作，严肃认真，一丝不苟，确保生产安全。

本章只介绍使用生物工业设备时一般的操作安全常识，更全面、更具体的安全操作规定需要参照具体设备说明书和公司所有有关的规定、规章、制度和程序。

第一节　电器设备操作安全注意事项

一、电气事故

几乎每台生物工程设备都涉及电器。根据国外25000起工业火灾事故统计，电器引起的事故占总数的23%。电器事故一般分为以下几类。

1. 电流伤害事故

电流伤害事故也称为触电事故，是人触及裸露的或绝缘损害的带电导体，如电线、电器设备的外壳，引起电流对人体的伤害。或者，人并未触及这些带电导体，而是由于电压过高，在一定距离内发生放电从而对人体造成伤害。电流事故对人体造成的危害有两种情况：电击和电伤，前者是电流通过人体内部造成器官破坏，后者指电流瞬时通过人体的某一局部，造成对人体外表器官的破坏。电击多数情况会致人死亡，所以是最危险的。

试验表明，人触及50~60Hz的交流电危险性最大，对于50~60Hz的交流电，通过人体的安全电流界限为 20~50mA 以下。

电流作用于人体时间越长，对人的伤害越厉害。一般认为，电流通过人体的时间和电流大小的乘积如果不大于 50mA·s，人是安全的，否则将引起电流伤害。

人的皮肤清洁、干净、完好时，人体电阻较大，可达 10kΩ 以上，当皮肤破损、潮湿、或粘有导电性粉尘时，人的电阻急剧下降到 0.8~1kΩ，因此，经常保持皮肤干净干燥有利于防止触电事故。

2. 电路事故

电路事故也称电器设备事故，指电器电路由于不正常的原因，如接地、断路、短路等引起的火灾、爆炸和人身伤害事故。如常见的三相电动机，由于一相断路在运行中被烧坏；电线短路引起火灾、油开关爆炸；易燃易爆场所的电器装置不符合要求而引起的火灾和爆炸等，都属于电路事故。

3. 静电事故

静电事故是指生产过程中产生的有害静电造成的事故。主要有以下几个方面。

① 在防爆场合，静电放电火化成为点火源引起爆炸和火灾事故，如穿钉子鞋进防爆车间，穿能产生静电的服装出入防爆场所等引起爆炸或火灾等。

② 人体因受到静电的刺激引发二次事故，如受到静电刺激引起坠楼、跌伤以及由此引起的对静电的恐惧造成工作效率的降低等。

③ 在生产过程中，静电会对生产产生妨碍，导致产品质量不良，造成生产事故甚至停工。

4. 电磁场伤害事故

电磁场伤害是指人体在电磁场的作用下吸收辐射能量造成头痛、记忆力减退及心血管系统异常等伤害。工作在大型电器附近容易造成这种伤害。

二、电气事故的防范措施及安全注意事项

针对以上事故，在电器设备安装和操作过程中采取了一系列的措施以防止事故的发生，这些措施包括以下内容。

1. 绝缘

绝缘是保证电气设备的正常运行、防止触电事故最常用，也是最重要措施之一。它采用各种不导电材料将带电导体与外界隔绝使电流按照人们预想的途径流动。常见的绝缘材料有陶瓷、玻璃、云母、橡胶、木材、胶木、塑料、布、绝缘纸、矿物油以及某些高分子材料。有些气体也可以作为绝缘材料使用。

绝缘材料的电阻率一般为 $10^{-9}\Omega\cdot cm$，当电压很高时，绝缘材料会被击穿，击穿时的电压称为该绝缘材料的击穿电压。固体绝缘材料的击穿有热击穿和电化学击穿两种，前者指由于电流过大等原因引起绝缘材料温度过分升高所导致的击穿，后者指由于在绝缘材料上引起电化学反应导致的击穿。固体绝缘材料被击穿后，其绝缘性能无法恢复。此外，环境条件如温度、湿度、粉尘、机械损伤和化学腐蚀等也会降低绝缘性能甚至造成绝缘损坏。有些绝缘材料随使用时间增长引起老化和绝缘失效，因此应注意及时更换绝缘材料。

2. 屏护和间距

（1）屏护

屏护是指使用栏杆、护罩、护盖、箱匣等将带电体同外界隔绝开来，以防止人体或其他物体接触或者接近带电体引起事故。屏护装置所使用的材料对导电性能没有严格的要求，但

对其机械强度和耐火性能有较高的要求。为防止屏护装置意外带电造成事故，有一定导电性能的屏护装置应实行可靠的接地或接零。

带有电动搅拌的生物反应器上的电动机一般都有屏护装置，车间的变配电设备也装设遮栏或栅栏作为屏护。安装屏护装置应考虑以下要求。

① 屏护装置与带电体保持必要的距离，不能太近，否则无法起到屏护作用。

② 被屏护的电器应当有明显的标志，标明规定的符号或涂上规定的颜色。

③ 在屏护装置的适当位置应挂上"止步，高压危险！"、"禁止攀登、高压危险！"等警示牌，必要时应将屏护装置上锁。

④ 如果有必要，可考虑给屏护栏装加声光报警及连锁装置等。

作为操作者在工作过程中应牢记屏护的位置，不接近或接触屏护栏，如果发现屏护栏损坏应及时报告更换。

(2) 间距

带电体与地面之间，带电体与其他设备之间，带电体与带电体之间需要保持一定的安全距离，这个安全距离就是间距。间距的作用是确保人体不能接近带电体，避免工具或其他设备碰撞或过分接近带电体造成放电、短路等各种事故。不同的电压等级、设备类型、安装方式、周围环境要求的间距不同。操作者应充分认识间距的必要性，熟悉周围带电设备要求的间距，保证自己的动作范围不超过间距的要求，必要时应在相应的设备上标明间距数据。

3. 接地和接零

电器设备的外壳或其他部分通过地线与大地之间良好的连接称为接地，电器设备运行时不带电的金属部分与电网零线的连接称为接零。接地和接零是防止人员触电伤害的重要措施。

(1) 接地

接地能够起到对设备和人员的保护作用，原因是一旦发生故障，可以将电流通过地线绕过人体直接导入地下，从而起到保护作用。

根据情况和用途不同，接地分为不同的种类：接地分为临时接地和固定接地，临时接地又分为检修接地和故障接地；固定接地又分为工作接地和安全接地，安全接地包括：保护接地、防雷接地、防静电接地和屏蔽接地。

检修接地是在检修设备或线路时，为防止发生误合闸等意外情况造成事故，在切断电源后临时将设备或线路的导电部分与大地连接起来的一种安全措施，检修完毕后再将接地端断开，属于临时性接地。故障接地是指带电体与大地之间发生了意外连接，如电器设备里的线路与已经接地的外壳短路、电力线路的接地短路等引起的故障。故障接地是一种非正常的故障状态，查出原因后要及时与大地断开。工作接地是为了维持系统正常安全运行的接地，是一种固定的、必需的安全措施，如，三相四线制 380V 系统变压器中性点的接地等。安全接地是为了防止雷击、触电、静电积累以及为屏蔽辐射而进行的接地。如电器设备外壳、信号线屏蔽层的接地等。

在实际操作过程中，如果所使用的电网没有地线，则无论环境如何，凡由于绝缘破坏或其他原因可能呈现危险电压的金属部分，除另有规定外，都应采取接地措施，如下列情况所列。

① 电动机、变压器、照明器具、携带式或移动式电器的底座和外壳。

② 电器设备的传动装置。

③ 互感器的二次绕组。
④ 配电盘或控制盘的框架。
⑤ 室内外配电装置的金属架和钢筋混凝土构架以及靠近带电部分的金属围栏和金属门。
⑥ 交/直流电力接线盒、终端盒的外壳和电缆的外皮、穿线的钢管等。
⑦ 信号线的屏蔽线。

（2）接零

接零也称保护接零，是防止间接触电事故的措施之一。保护接零的做法是：在三相四线制变压器中性点直接接地的低压电网中，将电器设备通电时不带电的金属部分与电网的零线作良好的连接，如图 15-1 所示。

当电动机的带电部分碰连到设备的金属外壳时，电流直接通过设备的接零线流回，形成较大的短路电流，短路电流触发电源上的保护装置（FU），切断故障设备与电源的连接，达到保护的目的。

在这种电路中，除接零外，电路上还要采取一些重复接地措施，目的是确保零线与大地的良好连接，更好地起到保护作用。

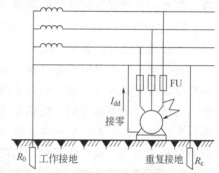

图 15-1 电器设备的接零

4. 漏电保护装置

当设备或线路由于各种原因，如绝缘损坏、人身触电、设备短路等，出现漏电时，一般会出现两种异常情况：一是三相电流的平衡遭到破坏，出现零序电流，即接零线上出现电流；二是某些本不应该带电的部分出现对地电压。漏电保护装置就是一些这样仪器，它能够检测到以上异常信号，然后迅速动作切断电源，从而避免事故发生，实现对人员和设备的保护。

漏电保护装置有很多型号，国家有关部门已经颁布了国家标准 GB 6829—86《漏电电流动作保护器》及《漏电保护器安全监察规定》（原劳动部 1990 年 6 月颁布），对其型号和使用进行规范。如果在电路中需要接装漏电保护器，可直接按照标准选用，选用的原则如下。

① 漏电保护器正常情况下能可靠供电，发生漏电时能快速响应，起到安全保护作用。
② 漏电保护器的额定电压应与线路的额定电压相适应，漏电保护的额定电流应略大于被保护电器的额定电流。
③ 综合考虑保护对象，环境条件，使用目的及经济因素选用比较适合的漏电保护器。

三、电器设备安全操作要点

① 严禁在防火防爆车间或厂房安装和使用非防爆设备，包括非防爆开关、仪表、照明、电动机等。换句话说，防爆车间或厂房内的所有电器都应是密封的防爆装备。
② 电器的支撑座应为非燃烧体，不允许在电动机旁堆放可燃物质，以防电动机起火时火势蔓延。
③ 安装合适的保护装置。如果保护装置是熔断器，熔丝（保险丝）的额定电流应为被保护电器额定电流的 1.5～2.5 倍。
④ 长期没有运行的电动机或其他设备，应在启动前测量其绝缘电阻。接通电源后，如果电器设备没有相应，应立即切断电源，排除故障。电动机的连续启动次数不能太多，一般不能超过 3～5 次，热状态下连续启动次数不能超过 1～2 次，以免电动机过热烧毁。

⑤ 对运转中的电动机要加强监视，注意声音、温度、电流和电压的变化，以便及时发现问题，排除故障。

⑥ 应该经常维护电器设备，保持环境整洁，并要防雨防潮，保持轴承等转动部件的润滑良好。

⑦ 停电时，除特殊要求外，应将电源切断。

⑧ 电器上严禁挂放一切杂物，包括工具等。

⑨ 电器设备更新或检修需要断电时，应与电工联系，不得私自拆线。当停电进行电器检修工作时，在电源开关处必须悬挂"禁止合闸"警示牌，并对电器采取临时接地保护措施，照明、工作灯及其他临时照明必须使用36V以下的安全电压。

⑩ 生产车间的电梯要有专门电梯司机负责，司机要经过学习、培训、考核、取得合格证后才能独立上岗。在电梯处应有明显的限重标志，严禁电梯超负荷运行。载货电梯严禁载人。司机无论什么时候离开电梯时都要锁上电梯门。进入电梯前，必须先伸手开灯，确认电梯在位方可迈步进入，以防高处坠落。电梯准备运行前应确保楼道电梯口门（花门）和电梯箱门关好，否则不准开动。电梯中所有的电器设备需保持良好接地，并保持干净，以免因污垢产生接触不良。如发现漏电，应立即停止使用，进行检修。电梯停止使用和检修、清扫时应将总开关关闭，以保证安全。当电梯控制失灵向下滑行时，不可向外跳，以免挤压受伤。

⑪ 严格遵守公司的一切有关电器设备操作的规章制度和程序。

第二节 溶剂及化学药品操作安全注意事项

溶剂一般指工业生产中使用的液体，如酒精、正丁醇、乙酸乙酯等，化学药品在这里指工业生产中使用的固体原料、液体原料、产品及其他化学试剂，如液体酸碱，固体酸碱，有毒化学药品和产品等（不包括微生物）。这些溶剂和化学药品大部分易燃、易爆、有害、有毒，容易引起燃烧、爆炸和中毒，是对工厂安全运行的主要威胁之一，在处理和操作过程中必须十分小心。

一、基础知识

1. 闪燃和闪点

在液体的表面存在一定数量的同种物质的蒸气，温度越高，蒸气浓度越大。如果液体表面暴露在空气中，这些蒸气里就混有一定浓度的空气，遇明火时能闪出火花，但随即熄灭，这种瞬间燃烧的过程叫闪燃。液体能发生闪燃的最低温度点叫闪点。液体在闪点温度下不能持续燃烧，因为在这个温度下，液体蒸发速度较慢，表面上的蒸气瞬间烧尽，而新蒸发的蒸气还来不及补充，燃烧一闪即止。当温度低于闪点时，液体没有燃烧的可能。当温度高于闪点时，液体要么能够发生闪燃，要么能够持续燃烧。因此，闪点是液体可以引起火灾的最低温度。液体的闪点越低，危险性越大。闪点的数据可以从有关手册上查到。

2. 着火和燃点

可燃物在外界火源的作用下发生持续的燃烧叫着火，能使可燃物着火的最低温度叫燃点。显然，燃点越低，越容易着火。可燃物包括固体、液体和气体都有燃点，可燃气体除氢以外，燃点都低于零度。可燃液体的燃点仅比闪点高1～5℃，因此，可燃液体一般只考虑闪点，燃点就失去了实际意义。但是，燃点对可燃固体，和一些闪点比较高的可燃液体具有实际意义，它是这些物质能够着火的最低危险温度，控制这些物质在燃点以下，就能制止它们的燃烧。比如，使用冷却法灭火时，就是将燃烧物质的温度降低到燃点以下，使燃烧过程终止。

3. 自燃和自燃点

可燃物质在没有外界火源的直接作用下，当受热或自身发热，而热量又不能及时传递出去时，温度就会逐渐上升，达到一定的温度发生燃烧，这种现象叫自燃。物质能够发生自燃的最低温度叫自燃点，也称自燃温度。在实际生产过程中，自燃可发生在高温的设备和管道内，也可发生在仓储和运输过程中。因此，在实际操作过程中需要注意，可燃物在没有火花等外界火源的情况下也能发生燃烧，保存和处理可燃物质时，不仅要避免出现火花，而且要将这些物质控制在自燃温度以下，不能使用比自燃温度高的东西接触这些物质。

4. 爆炸和爆炸极限

物质由一种状态迅速地转变为另一种状态并在瞬间以机械功的形式放出大量能量的现象叫爆炸。本书所涉及的爆炸现象分为两种：即物理性爆炸和化学性爆炸。

物理性爆炸由物理因素造成，如工业生产中钢瓶内的气体受热膨胀所引起的爆炸、锅炉因蒸气压力过大引起的爆炸、受压容器的爆炸等。

化学性爆炸是由于物质迅速发生化学反应，产生高温、高压而引起的爆炸。这种爆炸实际上是高速的化学反应，其反应时间仅百分之几秒、千分之几秒，伴随着化学反应产生大量的气体和热量形成爆炸。

可燃气体、蒸气、粉尘在空气中浓度很低或浓度很高的情况下都不发生爆炸，只有在一定的浓度范围内才能发生爆炸，这个浓度范围就是该物质的爆炸极限。能够发生爆炸的最低浓度称为爆炸下限，能够发生爆炸的最高浓度称为爆炸上限。当可燃气体的浓度低于爆炸下限时，由于过量的空气起到冷却作用，阻止了爆炸的发生，同样，当可燃气体的浓度高于爆炸上限时，由于空气不足，化学反应产生的热也不能引起爆炸。爆炸极限用可燃物质在混合物中的体积分数（％）表示，也可以用 mg/L 表示。比如氢气在空气中的爆炸极限是 4.1％～74.2％，说明氢气在空气中爆炸下限为 4.1％，上限为 74.2％。其他爆炸极限数据可以通过有关表格查取。固体爆炸物没有爆炸极限。

二、溶剂及化学药品操作要点及安全注意事项

1. 溶剂管道阀门的开关和检修

溶剂管道上的阀门开关是生产中经常性的操作动作，经过一段时间后有些阀门也需要检修和替换。尽管阀门是工厂中最简单的零部件，但操作不当也能酿成事故。溶剂管道阀门的安全操作和检修应注意以下几点。

① 开关阀门时，操作者应站在阀门的侧面，防止溶剂冲到身上。

② 当阀门很紧时不要用力过猛，防止碰伤及身体失去平衡而跌倒。

③ 阀门在检修前必须将管道内的溶剂全部放掉，并冲洗干净。

④ 检修使用的工具，如扳手、锤头等必须全部为防爆工具，严禁铁工具直接敲击阀门或管道。

⑤ 在卸阀门时，应站在阀门侧面，并先卸背面螺丝，防止管道内残存的物料喷出伤人。卸下的阀门和工具及螺丝应放置在安全的地方，防止滑落砸伤人。

⑥ 登高检修阀门时要系安全带。

⑦ 在室外检修时，若有有毒气体，应站在上风头作业。
⑧ 铅管和塑料管检修时禁止蹬、踩、敲打等受力动作，以免管道断裂。

2. 溶剂和化学药品的加料和放料操作

(1) 人工投料

人工投料包括向反应器内或向储罐内用人工的方式添加物料的过程。固体化学药品的投料一般采用人工低温投放加料，即投料前不进行任何加热操作。如果添加的物料中包括水、易燃溶剂、固体，在不影响反应的情况下应先加水，后加固体物料，最后加易燃溶剂。易燃、有毒的液体溶剂不宜采用人工倾倒法投料。在向有易燃、易爆液体的反应器内投放固体物料时，如果固体物料装在合成纤维或塑料袋内，不能向反应器直接投料以免产生静电火花，引起燃烧和爆炸。加液体物料时计量要准确，加料过程中操作者不准离开现场。

(2) 压料操作

压料是生物企业中常用的一种物料输送办法，它使用压缩气体将溶剂通过管道从一个设备输送到另一个设备。在压送易燃、易爆溶剂时必须使用压缩氮气，禁止使用压缩空气。当压送大量溶剂时，流速不宜过快，每压送 $3000L^3$ 要停 5min 再继续压送。在进行负压抽料时，整个抽吸系统都应有静电接地保护装置，管道和阀门的连接处要有跨接线，并控制流速、流量以降低液体输送温度。压料压力要逐渐升高，发现漏压要及时放压检修。压料压力一般不要超过 0.3MPa，搪瓷设备不要超过 0.25MPa。当一根管道有几个走向时，压料前一定要和其他岗位联系，以防止跑料、混料。

(3) 放料操作

放料操作是将物料从反应器或储罐内放出的操作过程。工业上一般采用压缩气体加压或者依靠重力自流或者依靠真空泵的抽吸作用进行放料。在进行易燃易爆溶剂的放料操作时，应当使用压缩氮气或者真空抽料。放料时速度不能太快，以免料液喷射产生静电引起事故。加压放料时应严格按照工业规程控制好压力，对黏性小的易燃、易爆液体的放料压力不宜超过 0.1MPa。易燃易爆料液如果温度较高，在出料前应先降温后出料。出料口阻塞时，禁止使用金属制品或塑料制品疏通，前者容易产生火花，后者容易产生静电，应当使用木制品轻轻疏通。

3. 溶剂或化学药品的升温、降温、加压操作

(1) 升温操作

在对溶剂或者化学药品进行升温操作时要严格按照工艺要求和操作法，控制升温上限温度。应尽量采用蒸汽或热水加热，严禁使用明火或其他化学反应加热。加热设备应保持完好，不允许跑冒滴漏。加热时应留有供热载体膨胀的余地，以免加热时溢出和发生意外。热设备应定期清洗积垢和检查夹层，测温仪表应保持准确无误。加温加热设备应有安全阀和卸压片，卸压片排泄口应导至室外安全地点。加热温度如果接近或超过物料的闪点，应采用氮气保护。

(2) 降温操作

在对溶剂或者化学药品进行降温时，温度应逐渐降低，以免损坏设备。冷却器、冷凝器等降温装置要定时清洗，若发现跑冒滴漏应及时处理。

(3) 加压操作

工厂中有些溶剂需要在高于常压下的设备内反应或储存，加压操作涉及这种情况下的溶剂操作。加压操作时严禁跑、冒、滴、漏、冲料现象发生。加压容器必须装有安全泄露装置,安全泄露装置中爆破片的出口应导至室外安全地点,距明火 30m 以上。工作压力大于 0.07MPa(表压)的加压容器应安装安全阀。加压过程中操作人员要注意观察压力变化情况,不允许脱离现场,发现问题及时妥善处理。

负压操作时,要防止易燃物品或气体抽入真空泵。如果真空泵温度过高应当立即停泵并从真空泵油箱内抽出易燃液体,重新加油后再开车。若连续工作 2~3h 需换泵操作。每次操作完毕后,必须放净积存的液体。当真空操作需要转入常压或加压操作时,应待表压为零时再进行切换。

(4) 溶剂储罐或生物反应器的清理和检修

生物工业中,溶剂储罐或生物反应器需要定期清理检修。当需要人进入储罐或反应器内检修时,要将罐内溶剂全部放完并清洗干净。进罐前应穿戴好防护用品,罐内登高作业要系安全带。入罐操作前,罐内应通入空气,切断搅拌器的电源开关,并在开关旁挂上"罐内有人","禁止开动"的安全警示牌。人进罐后必须留人在罐口监护,监护人即要注意搅拌电动机开关,也要注意罐内工作情况。罐内操作所需要的工具要一次性带入,不准从罐口向罐内抛掷工具或其他物品。为便于工作,下罐人员应携带 36V 低电压安全照明灯,但应当注意安全照明灯不能使用灯头开关,灯泡外面应当有可靠的金属保护网。

在进罐清除有毒物质残渣时必须事先将罐进行充分的清洗,进罐清理人员应戴防毒面具,系安全带,罐外监护人员应当根据情况做好救护工作的应急措施。清除作业完毕后要认真检查是否有物品遗留在罐内。

第三节 微生物操作安全注意事项

生物工业中大量涉及微生物,所有的生物反应器的设计和操作都在围绕着生物和细胞的生长、繁殖进行,而生物和细胞无论是对个人或者对整个社会都具有巨大的潜在危害性,因此,微生物的安全操作在生物设备学习中具有特别的重要性。

一、生物对人体的危害因素

1. 外毒素

外毒素是由一部分微生物在生长过程中产生,然后扩散至周围环境。能够产生外毒素的微生物包括部分革兰氏阳性菌,如鼠疫杆菌、志贺痢疾杆菌、霍乱弧菌、致病性大肠杆菌、百日咳杆菌等。外毒素具有亲组织性,能选择性地作用于某些组织或器官引起特殊病变。外毒素的毒性很强,很小的剂量就可以使受感染的生物体致死,如 0.025ng 的肉毒杆菌外毒素就能杀死一只小白鼠。

2. 内毒素

内毒素是微生物细胞壁的一种组分,在菌体存活时它是细胞壁的一部分,在菌体自溶或经过人工方法使菌体破壁后它才得以释放。能够产生外毒素的微生物一般为某些革兰氏阴性菌,如伤寒杆菌、痢疾杆菌、脑膜炎球菌等。与外毒素相比,内毒素毒性较弱,没有明显的亲组织毒害作用,主要引起机体发热、微循环障碍、糖代谢紊乱、组织出血和坏死等,严重时能引起内毒素休克。内毒素一般需要 200~400μg 才能杀死一只小白鼠。

3. 侵袭性酶

病原性微生物含有一种特定的酶,对机体具有侵袭作用,称为侵袭性酶。这种酶不但可以保护菌体本身不被机体的吞噬细胞所灭，反而可以促使菌体在机体内直接扩散。这种酶本身不具有毒性，但却有助于病原性微生物在体内的入侵。如，多数链球菌能产生链激酶，它能溶解机体受感染部位的纤维蛋白凝块，使菌体易于入侵。

二、容易引起危险的微生物操作过程

1. 移液操作

移液操作是指使用移液装置将一定量的含有微生物的液体从一个地方移到另一个地方。在移液操作时有可能发生微生物泄漏和感染，因此，必须小心谨慎操作。移液操作一般用移液管进行，最容易发生问题的是当液体从移液管排出时，排出的液体有可能直接落在液层或器皿表面，引起溅射。溅射出来的微小液滴扩散在周围环境中，被人吸入的机会很大。因此，在移液排液时，一定要将移液管出口紧贴器皿内壁，使液体缓慢贴壁排出，防止溅射。在吸液操作时禁止使用嘴吸的方式吸液。

2. 接种操作

接种操作是指将某种微生物从试管或其他微生物存放之处移到生物反应器的过程。接种操作要使用接种棒。接种棒上黏附很多微生物，当快速移动和振动时，微生物就可能脱落进入环境。用火焰灼烧接种棒时也可能有微生物在没有烧死前飞溅到环境。当热环浸入含有微生物的培养液时会引起培养液急剧蒸发，液滴会喷溅而出，向外扩散。此外，从三角瓶蘸出培养液以及翘起较干的培养基等步骤也可能引起微生物向环境的扩散。

3. 琼脂培养

在实验室，微生物一般在培养皿中用琼脂进行培养，从培养箱中取出培养皿并移去上盖时，盖上夹带的冷凝液滴含有微生物，如果滴落到手指或环境中，将造成微生物的泄漏或感染。在大规模工业生产中，使用生物反应器进行培养也存在这个问题。在打开生物反应器密封盖时，盖的边缘或内侧冷凝液携带的微生物也可能滴入环境造成泄漏或感染。此外，打翻或从高处坠落培养皿能够引起大量微生物扩散到环境中，造成污染。当使用培养皿培养微生物时，螨虫或其他小节肢动物也有可能爬入培养皿，其口部和足肢沾满微生物后再爬出来，造成病源性微生物的传播，更具危险性而且往往难以察觉。

4. 深层培养

摇瓶培养和发酵罐培养都属于深层培养。在进行摇瓶培养时，培养液在摇瓶内不断晃动，使得大量的微生物进入气相中；在发酵罐培养时，空气直接通入培养液产生大量气泡，在搅拌的作用下散发到气相中，也使发酵罐内的气体含有大量的微生物。因此，无论是摇瓶还是发酵罐，其放气口必须经严格过滤，以防止微生物从摇瓶或培养罐内漏出。

5. 离心分离

在对含有微生物的料液进行离心分离操作时，离心力可使液滴向外抛出，并散布于周围环境，造成微生物泄漏。如果离心管装料太满，即使加盖也会使液体溢出。特别是在离心机的起步阶段，离心管上层菌体浓度较高，泄露可能性更大。此外，在进行离心操作时偶尔会出现离心管破碎、上盖松动和机鼓损伤等意外，使大量微生物进入环境，含有微生物的料液也可能直接喷溅到操作人员身上，尤其是在打开机鼓的瞬间，微生物大量散发，危害更为严重。因此，对微生物的离心操作必须使用专门的带有真空和过滤系统离心机。即便如此，也不能掉以轻心，因为一旦离心机的过滤装置失效，也会造成微生物的泄漏。

6. 注射操作

在生物工业中经常使用注射器进行移液、接种或其他操作。使用注射器进行操作时，几乎每一步都有潜在的危险。首先，针头戳伤皮肤引起感染是常见的事故之一；其次，针头拔出时，针头上携带的微生物也很容易沾污手指和工作面引起感染；最后，在注射前排出气泡时，微生物也会从针头飘散到环境中。

此外，如果操作不注意，导致针头与针筒，针筒与柱塞完全脱离，会导致大量微生物泄漏。在使用注射器进行移液操作时，如果液体推出的压力太大，也能引起液体喷溅到环境造成微生物的泄露。当使用注射器对动物进行采样或者注射时，由于动物的挣扎，可能引起针头突然脱落、针筒爆裂、料液溅出等意外，需要特别注意。

7. 盖塞操作

从盛放微生物的器皿上移去棉花塞、瓶盖、螺旋盖、橡皮塞等操作在生物工业生产中十分普遍，这些操作就是盖塞操作。由于容器上部气体内充满了微生物，移去盖塞时，它们会很容易地随气体飘散到环境中，引起污染。另一种情况是容器的塞子或顶盖已经被细菌所浸湿，菌体已经在盖塞上孳生繁殖，这时，打开盖塞更容易使菌体进入环境。此外，如果盛放微生物的容器内部为负压，骤然打开容器，空气迅速冲入，会激起菌体弹出容器，造成污染。

操作人员用手指直接接触浸有微生物的瓶塞或者微生物培养液也能造成感染，如果手指被安瓿口边缘或破损的容器口划伤，情况将更为严重。

8. 其他操作

在生物工业中，涉及微生物的操作很多，操作工具也日趋复杂，操作人员如果不注意将受到感染，引起微生物泄漏事故。例如，使用组织捣碎机时被刀片损伤、高压匀浆机料液喷出、玻璃发酵罐爆裂、测量传感器接口泄漏、分部收集器液体溢出等，都会使微生物进入环境，造成操作人员的伤害和环境污染。

此外，当使用塑料器皿盛放微生物时，塑料上的静电即可以吸引微生物，造成微生物夹带，清洗不干净，也可以排斥微生物，造成微生物的溅出，污染环境。

以上介绍的是正常操作情况下的潜在危险，操作人员不能有任何麻痹大意或者是漫不经心，一定要遵守公司的各项规章、制度、程序。

三、微生物操作要点和注意事项

1. 微生物的保存和运输

微生物保存容器必须坚固、无裂口、加盖或加塞后无泄漏，外壁不应沾染其他物质，容器上应有标签。容器密封好后，最好再用塑料袋进行包装并加封。附带的说明文字不应包装在容器内，应另行封装。

微生物应保存在专门的房间或指定区域，不应与其他物体混放。微生物运输时必须采用内外两级容器，里层容器应当用支架固定以保持容器直立。容器的材料可用塑料或金属，必须能够经受高温或化学物质的消毒处理。

在启封保存微生物的容器时，应预先检查容器是否有破损。对有"有感染危险"标志的容器，最好在生物安全柜中启封和处置。

2. 移液操作

使用移液管操作时，严禁用口吮吸管口，吸管口应加棉花塞。不允许向含有微生物的液体表面直接吹气，更不能使用移液管以来回抽吸的方式搅拌液体。如果意识到可能有微生物溅出时，应立即用浸过消毒液的布或滤纸处理，并立即进行高压消毒。移液管使用后应立即浸入装有消毒剂的容器中，在清洗处理前应浸泡 18～24h。可用塑料移液管代替玻璃移液管，以免移液管破碎带来污染。浸泡移液管的容器应放入生物安全柜中。当使用注射器进行移液时，不能使用皮下注射针头，而应当用钝头套管代替针头。一旦注射器或移液管损坏造成污染，能够自己处理的应尽量自己进行小心处理，避免过多的人参与。

3. 接种和其他操作

接种杆上的环应当全封闭，杆长不超过 6cm。最好使用一次性接种环，避免火焰消毒时引起微生物扩散。不要使用玻璃片做氧化酶试验，应该使用试管或盖玻片，或者使用装有双氧水的微量试管直接接触细菌菌落。废弃的微生物及其容器或一次性工具应放置在密封的容器内，如密封的塑料袋。每次操作完成后，必须用消毒剂对工作区进行全面消毒。

4. 注射器操作

注射器操作的每一步要十分小心，应尽可能地使用带有钝头套管的注射器，避免使用注射针头以免刺破皮肤。一旦注射器损坏造成污染，应首先自己进行小心处理，避免过多的人参与。

5. 血清分离操作

操作人员必须经过培训才能进行血清操作。操作时必须戴手套，小心飞沫溅出。血液和血清只能用吸管吸出，不能倒出。使用过的吸管必须完全浸入消毒液中。废弃的吸管或者新吸管在使用前应在消毒液中浸泡 18～24h 以上。每日要配制新鲜的消毒液，以便及时处理飞溅或溢出的血液或血清。

6. 匀浆器、振荡器及超声波器的操作

在进行振荡、匀浆或超声波处理时，使用的杯子或瓶子不得有裂纹和变形，瓶盖必须能够密封，最好使用带有坚固外罩的聚四氟乙烯容器。处理完毕后，应在生物安全柜中开启容器。

7. 微生物操作时的个人防护

在进行微生物操作时，带有微生物的颗粒或液滴容易散落在工作台表面或工作人员手上，所以要经常洗手。工作中决不能吃任何食物或喝任何饮料，也不能将食物和饮料储藏在工作场所，更不能吸烟、嚼口香糖或使用化妆品，要避免用手接触口眼。操作有可能产生飞溅的液体时，必须戴面罩或采取其他措施以保护脸部或眼睛。

8. 使用冰箱和低温冰柜注意事项

冰箱和低温冰柜均应定期化冻和清洁。在冰箱内破损的试管和安瓿应及时处理掉。清洁冰箱时应戴面罩和厚橡皮手套，清洁后应对柜内进行全面消毒。所有放在冰箱或冰柜内的容器必须有标签，表明名称、日期、存放人等。没有标签或标签不清的存放物应做高温消毒处理。除非是防暴冰箱，冰箱内不得存放任何易燃易爆物质。

9. 安瓿开启操作

在开启含有冷冻物质的安瓿时，部分物质可能突然溅出，因此，应当在生物安全柜内开启这类安瓿。开启安瓿需要依下列步骤进行。

① 将安瓿外面消毒。

② 持软棉花垫握住安瓿，以保护手不受损伤。

③ 用烧红的玻璃棒接触安瓿上端，使之破碎。

④ 将破碎的安瓿玻璃作为污染物进行消毒处理。
⑤ 向安瓿内缓慢加入溶液，避免产生泡沫。
⑥ 混匀后用移液器、有辅助装置的吸管、或接种环取出安瓿内的物质。

10. 安瓿的保存

安瓿不能浸入液氮中存放，因为如果安瓿有裂纹或密封不严，当从液氮取出时会发生爆破。安瓿应当吊放在盛有液氮容器的气相中，也可以存放在低温冰柜或干冰中。操作人员从冷藏条件下取出安瓿时，应对手、眼部采取保护措施，取出后应将安瓿外部消毒。

第四节　其他安全注意事项

以上介绍的只是一般性的、企业正常运作情况下的安全操作需要注意的事项，实际上，企业里的安全操作涉及方方面面，不可能用一章的篇幅进行全面介绍。下面再简单介绍比较常见的其他安全操作和注意事项。

一、登高作业

工厂内很多设备的操作台离地面很高，如有的发酵罐离地面 10m 以上。登高作业指作业面距离基准面 2m(含 2m) 以上的作业，也称为高处作业。登高作业必须严格按照高处作业的有关规定进行。有禁忌者，比如高血压和心脏病人，不得从事高处作业。高处作业人员必须戴好安全帽，系好安全带及其他规定的劳动保护用品。安全带使用时应高挂低用，并挂在结实牢固的构件上。爬梯登高要有专门人扶梯，还要用绳子将梯子固定好。擦高空玻璃窗也要系安全带。

二、发生异常情况时的操作

工厂内的很多异常情况，如突然停水、停电等，无法完全避免。对这种情况下的设备操作程序和步骤，工厂一般都有明确的规定，必须遵守，否则，可能酿成事故。这里仅就水、电、蒸汽、压缩空气等发生异常情况时的安全操作处理做一般性的叙述。

操作者遇到下列情况应立即进行处理，然后上报，并坚守操作岗位，待情况正常后及时恢复生产。

1. 停水

① 如果正在放罐中，应暂停放罐。
② 关闭软水和无盐水制备罐的进口和出口阀门，并停泵停水。
③ 关闭用水做冷却剂的冷凝器的进水和出水阀门。如发酵下游工序正在处理发酵液，可将未处理完的发酵液先放入储罐，待供水正常后再重新处理。
④ 停止一切用水的操作和设备运转。

2. 停压缩空气、氮气

所有物料阀在压送料过程中应立即关闭进料、出料阀门和压缩空气（氮气）阀门，以防突然来压缩空气（氮气）时将物料压跑。

3. 停冷冻盐水

① 关闭所有使用冷冻盐水的冷凝器进出口阀门，并暂时停止处理物料，正在处理的物料可放入储罐，待冷冻水供应正常时重新处理。

② 对需要冷冻盐水的结晶过程，应暂停结晶操作。

4. 停蒸汽

① 关闭所有蒸汽阀门，停止一切需要用蒸汽加热的操作。

② 下游需要蒸汽的工序应立即停车，处理一半的物料应放入储罐暂时储存。

5. 停电

① 关闭所有电器设备开关。

② 关闭一切有关阀门，恢复供电后再依次开启恢复生产。

6. 设备穿孔、管道断裂

① 立即关闭有关阀门，然后找检修人员抢修。

② 当设备发生未曾遇到过或工厂操作规程没有写明解决办法的机械事故时，首先关闭水、电、蒸汽和压缩空气阀门，停止各种动力供应，及时上报主管单位和主管技术人员。

以上只是生物企业里部分一般性的非正常情况处理应对措施，不同的企业可能有不同的应对措施，甚至同一个企业不同的车间应对程序也不完全相同，因此，更详细的异常情况应对办法请参照所在企业的操作规程、规章和程序。

思 考 题

1. 工厂中的安全包括哪些内容。
2. 电器事故分为几类，分别是什么？
3. 什么是接地和接零，分别有何作用？电器设备安全操作需要注意哪些事项？
4. 溶剂管道阀门开关和检修时应注意哪些事项？
5. 溶剂或化学危险物质加料和放料操作时，操作者为什么不能够离开现场？
6. 微生物对人体有哪些危害因素？
7. 哪些涉及微生物的操作过程容易产生危险，什么危险？
8. 进行微生物接种操作时应注意什么？
9. 进行微生物操作时如何注意个人防护？
10. 举出几种生物工业生产中的异常情况，遇到这些情况时如何应对。

第十六章　生物工业生产中常用管道和阀门

生物工业中大量使用管道和阀门。它们对设备的正常运行起着非常重要的作用。如果说设备是工厂的器官的话，管道和阀门就是工厂的血脉，是工厂设备不可缺少的一部分。

管道和阀门的种类繁多，适用于不同的场合，对每种阀门或管道的操作和维护也有不同的要求。正确地识别不同类型的管道和阀门，熟悉它们的操作和维护是工厂技术人员和操作人员必备的能力。本章将详细介绍生物工业中常用的管道和阀门及其附件。

第一节　生物工业中的管道

一、生物工业中常用管道

1. 铸铁管

铸铁管分为两种：普通铸铁管和硅铁管。

普通铸铁管是用上等灰铸铁铸成，常用作埋在地下的供水总管线、煤气管、污水管或料液管等。其优点是价格低、耐酸碱；缺点是拉伸强度和弯曲强度低，紧密性差，不适用于输送有压力的有害或爆炸性气体，也不宜输送高温液体，如水蒸气等。

硅铁管可分为高硅铁管和抗氯硅铁管两种，前者指含硅 14% 以上的合金硅铁管，它能抗硫酸、硝酸和温度低于 300℃ 的盐酸等强酸的腐蚀，后者是含有硅和钼的铸铁管，它能抗各种浓度和不同温度的盐酸腐蚀。这两种管较脆，受到敲击或局部加热或剧冷时极易破裂。

2. 钢管

钢管的种类很多，根据材质的不同分为普通钢管和合金钢管两种，按照制造方法不同可分为无缝钢管和有缝钢管（焊接管）两种。

无缝钢管是生物工业中最常用的一种管道，具有质地均匀、强度高等优点。根据材质的不同，无缝钢管可分为普通（碳）钢管、优质（碳）钢管、低合金钢管、不锈钢管等。根据加工方法不同，又分为冷拔不锈钢管和热拔不锈钢管。无缝钢管广泛用于具有较高压力和温度物料的输送，如蒸汽，高压水和高压气体，它还经常用来制作换热器或蒸发器的加热管。

无缝钢管的尺寸是用外径来表示的，表 16-1 列出了普通碳钢无缝钢管规格。

无缝钢管的规格一般用"外径×壁厚×长度/材质"表示，如无缝钢管外径 40mm，壁厚 3.5mm，长度 4m，用 20 号钢制造，可表示为 $\phi 40 \times 3.5 \times 4/20$。

有缝钢管又称焊接管或水煤气管，材质一般为低碳钢，常用的为水、煤气管。

水、煤气管是用含碳量 0.1% 以下的软钢（10 号钢）制成。这种管子用来输送水和煤气，它比无缝钢管容易制造，价格低廉，但由于接缝容易开裂，尤其是经过弯曲加工后，一

表 16-1 普通无缝钢管规格

类别	外径/mm	壁厚/mm	类别	外径/mm	壁厚/mm
冷拉管	25	25,3	热轧管	89	3.5,4,4.5,6,8~24
	38			102	4,4.5,6,8~24
	42	3,3.5		108	4,4.5,6,8~24
	50	3.5,4,4.5,5		114	4,4.5,6,8~28
	51	3.5,4,4.5,5		127	4,4.5,6,8~30
热轧管	57	3.5,4,4.5,6,8~13		146	6,8,10,12~36
	60	4,4.5,6,8~14		159	6,8,10,12~36
	63.5	4,4.5,6,8~14		168	6,8,10,12~45
	73	3.5,4,4.5,6,8~19		194	6,8,10,12~45
	76	3.5,4,4.5,6,8~19		219	6,8,10,12~45

般只用于 0.8MPa（表压）以下的水、暖气、煤气、压缩空气和真空管道。

水、煤气管可分为镀锌管（俗称白铁管）和不镀锌管（俗称黑铁管），带螺纹管和不带螺纹管，普通管和加厚管以及薄壁管等。水、煤气管在规格写法中只表示内径，不表示壁厚，其规格见表 16-2。

表 16-2 水、煤气钢管的规格

公称直径		外径/mm	钢 管 种 类					
			普通钢管			加厚钢管		
mm	英寸		壁厚/mm	内径/mm	理论重/(kg/m)	壁厚/mm	内径/mm	理论重/(kg/m)
6	1/8″	10	2.00	6.00	0.39	2.50	5.00	0.46
8	1/4″	13.5	2.25	9.00	0.62	2.75	8.00	0.73
10	3/8″	17	2.25	12.50	0.82	2.75	11.50	0.97
15	1/2″	21.25	2.75	15.75	1.25	3.25	14.75	1.44
20	3/4″	26.75	2.75	21.25	1.63	3.50	19.75	2.01
25	1″	33.5	3.25	27.00	2.42	4.00	25.50	2.91
32	1 1/4″	42.25	3.25	35.75	3.13	4.00	34.25	3.77
40	1 1/2″	48	3.50	41.00	3.84	4.25	39.50	4.58
50	2″	60	3.50	53.00	4.88	4.50	51.00	6.16
65	2 1/2″	75.5	3.75	38.00	6.64	4.50	66.50	7.88
80	3″	88.5	4.00	80.50	8.34	4.75	79.00	9.81
100	4″	114	4.00	106.00	10.85	5.00	140.00	13.44
125	5″	140	4.50	131.00	15.04	5.50	129.00	18.24
150	6″	165	4.50	156.00	17.81	5.50	154.00	21.63

3. 有色金属管

有色金属管根据所用的材质不同有很多种，比如生产中常用的铜管、铅管、铝管等，介绍如下。

铜管（或称紫铜管）质量轻，导热性能好，低温强度高，适用于低温管路和低温换热器的列管。细的铜管常用于传递有压力的液体（如润滑系统、油压系统）。当工作温度高于250℃时，不宜在高压下使用。

铅管的抗腐蚀性能良好，能抗硫酸及10%以下的盐酸，但不能做浓盐酸、硝酸和乙酸等的输送管路。铅管的最高允许温度为140℃，易于碾压、锻制和焊接，但机械强度差，导热性能低，而且较柔软。工厂里常用来输送浓硫酸。铅管的习惯表示法是 ϕ 内径×壁厚。

铝管有较好的耐酸腐蚀性能，铝管的纯度越高，耐酸腐蚀性能越好，通常用于输送浓硝酸、甲酸、乙酸等物料，还可以用于制造换热器。铝管不耐碱，不能用于输送碱性液体。铝管的传热性能较好，小直径的铝管可代替铜管传送有压力的流体。当工作温度高于160℃时，不宜在高压下使用。

4. 塑料管

常用塑料管有硬聚氯乙烯管、酚醛塑料管和玻璃钢管。

硬聚氯乙烯管能够抵抗任何浓度的酸类和碱类腐蚀，但不能抵抗强氧化剂，如，浓硝酸、发烟硫酸，也不能抵抗芳香族碳氢化合物和卤代碳氢化合物的腐蚀。它可用作输送0.5~0.6MPa（表压）和温度在-10~40℃之间的腐蚀介质，其最高耐受温度为60℃，若用钢管铠装后，可输送90~200℃的介质。由于塑料的保温性能好，使用塑料管输送流体时，一般情况下可不用保温层。

酚醛塑料管可分为石棉酚醛塑料管（通称"法奥利特"管）和夹布酚醛塑料管两种，前者主要用于输送酸性介质，最高工作温度为120℃，后者用于压力低于0.3MPa及温度低于80℃时使用，最高工作温度100℃。

玻璃钢管又称玻璃纤维增强塑料管，是以玻璃纤维及其制品（玻璃布，玻璃带，玻璃毡）为增强材料，以合成树脂（如环氧树脂，酚醛树脂，呋喃树脂，聚酯树脂等）为黏结剂，经加工而成。玻璃钢管重量轻，强度高，耐腐蚀（除不耐氟化氢、硝酸和浓硫酸外，其他盐类、酸类、碱类都耐），耐高温，电绝缘性能好，隔温绝热性能也很好。因此，广泛用于耐腐蚀场合。

5. 橡胶管

橡胶管具有较好的耐腐蚀性，有较好的弹性并可任意弯曲，常用于实验室或其他临时管路，如抗生素工业中临时加料、加水管道等。橡胶管不耐酸碱、有机酸和石油产品，不能用于这些产品的输送。橡胶管按结构可分为纯胶小径胶管、橡胶帆布挠性管和橡胶螺旋钢挠性管。按用途的不同可分为抽吸管、压力管和蒸汽管。橡胶管一般不得用作永久性管路。

6. 陶瓷管

陶瓷管能耐酸碱（氢氟酸除外），但其强度低，易碎，耐压性差，可用来输送工作压力为0.2MPa及温度在150℃以下的腐蚀性介质。

二、生物工业中管道的涂色

在工厂，各种管路交错排列，密如织网，为了使操作者便于区别各种类型的管路，通常在管道的外面涂上各种颜色。管路涂色的方法有两种，一种为全部涂以某种单色，另一种在底色上添加色圈,通常每隔 2m 有一个色圈,宽度为 50～100mm。涂色用的颜料有两种:油漆和硅酸盐颜料。前者涂于包扎类的保护层上,后者在石棉水泥类保护层上。

常用的管道涂色如表 16-3 所示。

表 16-3 常用的管路涂色

管路类型	底色	色圈	管路类型	底色	色圈
过热蒸汽管	红		酸液管	红	
饱和蒸汽管	红	黄	碱液管	粉红	
蒸气管(不分类)	白		油类管	棕	
压缩空气管	深蓝		给水管	绿	
氧气管	天蓝		排水管	绿	红
氨气管	黄		纯水管	绿	白
染料气管	紫		凝结水管	绿	蓝
氮气管	黑		消防水管	橙黄	

第二节 生物工业中常用的管道连接和管路的标准化参数

一、管件

管件就是用于管道连接的接头和接件,其种类很多,常见的管件如表 16-4 所示。使用管件时,将两个或多个管道通过螺纹固定在接头或三通、四通管件上,实现两个或多个管道的连接。管件已经标准化,表 16-4 列出了工业上常用的一些管件。

表 16-4 水、煤气钢管的管件种类及用途

种类	用途	种类	用途
外螺纹管接头	俗称"外牙管、外螺纹短接、外丝扣、外接头、双头丝对管"等。用于连接两段相同直径的具有内螺纹的管件	内外螺纹管接头	俗称"内外牙管、补心"等。用于连接一个直径较大的内螺纹管和一段直径较小的管道
活管接头	俗称"活接头"、"由壬"等。用以连接两段直径相同的管道	等径弯头	俗称"弯头、肘管"等。用于改变管路方向和连接两段直径相同的管道,它可分为 40°和 90°两种
异径管	俗称"大小头"。用于连接两段直径不同的管道	异径弯头	俗称"大小弯头"。用以改变管路方向和连接两段直径不同的管路

续表

种　类	用　　途	种　类	用　　途
异径三通	俗称"中小天"。可以由管中接出支管,改变管路方向和连接直径不相同的管子	外方堵头	俗称"管塞、丝堵、堵头"等。用于封闭管路
等径四通	俗称"十字管"。用于连接四段直径相同的管道	管帽	俗称"闷头"。用以封闭管路
异径四通	俗称"大小十字管"。用以连接四段具有两种相同直径的管道	锁紧螺母	俗称"背帽、根母"等。与内牙管连用,作为可以看得到的可拆接头

二、法兰

法兰是用来连接管道和管道、管道和阀门的一种带有螺孔的盘状接口,使用法兰时,先将法兰通过焊接或螺纹连接的方式固定到两个管道的端口,然后用螺丝将两个管道连接起来。法兰也已经标转化,工业上常用的有以下几种法兰。

1. 对焊长颈法兰

如图 16-1 所示,这种法兰有两个明显特征,一是它的长颈;二是它的厚度圆滑地过渡到焊接部位。这种法兰与管道连接时,采用对焊方式。

图 16-1　对焊长颈法兰

图 16-2　平焊法兰

2. 平焊法兰

平焊法兰样式如图 16-2 所示,是一个简单的带孔的圆盘,圆盘的中间可以有加强毂和密封槽。它与管道焊接时将管道的一段插入平焊法兰中间然后焊接,焊接后需要将焊渣磨去修平。

平焊法兰是各种法兰中应用最多的一种。它很容易买到,也能用标准钢板自制。这种法兰造价较低,对焊接管的长度要求不高,在安装时也比较容易对正。

平焊法兰的强度不如对焊法兰,如果管路系统温度波动比较大,就要谨慎考虑使用平焊法兰,因为在这种情况下焊缝容易开裂。

3. 翻边活套法兰

翻边活套法兰的形式及与管道的连接方式，如图 16-3 所示。这类法兰通常和翻边管节配用，即在管端接上一段冲压成型的翻边管节，使法兰能轻松套于其上。活套法兰有一个其他法兰都不具备的优点，即在装上管子后，螺孔位置可以随意转动调整，因此适用于那些需要频繁拆卸、检修和清理的管路中。此外，这种法兰在与高级材质的管子配用时可以避免整个法兰都采用昂贵的高级材料。但是，在可能有严重弯曲应力的场合，避免用这种法兰，应为弯曲应力易造成翻边变形引起泄露。

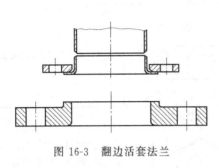

图 16-3　翻边活套法兰

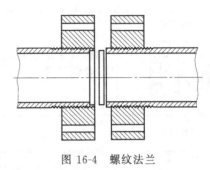

图 16-4　螺纹法兰

4. 螺纹法兰

螺纹法兰与管道的连接如图 16-4 所示。这种类型的法兰通常只在低压管路中使用，尤其是在不允许焊接的场合。在有弯曲应力和温度应力等场合下这种法兰不宜使用，因为应力的变化有可能引起螺纹处变形，导致泄露。

5. 法兰盖

法兰盖俗称为"盲板"或者"封堵"，如图 16-5 所示，实际上是一个四周带有螺孔的圆盘，中间没孔，用来封闭管路、阀门和其他设备的出口端。

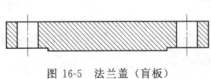

图 16-5　法兰盖（盲板）

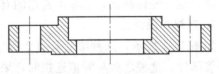

图 16-6　承插焊接法兰

6. 承插焊接法兰

承插焊接法兰如图 16-6 所示，最初是为了连接小口径高压管道而设计的，现在已大量应用于密封性能要求较高的管道连接中。承插焊接法兰和平焊法兰的强度差不多，但其抗疲劳特性较好，因此，使用承插焊接法兰比使用平焊法兰安全性较好。承插法兰的缺点是价格比平焊法兰稍高。

三、管道的连接

工厂中管道的连接是很常见的现象，这些连接包括管子与管子，管子与阀门，管子与管件之间的连接。常见的连接方式有螺纹连接、法兰连接、承插式连接和焊接，详细介绍如下。

1. 螺纹连接

螺纹连接一般用于水煤气、小直径水管、压缩空气管及低压蒸汽管路。只要在管端刻出螺纹，即可与各种螺纹管件或阀门连接。为了保证密封性能，防止泄露，在进行螺纹连接时，需要在螺纹上涂以胶合剂，对蒸汽管路可用厚白漆或涂上铅丹的石棉线，对于冷水和空气管路，可用白漆加麻丝或者聚四氟乙烯胶带。连接前，先在管端的外螺纹上涂缠填料，其方向与螺纹一致，线头要压紧以防在拧上内螺纹管接头时填料被推掉。

2. 法兰连接

法兰连接是使用法兰将管道和管道、管道与阀门连接起来。作为最常用的连接方式，法兰连接拆卸方便，密封可靠，适用的压力与管径范围大。一般来讲，在中低压管路上多采用焊接式法兰，法兰端面与管子的中心线垂直，两个对接的法兰端面互相平行，法兰的密封面应加工光滑，不允许有从中心向外辐射的沟槽和砂眼。在高压管路上多采用钢制的螺纹连接法兰，其连接螺纹表面的粗糙度为 1.6，不应有伤痕，毛刺和裂纹。此外，在法兰之间一般有适当的垫，并用螺丝将两法兰拧紧。

3. 承插式连接（又称钟栓式连接）

是将需要连接的一根管插到另一根管端口的插套内，再在管端与插套所形成的环状空间内填入适当的填料，如果要求较高，则灌以溶铅后敲实，以达到密封的目的。给水管的密封一般是用麻绳为填料，再以水泥封固。承插式连接优点是安装方便，允许各管段的中心线有少许偏差，管路稍有扭曲时仍能维持不漏，缺点是难以拆卸，不能耐高压。

4. 焊接连接

焊接连接法较其他各法方便、便宜、不易漏，无论是钢管、有色金属管以及塑料管都可用焊接的方法连接，特别适用于高压管路和长管路。需要经常拆卸的管段不宜用焊接的方法连接。

四、管路的标准化和标准化参数

管路、管件和法兰、阀门在工业上大量使用，由于它们的种类繁多，适用各种不同的场合，为了方便选用和大规模生产，国家标准部门参照国际标准对其进行了标准化。标准化的内容包括规定管子和管路附件（管件、阀门、法兰、法兰垫等）的直径、连接尺寸和结构尺寸以及适用压力等。在这些标准参数中，压力标准和直径标准是其他标准的依据，因此可以根据这两个标准来选定管子和管路附件的规格。本节重点介绍这两个标准。

1. 压力标准

管子、管件和阀门的压力标准有公称压力（p_g）、试验压力（p_s）和工作压力（p）。

公称压力统称为压力，一般大于或等于实际工作最大压力，是为了设计、制造和使用方便而规定的一种标准压力，在数值上正好等于第一级工作温度下的最大工作压力，即，管内工作介质的温度在 0～120℃ 范围内的最高允许压力。公称压力的表示方法一般是 p_g 符号后附加压力数值，如 p_g25 表示公称压力为 2.5MPa。按照一般习惯，$p_g2.5～16$ 为低压，$p_g25～64$ 为中压，$p_g100～1000$ 为高压，p_g1000 以上为超高压。

试验压力是为了对管路附件进行水压强度试验和紧密性试验而规定的一种压力，一般情况下其数值等于公称压力的 1.5 倍，特殊情况下可由公式 $p_s=np$ 计算，n 的值与温度有关，温度越高其值越大，范围在 1.9～4.4 之间。阀件的试验压力可由公式 $p_s=1.25p$ 计算。试验压力的表示方法与公称压力基本相同，如 p_s150 表示试验压力为 15.0MPa。

工作压力是为了保证管路附件工作时的安全，根据管内介质的工作温度所规定的一种最大压力。由于管子材料的机械强度随工作温度的升高而降低，显然，工作温度越高，工作压力越低。

2. 口径标准

口径的标准为公称直径，它是为了设计、制造、安装和维修方便而规定的一种标准直径。公称直径既不是管子的内径，也不是管子的外径，而是与管子内径相接近的整数。一般情况下水、煤气钢管和无缝钢管以及铸铁管和阀件的内径为整数，因此其公称直径等于内径。根据公称直径，可以从有关标准中查取管子、管件、阀件、法兰和垫片的结构尺寸和连接尺寸。

公称直径用符号 D_g 表示，其后附加公称直径的毫米数，如 D_g1000 表示公称直径为 1000mm。中国公称直径系列从 1～4000mm 分为 53 级，其中 1～1000mm 的级分得较细，以后每增加 200mm 就有一种公称直径，直至 4000mm。

第三节　生物工业中常用的阀门和维修

一、生物工业中常用的阀门

阀门是生物工业中最常见的设备，正是通过阀门的作用才能对生产工艺进行有效的控制。阀门常用铸铁、铸钢、不锈钢以及合金钢制成。根据启闭时的作用力不同，阀门可以分为两大类：驱动阀门和自动作用阀门，前者依靠手动、电动、气动等外部作用力进行操作，如闸阀、截止阀、蝶阀、球阀、旋塞阀等；后者根据系统中某些参数的变化，依靠介质自身的力量自动完成阀门的启闭，如止回阀、减压阀、疏水阀、安全阀。

以下详细介绍生物工业生产中常用的几种阀门。

1. 闸阀

闸阀，又称闸板阀，代号为 Z，结构如图 16-7 所示。它相当于在管道里插入一块闸板，闸板的升降可以启闭管路。闸阀的阀杆可分为明杆和暗杆两种。闸阀的闸板有楔式单闸板和平行双闸板之分。

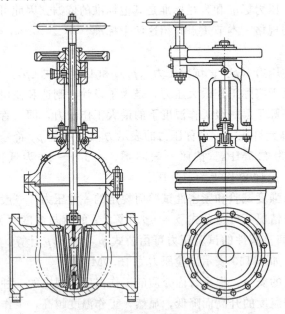

图 16-7　闸阀结构示意

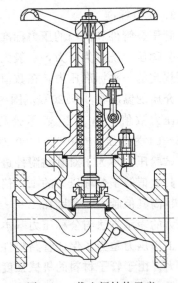

图 16-8　截止阀结构示意

闸阀的优点是阻力小,没有方向性制约,流体介质可以双向流动。一般闸阀的工作状态有两种,全开或者全关。

生物工业中,闸阀广泛用于空气过滤器、空气系统总管、支管的控制阀、冷水管路的控制阀及上水管路的控制阀。这些系统流量大,需要较小的管路阻力和严密度较高的阀门控制,闸阀的特点正好满足这些要求。

2. 截止阀

截止阀也称为球心阀,代号为"J"。截止阀在生物工业中使用最广泛,它的结构如图 16-8 所示。在截止阀的阀体中,一个"一"形隔层将阀腔分为上下两部分,两层中间有一个阀孔(阀座),阀芯(阀盘)盖在阀座上。可以旋转手轮通过阀杆带动阀芯升降以调节流量。在截止阀中,介质的流动有方向性,必须从阀腔的下部流过阀座然后再流出(俗称低进高出)。截止阀的流体流动阻力较大(较闸阀大 5~10 倍)。与闸阀相比,截止阀的调节性能好,结构简单,价格便宜。截止阀的公称直径一般不超过 200mm,适用水、蒸汽、压缩空气、煤气及油类介质,不宜用于黏度大、易沉淀的介质。在生物工业中,截止阀被广泛的用作发酵罐的空气入罐阀、排气阀、各总管和支管的蒸汽控制阀,各物料总管和支管的控制阀,夹套和蛇形管冷水阀等。以上这些地方要求严密程度较高,又须精密调节流速、流量,与截止阀的特点正好相符。

3. 旋塞阀

旋塞阀俗称"考克",代号为"X"。旋塞阀是阀门结构中较为简单的一种,结构如图 16-9 所示。在阀体中间插入一个锥形旋塞,其中间有一通孔,旋塞在阀体内的旋转可以控制阀门的启闭。

旋塞阀结构简单,外形尺寸小,启闭迅速,操作方便,流体阻力小,便于制作成三通或四通阀门作为流体分配换向用。

旋塞阀的缺点是密封面易磨损,开关需要使用较大的力量,不适用于输送高温、高压介质,如蒸汽,适用于 120℃以下的压缩空气、废蒸汽-空气混合物以及 120℃以下的液体包括含有结晶和悬浮物

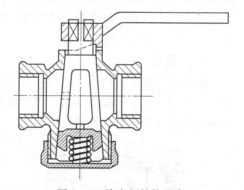

图 16-9 旋塞阀结构示意

的液体,也适用于黏度较大的液体和要求开关迅速的阀位。旋塞阀主要起开关作用,不宜用作流量调节。

在生物工业中,旋塞阀广泛用于各种物料储罐的输送管路及罐底控制阀。

4. 隔膜阀

隔膜阀代号为"G",结构如图 16-10 所示,它的启闭依靠一块橡皮隔膜。橡皮隔膜的四周夹置于阀体和阀盖间,中央突出部分固定于阀杆下端。旋转阀杆上的手轮可以调节隔膜与阀座间的距离,从而调节流量。由于流动介质不进入阀盖内腔,不存在填料密封泄露问题。隔膜阀结构简单,密封性能好,耐腐蚀,流动阻力小,便于操作,适用于流体温度在 200℃以下,压力小于 1000kPa 的油、水、酸性介质和含悬浮物的介质,不适用于有机溶剂和强氧化剂的输送控制。

在生物工业中常使用耐高温隔膜阀控制无菌物料的流动,或者用于离子交换罐的流体控

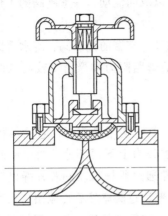 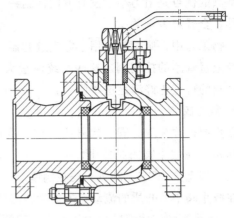

图 16-10 隔膜阀结构示意　　　　图 16-11 球阀结构示意

制,衬胶隔膜阀可以用于调节酸类腐蚀性物料的流量。在使用中应特别注意隔膜的磨损情况并及时更换,防止脱垫造成染菌和其他事故。

5. 球阀

球阀代号为"Q",结构与旋塞阀类似,不同之处是以一个中间开孔的球体作为阀芯,通过旋转球体实现阀门的启闭。球阀结构简单,开关迅速,操作方便,体积小,质量轻,零部件少,流体阻力小,适用于低温、高压及黏度大的介质,不宜用作流量调节。目前由于密封材料的限制,球阀不能用于温度较高的流体,一般用于上水、下水,物料管道、真空管道以及储槽的放料阀。在食品发酵行业,常使用不锈钢球阀作为发酵罐的罐底放料阀,效果良好。图 16-11 是球阀结构示意。

6. 止逆阀

止逆阀又称单向阀或止回阀,代号"H"。结构如图 16-12 所示。它是一种自动开闭的阀门,在阀体内有一盘式吊板,当介质顺流时吊板被冲开,逆流时阀门被流体冲闭。止逆阀的用途是防止流体反向流动。

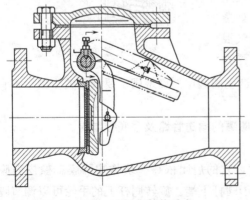 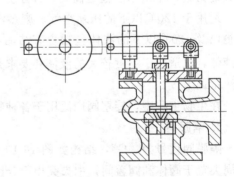

图 16-12 止逆阀结构示意　　　　图 16-13 重锤式安全阀

根据结构不同,止逆阀分为升降式或旋起式两种,前者比后者密封性好,但流体阻力大。此外,还有卧式止逆阀和立式止逆阀,前者应装在水平管道上,后者垂直管道上。旋启式止逆阀不宜制成小口径阀门,可以装在水平、垂直或倾斜的管线上,如果装在垂直管线上,介质的流向应当是由下而上。

止逆阀一般应用于黏度小的清洁介质，含有固体颗粒的流体不宜采用。在生物工业中，止逆阀广泛用于消毒塔的蒸汽和物料控制阀以及发酵罐加热器的蒸汽和冷水管路流动控制。

7. 安全阀

安全阀代号为"A"，是一类非常重要的阀门，广泛用于各种受压容器和管道系统的安全保护上，防止系统的压力高于允许值。它是一种自动阀门，当受压系统的压力超过规定值时，能够自动打开泄压，以保证受压容器和管道系统安全运行，当压力恢复到限定值内时自动关闭。安全阀关系到设备和人身的安全，在工作中应当经常检查它的可靠性，确保安全。

图 16-13 为杠杆式，又叫重锤式安全阀，图 16-14 为弹簧式安全阀。杠杆式安全阀依靠重锤的作用力工作，弹簧式则依赖弹簧的压力起作用。当工作压力大于设定的安全压力时，弹簧或者重锤被顶开，压力得到释放，从而保证压力无法超过安全压力。

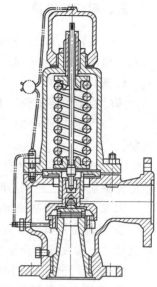

图 16-14 弹簧式安全阀

二、阀门的型号、规格表示法

阀门产品的型号，按照《阀门型号编制方法》规定，由 7 个单元组成，按照下列顺序编制：

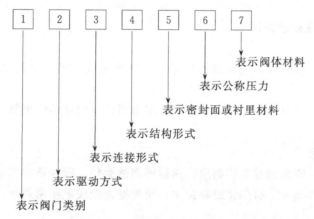

如上图所示，第一个单元表示阀门的类别，用汉语拼音字母表示，如闸阀用"Z"代表。第二单元表示驱动方式，用阿拉伯数字表示，如涡轮用"3"代表。第三单元表示连接形式，用阿拉伯数字表示，如内螺纹用"1"代表。第四单元表示结构形式，用阿拉伯数字表示，阀门的结构形式和阀门的类别有关，如截止阀的结构形式直通用"1"代表。第五单元表示密封面或衬里材料，用汉语拼音字母表示，如密封面是由阀体上直接加工出来，其代号为"W"。第六单元表示公称压力，并以短横线与第五单元隔开。第七单元表示阀体材料，用汉语拼音字母表示，如灰铸铁用字母"Z"代表。对于公称压力小于或等于 1.57MPa（16kgf/cm²）的灰铸铁阀门或公称压力大于等于 2.45MPa（25kgf/cm²）的碳素钢阀体，则省略本单元。

例如，J41X—10，表示是截止阀，法兰连接，直通式，橡胶密封面，公称压力为 10kgf/cm²。

三、阀门的维护

工厂实际操作中，大量涉及阀门的操作和维护，正确的使用和维护阀门，不仅是一个技术人员和操作人员必备的知识，也关系到工厂生产平稳和安全操作问题。

1. 阀门的维护

阀门的维护要做到以下几点。

① 经常擦拭阀门的螺纹部位，保持清洁和润滑良好，使传动零件动作灵活，无卡涩现象。

② 经常检查填料处有无泄漏，如有，应适当拧紧压盖螺母或增添填料，如填料硬化变质应更换新填料。换填料时要采取安全措施，以防介质喷（溢）出伤人。

③ 要经常观察减压阀的减压效能，当减压值变动较大时，应及时解体检修。

④ 要经常检查安全阀是否有渗漏和污垢存在，发现后应及时解决。要定期检查安全阀的灵敏度，如发现不合要求应立即更换。

⑤ 当阀门全开后，应将手轮倒转少许，使螺纹之间严紧，以免松动损伤。

⑥ 保持电动装置的清洁和电器接点的严紧，防止汽、水和油污的污染。

⑦ 露天阀门的传动装置要有防护罩，以防雨、雪和大气的侵蚀。

⑧ 对止逆阀要经常测听阀瓣或阀芯的跳动情况，以防阀瓣滑落失效。

⑨ 冬季要检查阀门的保温层是否良好，以防冻坏。阀门需要停用一段时间时应将内部积存的介质排净。

2. 阀门的故障及处理办法

（1）填料函泄漏

故障可能原因：压盖松，填料没有压紧，阀杆磨损或腐蚀，填料老化失效或填料规格不对。

处理办法：拧紧螺母，均匀压紧填料；采用单圈错口顺序装填填料；更换新阀杆或者更换新填料。

（2）密封面泄漏

故障可能原因：密封面有赃物黏附，密封面腐蚀磨伤，阀杆弯曲使密封面错开。

处理办法：反复微开、微闭将赃物冲走；研磨锈蚀处或更新密封面；调直阀杆，然后调正密封面。

（3）阀杆转动不灵

故障可能原因：填料压得过紧，阀杆螺纹部分太脏，阀体内部积存结疤，阀杆弯曲或螺纹损坏。

处理办法：适当放松压盖；清洗擦净赃物；清理阀体内部积存物；调直阀杆或更换阀杆。

（4）安全阀灵敏度不高

故障可能原因：安全阀弹簧疲劳，安全阀弹簧级别不正确，阀体内水垢结疤严重。

处理办法：更换新弹簧；按照正确的压力等级选用新弹簧；彻底清理阀体内污垢。

（5）减压阀压力自调失灵

故障可能原因：减压阀内调节弹簧或膜片失效，控制通路堵塞，减压阀活塞或阀芯被锈斑卡住。

处理办法：更换新弹簧或膜片；清理控制通路；将活塞或阀芯清理干净，并打磨光滑；

（6）机电机构动作不协调

故障可能原因：行程控制器失灵，行程开关触点接触不良，离合器未啮合。

处理办法：检查调节控制装置；修理行程开关的接触点或接触片；将离合器部分拆卸修理。

思 考 题

1. 普通铸铁管在工厂中通常用于什么管线。输送盐酸、浓硫酸可以使用什么管道？
2. 工厂内红、黄、黑、绿、白颜色的管道内可能输送的流体种类分别是什么？
3. 管件有何用途，请举例说明。什么是平焊法兰，平焊法兰与管道是怎样连接的？
4. 工厂内管道的连接通常有哪些方式，请简单说明。
5. 截止阀有什么特点，常用于什么管线？安全阀的作用是什么？请举例说明。
6. 什么是疏水阀，通常接在什么管线上，起什么作用？某阀门订单上标明型号为 J41X—10，你能从这个型号中得到什么信息？

参 考 文 献

1. 郑裕国，薛亚. 生物加工过程与设备. 北京：化学工业出版社，2004
2. 梁世中. 生物工程设备. 北京：中国轻工业出版社，2004
3. 陈洪章. 生物过程工程与设备. 北京：化学工业出版社，2004
4. 高孔荣. 发酵设备. 北京：中国轻工业出版社，1995
5. 曹军卫. 微生物工程. 北京：科学出版社，2005
6. 于信合. 味精工业手册. 北京：中国轻工业出版社，1997
7. 孙彦. 生物分离工程. 北京：化学工业出版社，1998
8. 周立雪，周波. 传质与分离技术. 北京：化学工业出版社，2002
9. 刘家琪. 分离工程. 北京：化学工业出版社，2002
10. 陆美娟. 化工原理上册. 北京：化学工业出版社，2001
11. 刘金银. 硝酸铵生产工艺学. 北京：化学工业出版社，2005
12. 张弓. 化工原理上册. 北京：化学工业出版社，2000
13. 欧阳平凯，胡永红. 生物分离原理及技术. 北京：化学工业出版社，1999
14. 蒋维钧. 新型传质分离技术. 北京：化学工业出版社，1992
15. 邱志刚，樊占春. 离子交换. 北京：化学工业出版社，1997
16. 王健康. 萃取. 北京：化学工业出版社，1997
17. 周元培，黄志竟，王健康. 北京：化学工业出版社，1997
18. 武铏，赵培德，段彦明，徐辅晋等. 北京：化学工业出版社，1997
19. 冯流. 液相非均一系分离. 北京：化学工业出版社，1997
20. 徐清华. 生物工程设备. 北京：科学出版社，2004
21. 黎润钟. 发酵工厂设备. 北京：中国轻工业出版社，1991
22. 俞俊棠，唐孝宣. 生物工艺学. 上海：华东理工大学出版社，1991
23. 张殿印，张学义. 除尘技术手册. 北京：冶金工业出版社，2002
24. 马赞华. 酒精高效清洁生产新工艺. 北京：化学工业出版社，2003
25. 王振辉. 制冷工. 北京：化学工业出版社，2005
26. 陈国桓，朱美娥. 英汉汉英化工工艺与设备图解词典. 北京：化学工业出版社，2004
27. 李艳. 发酵工业概论. 北京：中国轻工业出版社，1999
28. 张元兴，许学友. 生物反应器工程. 上海：华东理工大学出版社，1991
29. 天津大学化工原理教研室编. 化工原理（下）. 天津：天津科学技术出版社，1987
30. 中国轻工总会. 轻工业技术装备手册. 北京：机械工业出版社，1997
31. 刘国诠. 生物工程下游技术. 第二版. 北京：化学工业出版社，2003
32. 陆振东. 化工工艺设计手册. 第二版. 北京：化学工业出版社，1996
33. 陈国豪. 工业生化技术设备. 上海：华东理工大学出版社，1994
34. 陈因良，陈志宏. 细胞培养工程. 上海：华东化工学院出版社，1992
35. 刘国诠，陈因良，苏天升. 生物工程下游技术——细胞培养、分离纯化与分析检测. 北京：化学工业出版社，1994
36. 戚义政，汪叔雄. 生化反应动力学与反应器. 北京：化学工业出版社，1996
37. 俞俊棠. 抗生素生产设备. 北京：化学工业出版社，1982
38. 时钧，汪家鼎等. 化学工程手册. 第二版. 北京：化学工业出版社，1996
39. 张洪斌. 药物制剂工程技术及设备. 北京：化学工业出版社，2003

内 容 提 要

本书包括物料的处理与输送设备，培养基和种子制备设备，生物反应器总论，通风发酵设备，嫌气发酵设备，动植物细胞培养装置和酶反应器，生物反应器的检测和控制，过滤、离心与膜分离设备，萃取和离子交换设备，蒸发和结晶设备，干燥设备，空气净化除菌与调节设备，设备与管道的清洗和灭菌，水处理与制冷系统及设备，生物工业生产中设备操作安全常识，生物工业生产中常用管道和阀门共十六章内容。本书层次清晰，内容安排合理，突出技能性和应用性，具有"规范，实用，新颖"的特点。

本书可作为高职高专院校生物技术专业的教材，也可供从事生物工程生产技术及管理人员参考使用。